全国电力行业"十四五"规划教材

Java语言程序设计实用教程 第二版

主　编　周长玉

副主编　彭　文　王素琴

编　写　韩　霜　辜庭帅

中国电力出版社
CHINA ELECTRIC POWER PRESS

内 容 提 要

本书全面详细地介绍了 Java 开发中常用的多种重要技术。注重对面向对象程序设计思想、Java 核心机制、基本原理与实用技术的阐述。全书共分 9 章，包括 Java 基础知识、面向对象基础、面向对象进阶、异常处理、基于 Swing 的图形用户界面设计、输入/输出流、数据库编程、多线程编程、网络编程。

本书通过大量教学案例、小示例及示意图，辅以思考、提示以及 Q&A 等元素，帮助读者快速理解知识点。本书还配有慕课课程，读者可通过相关教学视频深入学习。此外，每章还配有高阶扩展资料、思维导图及课后习题，供读者进一步学习使用。

本书可作为普通高等教育或继续教育计算机及相关专业 Java 语言程序设计课程的教材，也可供从事计算机工作的技术人员参考或学习。

图书在版编目（CIP）数据

Java 语言程序设计实用教程/周长玉主编；彭文，王素琴副主编. -- 2 版. -- 北京：中国电力出版社，2024.9. -- ISBN 978 - 7 - 5198 - 9090 - 2

Ⅰ. TP312.8

中国国家版本馆 CIP 数据核字第 2024P5T782 号

出版发行：中国电力出版社
地　　址：北京市东城区北京站西街 19 号（邮政编码 100005）
网　　址：http://www.cepp.sgcc.com.cn
责任编辑：张　旻（010 - 63412536）
责任校对：黄　蓓　于　维
装帧设计：赵姗杉
责任印制：吴　迪

印　　刷：廊坊市文峰档案印务有限公司
版　　次：2024 年 9 月第一版
印　　次：2024 年 9 月北京第一次印刷
开　　本：787 毫米×1092 毫米　16 开本
印　　张：17.75
字　　数：429 千字
定　　价：59.00 元

前　言

面向对象软件开发方法是计算机应用开发领域的主流技术，它从现实世界客观存在的事物（即对象）出发来构造软件系统，并在其中尽可能运用人类的自然思维方式。采用面向对象方法开发的软件系统具有容易理解、稳定性好、可重用性高等特点。

Java 语言是面向对象程序设计语言的成功典范，自 1995 年诞生以来的近 30 年一直是软件开发领域最常用、最重要的语言之一，广泛应用于 Web 应用、移动应用及云计算平台的开发中。

本书受北京市高等教育学会 2022 年立项面上课题（课题编号 MS2022306）支持，在内容的编排上做了精心的设计，注重理论性、实用性和先进性的统一。主要内容包括面向对象程序设计的基础理论、实用开发技术以及 Java 新特性。基础理论部分以面向对象三大特性为主线，将 Java 语法知识有机的组织起来。不仅介绍具体的语法规则，还分析它所蕴含的面向对象编程思想。实用技术部分，涵盖了项目开发中常用的主题特性，包括异常处理机制，图形用户界面设计，输入输处理，数据库应用开发，多线程技术以及网络程序设计等。本书将实用性强的应用程序穿插在理论讲述中，并对 Java 语言的常用新特性进行了详细介绍，如函数式接口、异常的多重捕获、自动资源管理、lambda 表达式、default 方法等。此外，还对一些深入话题进行了总结，如编码规范、设计模式、异常处理的原则和建议等。通过本书的学习，读者不仅能够掌握 Java 语言语法知识，了解面向对象程序设计的基本方法，而且能够提升开发实际应用程序的能力。

本书在内容的阐述上自成体系，通俗易懂，从问题的引入到问题的解决，体现了由浅入深、循序渐进的原则。由于在数据库、多线程及网络编程等章节的学习上需要用到数据库原理、操作系统和计算机网络等课程的基础知识，考虑到面向对象程序设计（Java）课程的开设可能早于这些专业课，因此在各章中加入了专业基础知识的介绍，便于读者理解和掌握。同时，书中提供了丰富的扩展阅读资料，适用于不同读者和教学场景，满足不同层次的学习需求。

本书提供了从 Java 入门到高阶编程的各类知识，共分 9 章，主要内容如下。

第 1 章 Java 基础知识，主要介绍 Java 语言的发展历史、语言特点、平台构成、编码规范等。

第 2 章面向对象基础，介绍 Java 语言中类与对象的基本概念、对象数组的创建和使用，面向对象中的封装性等。

第 3 章面向对象进阶，重点介绍面向对象三大特性中的继承和多态，以及一些深入问题内部类、集合框架、泛型和类的设计原则等。

第 4 章异常处理，介绍异常的概念、异常类、捕获异常、声明异常、异常处理机制及自定义异常类等。

第 5 章基于 Swing 的图形用户界面设计，主要介绍 Java 图形用户界面设计的基本原理、常用组件、布局管理器和事件处理机制等。

第 6 章输入/输出流，介绍流的基本概念、I/O 类的体系、文件流、缓冲流、数据流、对象流与对象序列化、桥接流等。

第 7 章数据库编程，介绍了数据库连接应用程序接口 JDBC 的相关概念、结构化查询语言 SQL、MySQL 数据库，以及使用 JDBC 技术开发数据库应用程序的基本方法和过程。

第 8 章多线程编程，在介绍 Java 多线程机制的基本概念的基础上，重点阐述了线程的创建、调度、同步控制及线程之间的通信等。

第 9 章网络编程，在介绍网络编程相关概念的基础上，详细阐述了如何编写连接网络服务的 Java 程序，即基于连接的 TCP 编程和面向无连接的 UDP 编程。

第 1 章～第 6 章侧重基础，第 7 章～第 9 章侧重应用，在教学中可以根据实际情况选用。

本书具有以下特色。

（1）通俗易懂，案例丰富：书中内容安排循序渐进，从基础到高阶逐步深入，采用通俗易懂的语言、丰富的案例，并使用大量的示意图以及详细的代码注释，帮助读者系统地掌握 Java 编程知识和技能。

（2）慕课视频讲解：读者可以通过扫描书中二维码观看相关知识点讲解视频，获取更加生动直观的学习体验。

（3）高阶扩展资料：书中提供了丰富的扩展资料，适用于不同读者和教学场景，满足不同层次的学习需求。

（4）思维导图导学：每章配有思维导图，帮助读者理清学习路径，明确知识结构，提升学习效率。

（5）课后习题：配套资源中附有大量习题，方便读者检验学习效果，巩固所学知识。

本书第 1～3 章由彭文编写，第 4～6 章由王素琴编写，第 7～9 章由周长玉编写。北京市教学名师林碧英教授和企业技术专家韩霜、辜庭帅和李先玮参与了教材内容的整体设计、数字资源的规划和案例的编写等工作。

限于编者水平，书中难免存在疏漏之处，欢迎各位同行和广大读者批评指正。

本书受由校级立项编写教材（108051360024XN141）和大创项目－基于 React 的智慧校园系统（10805136024XN139－348）项目支持。

编　者
2024 年 6 月

第一版前言

面向对象软件开发方法已经成为计算机应用开发领域的主流技术，它从现实世界客观存在的事物（即对象）出发来构造软件系统，并在其中尽可能运用人类的自然思维方式。采用面向对象方法开发的软件系统具有容易理解、稳定性好、可重用性高等优点。

Java 语言是面向对象程序设计语言的成功典范，自 1995 年诞生以来，短短几年就成为软件开发领域最常用、最重要的语言之一，广泛应用于 Web 应用、移动应用及云计算平台的开发中。

本书在内容的编排上做了精心的设计，注重理论性、实用性和先进性的统一。在准确、深入地介绍 Java 语言基本语法知识的同时，将实用性强的应用程序穿插在理论讲述中。另外，结合开发应用程序的需要，本书还详细阐述了数据库应用程序开发、多线程编程及网络程序设计技术，并配以精心设计的案例及程序。通过本书的学习，读者不仅能够掌握 Java 语言的语法知识，了解面向对象程序设计的基本方法，而且能够提升开发实际应用程序的能力。同时，作为最活跃的程序设计语言之一，Java 语言一直在发展、演化中。本书对 Java 语言的常用新特性进行了详细介绍，包括 JDK7 中引入的异常的多重捕获及自动资源管理，JDK8 中引入的函数式接口及 lambda 表达式的使用等。

本书在内容的阐述上自成体系，通俗易懂，从问题的引入到问题的解决，体现了由浅入深、循序渐进的原则。由于在数据库、多线程及网络编程等章节的学习上需要用到数据库、操作系统和计算机网络等课程的基础知识，考虑到 Java 语言课程的开设可能早于这些专业课，因此在各章中加入了专业基础知识的介绍，便于读者的理解和掌握。各章都配有丰富的例题，较复杂的例题都有详细的分析过程和运行结果的说明。各章后面配有多种类型的习题，知识点覆盖全面，便于读者复习和自测。本书在重点章节设置了二维码，读者可扫描观看教学视频或动画。

下面简要介绍本书的主要内容与教学安排：

第 1 章 Java 语言概述，主要介绍 Java 语言的发展历史、语言特点、平台构成，并以一个简单的程序为例来说明 Java 程序的开发过程及使用的开发工具。

第 2 章 Java 语言基础，介绍 Java 语言的基础知识，包括标识符、数据类型、变量、运算符、表达式、流程控制、数组、字符串和输入/输出等。

第 3 章 类与对象，系统介绍 Java 语言中面向对象程序设计的基本概念和基本方法，重点是封装、继承和多态三大特性的实现过程。

第 4 章 异常处理，介绍常的概念、异常类、捕获异常、声明异常、异常处理机制及自定义异常类等。

第 5 章 基于 Swing 的图形用户界面设计，主要介绍 Java 图形用户界面设计的基本原理常用的组件、布局管理器和事件处理机制等。

第 6 章 输入/输出流，介绍流的基本概念、I/O 类的体系、文件流、缓冲流、数据流、对象流、桥接流等。

第 7 章数据库编程，首先介绍 Java 数据库连接应用编程接口 JDBC 的相关概念及结构化查询语言 SOL，然后详细阐述了使用 JDBC 技术开发数据库应用程序的基本方法和过程。

第 8 章多线程编程，首先介绍 Java 多线程机制的基本概念，然后重点阐述了线程的创建、调度、同步控制及线程之间的通信等。

第 9 章网络编程，首先介绍网络编程相关的基本概念，然后进一步介绍如何编写连接网络服务的 Java 程序，重点介绍基于连接的 Socket 网络通信程序设计。

第 1 章~第 6 章是 Java 基础篇，第 7 章~第 9 章是 Java 应用篇，在教学中可根据实际情况选用。

本书第 1 章~第 3 章由彭文编写，第 4 章~第 6 章由王素琴编写，第 7 章~第 9 章由周长玉编写。高宇豆、王金睿、张智源、韩立涛、刘谕齐和施文豪参与了内容的校对、例题和习题的编写及程序的调试工作。

限于作者水平，书中难免存在疏漏之处，欢迎各位同行和广大读者批评指正。

编　者

2016 年 12 月

目　录

第1章

Java基础知识

　　Java是一种可以编写跨平台应用程序的面向对象程序设计语言，在软件开发领域得到广泛应用。本章主要介绍Java语言概述及Java基础知识，通过多个案例讲解标识符、运算符、控制语句和输入/输出等知识点。

本章目标

- 了解Java语言的发展历史、特点、运行原理以及应用现状。
- 掌握Java语言的标识符、数据类型、类型转换规则、运算符、跳转语句、基本输入/输出。
- 熟悉编程工具的使用，能够编写、编译、运行简单的Java程序。
- 了解Java编码规范，力求编写结构清晰、易于理解的程序。

1.1　Java语言概述

1.1.1　Java语言的发展历史

　　1990年，Sun公司成立了一个由James Gosling（被誉为Java之父）领导的"Green计划"，准备为下一代智能家电编写一个通用控制系统。1995年，"Green计划"未能达到预期的商业成功，但Sun公司决定将Java语言发布到互联网上，供免费下载，这一举动迅速吸引了广大编程爱好者的关注。这个语言最初被命名为"Oak"，之后更名为"Java"。"Java"是位于印度尼西亚爪哇岛的英文名称，该岛因盛产咖啡而闻名，所以Java语言的标识是一杯冒着热气的咖啡。

二维码1-1
视频讲解1

　　1996年初，Sun公司发布了Java语言的第1个版本Java 1.0，但很快人们就意识到它不能用来进行真正的应用开发。后来的Java 1.1弥补了其中的大部分缺陷，改进了反射能力，并为图形用户界面（GUI）编程增加了新的事件处理模型。

　　1998年12月Java 1.2版本发布，这个版本取代了早期玩具式的GUI，图形工具箱更加精细且具有可伸缩性，更加接近"一次编写，随处运行"的目标。Java 1.2发布三天后，Sun公司将其命名为"Java 2标准版软件开发工具箱1.2版"。

　　Java 5.0版是自1.1版以来第一个对Java语言做出重大修改的版本（这一版本原来被命名为1.5版，在2004年的JavaOne会议之后，版本数字升为5.0）。这个版本添加了泛

1

型类型、for each 循环、自动装箱和元数据等新的语言特性。2006 年末，Sun 公司发布了 Java 6，改进了系统性能，增加了类库。

2009 年，Oracle 公司收购了 Sun 公司，并于 2011 年发布了 Java 的新版本 Java 7。2014 年发布的 Java 8.0 新增了 Lambda 表达式，是长期支持版本之一。从 2018 年 3 月起，Oracle 公司提升了版本发布速度，每 6 个月公布一个 Java 版本，其中 2018 年 9 月发布的 Java 11.0 由于集中修订了很多安全补丁，成为另一个经典的长期支持版本。到目前（2024 年 6 月）为止 Java 的最新版本是 22.0，这些版本的内容是递增的，不会对历史版本进行任何删除。

长期以来，Java 标准规范的制定主要由 Oracle、IBM、Intel 等国外企业主导。自 2018 年起，随着互联网的发展，中国的互联网企业也开始参与到 Java 的全球管理和标准制定中，这标志着中国在全球软件和互联网标准制定中扮演越来越重要的角色。

1.1.2　Java 语言的特点

与其他语言（如 C++、Delphi、C♯等）相比，Java 语言有着突出的特点，使其受到广泛的关注，主要体现如下：

1. 简单性

Java 语言是一种相对简单的编程语言，基本语法与 C++语言极为相似，如常用的条件语言、循环语句和控制语句等。但 Java 语言摒弃了 C++语言中不易理解的部分，降低了编程的复杂性，如去掉了指针变量、结构体、运算符重载、多重继承等复杂特性。

2. 面向对象

Java 语言是一种纯粹的面向对象程序设计语言，除了基本数据类型外，一切都是对象，程序代码以类的形式组织，由类来定义对象的各种属性和行为。Java 语言支持继承机制，减少了程序设计的复杂性。

3. 平台无关性

Java 语言经编译后生成与计算机硬件结构无关的字节码，这些字节码不依赖于任何硬件平台和操作系统。Java 程序在运行时，需要由一个解释程序对生成的字节码解释执行。这体现了 Java 语言的与平台无关性，使得 Java 程序可以在任何平台上运行，如 Windows、Linux、Unix 等，因此具有很强的可移植性。

4. 安全性

在网络环境中，安全性是个不容忽视的问题。Java 语言在安全性方面引入了实时内存分配及布局来防止程序员直接修改物理内存。通过验证器对字节码进行检验，防止网络病毒及其他非法代码侵入。此外，Java 语言还采用了专门的异常处理机制对程序运行过程中遇到的异常事件进行捕获和处理，如输入错误、内存空间不足、程序异常中止等。

5. 分布式

分布式包括数据分布和操作分布。数据分布是指数据可以存储到不同主机之上，而操作分布是指把一个计算任务分散到不同主机上进行处理。对于数据分布，Java 语言提供 URL 对象访问 URL 地址资源。对于操作分布，Java 语言提供了用于网络应用编程的类库，开发人员可以进行网络程序设计。此外，Java 语言的远程方法调用（RMI）机制也是开发分布式应用的重要手段。

6．多线程机制

Java 语言支持多线程机制，并提供多线程之间的同步机制，以保证能够并行处理多项任务，大大提高程序的执行效率。

7．内存管理机制

Java 语言采用了自动垃圾回收机制进行内存的管理，可以自动、安全地回收不再使用的内存块。程序员无需担心内存的管理问题，从而使 Java 程序的编写变得简单，也减少了内存管理方面出错的可能性。

1.1.3　Java 程序运行原理

Java 语言比较特殊，它既是编译型语言又是解释型语言。Java 代码必须编译为字节码（Byte - code）后才能运行，所以称之为编译型语言。但字节码文件只能在 Java 虚拟机（Java Virtual Machine，JVM）环境中被解释执行，因此也称为解释型语言。一个 Java 程序的运行过程如图 1-1 所示。

二维码1-2
视频讲解2

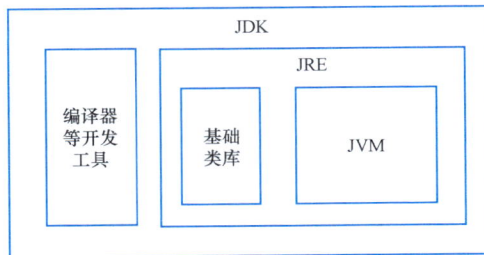

图 1-1　Java 程序的运行过程

Java 程序是由 JVM 负责解释执行，而并非是操作系统，这样做的优点是可以实现程序的跨平台运行。也就是说，Java 代码编译后的字节码文件可以在安装了 JVM 的任何操作系统中运行，大大降低了程序开发和维护的成本，如图 1-2 所示。

此外，Sun 公司还提供了 Java 程序运行时的环境工具 JRE（Java Runtime Environment）和 Java 开发工具包 JDK（Java Development Kit），它们与 JVM 的关系如图 1-3 所示。其中，JDK 包含 JRE、编译器、Java 程序调试和分析工具、编写所需文档和 demo 程序等，而 JRE 包含了 JVM 和一个 Java 基础类库。开发人员只需要在计算机上安装 JDK 即可，不需要单独安装 JRE。

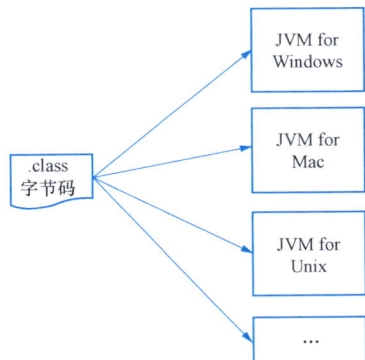

图 1-2　Java 程序的跨平台运行原理

图 1-3　JDK、JRE 和 JVM 之间的关系

1.1.4 第一个 Java 程序

打开 Windows 操作系统中的记事本程序，录入［例1-1］中的代码，将文件命名为"HelloWorld. java"并保存在磁盘中。

【例1-1】 输出一行文字"第一个 Java 程序"

```
//在标准输出端打印出一行文字"第一个 Java 程序"
public class HelloWorld {
    public static void main(String[] args){
        System. out. println("第一个 Java 程序");
    }
}
```

说 明 各行代码的含义如下。

（1）第1行是 Java 注释语句，用来对代码进行解释说明，不参与程序运行。

（2）第2行代码中的 class 是 Java 关键字，用于定义一个类。public 表示类的访问权限，HelloWorld 是类名。类名之后是一对花括号，定义了这个类的范围，花括号中的内容称为类体。Java 语言规定标记为 public 的类名必须与文件名一致，所以该程序的文件名必须是"HelloWorld. java"（注意：大小写敏感）。关于本书中代码的命名规范，可以查阅扩展资源1。

二维码1-3
扩展资源1

（3）第3行定义了一个 main() 方法，这是 Java 程序的执行入口。根据 Java 语言规范，main() 方法必须声明为 public。

（4）第4行是一条输出语句，作用是在输出端显示文字"第一个 Java 程序"。其中 System 类表示当前运行系统，out 是 System 类的成员变量，是标准输出流对象。

1.2 标识符与数据类型

在编写 Java 程序时，需要了解哪些有效字符序列允许被使用，哪些数据类型可以被处理，这就是 Java 语言的标识符与数据类型。

1.2.1 标识符

Java 程序中使用的各种对象，如变量、方法、类、数组等都需要有名字，这些名字称为标识符（Identifier）。标识符由编程者指定，但必须遵循一定的语法规则。Java 语言中的标识符必须满足以下条件：

（1）标识符只能包含字母、数字、下划线（_）和美元符号（$）；

（2）标识符必须以字母、下划线和美元符号开头。

在所有合法的标识符中，一些标识符被 Java 语言赋予特定含义，不允许用户重新定义，称之为关键字（Keyword）。而在所有关键字中又有一些目前未被使用的保留字（Reserved Word），例如 goto 和 const，这些词被保留下来以备未来可能的使用。除此之外，还有几个符号，true，false

二维码1-4
视频讲解3

和 null 虽然看起来像关键字，但事实上它们是字面量，就像程序中的数字一样，严格意义来说不是关键字。表 1-1 列出了 Java 语言常用的关键字和符号。

表 1-1　　　　　　　　　　　Java 语言定义的保留字

abstract	assert	boolean	break	byte	case	catch	char	class
const	continue	default	do	double	else	enum	extends	*false*
final	finally	float	for	goto	if	implements	import	instanceof
int	interface	long	native	new	*null*	package	private	protected
public	return	short	static	strictfp	super	switch	synchronized	this
throw	throws	transient	*true*	try	void	volatile	while	

1.2.2　数据类型

Java 语言中的数据类型分为基本数据类型和引用数据类型。基本数据类型在声明变量后会立刻分配数据的内存空间，存储的是数据值，相同数据类型的变量占用的内存空间大小固定，与软硬件环境无关。引用数据类型在声明变量时不会分配数据的存储空间，而是分配一个空间用来存储数据的内存地址。

Java 语言一共有 8 种基本数据类型和多种引用数据类型，如图 1-4 所示。基本数据类型包括整型（4 种）、浮点型（2 种）、字符型和逻辑型。

1. 整型

整型用于表示没有小数部分的数值。Java 语言提供了 4 种整型：字节型（byte）、短整型（short）、整型（int）和长整型（long），每种类型的存储需求和表示范围如表 1-2 所示。

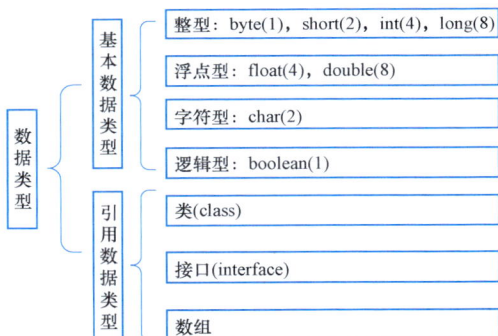

图 1-4　Java 语言数据类型

表 1-2　　　　　　　　　　　Java 整型

类型	存储需求	表示范围
byte	1 字节	−128 ～ 127
short	2 字节	−32 768 ～ 32 767
int	4 字节	−2 147 483 648 ～ 2 147 483 647
long	8 字节	−9 223 372 036 854 775 808 ～ 9 223 372 036 854 775 807

2. 浮点型

Java 语言用浮点型表示实数，也就是带有小数的数值。Java 语言提供 2 种浮点数：单精度浮点型（float）和双精度浮点型（double），每种类型的存储需求和表示范围如表 1-3 所示。

表 1 - 3   Java 浮点型

类型	存储需求	表示范围
float	4 字节	约为±3.402 823 5E+38（有效位数 6 ～ 7）
double	8 字节	约为±1.797 693 134 862 315 7E+308（有效位数 15）

通常情况下，程序中出现的浮点型常量数值默认为 double 类型，如果要将一个浮点型常量数值指定为 float 类型，需要在数值后面加字母 F 或 f。

3. 字符型

字符型表示一个字符，类型说明符为 char。Java 语言的字符采用 Unicode 字符集编码方案，每个字符占 2 个字节，以一个 16 位无符号整数来表示，取值范围是' \ u0000'到' \ uFFFF'，共 65536 个字符。由于 Java 语言采用了 Unicode 这种新的国际标准编码方案，使得其处理多种语言的能力得到极大提高。

4. 逻辑型

逻辑型（boolean）也称为布尔型，用来表示逻辑值。逻辑型数据只能取 true 和 false 两个值，并且不能与整型数据进行转换。

5. 引用数据类型

引用数据类型不直接存储数据值，而是存储数据值的引用，Java 语言中的引用数据类型包括类、接口和数组，还包括基于引用数据类型实现的枚举、泛型等。

1.3 变 量 与 常 量

1.3.1 变量

在程序运行过程中，内容可以改变的量称为变量。在 Java 语言中，每一个变量属于一种数据类型，该类型决定了变量在内存中所占空间的大小和所能进行的合法操作等。变量必须"先声明，后使用"，变量声明的格式为：

数据类型 变量名；

其中，变量名应是合法的标识符，当多个变量属于同一数据类型时，可在一条语句中声明，变量之间用逗号隔开，例如 int year，month，day;。变量声明之后，必须赋值后才可使用。

Java 语言可以在声明变量时直接进行初始化操作，格式为：

数据类型 变量名＝初始值；

其中，初始值可以是常量、其他已赋值的变量或者表达式等，例如 int number＝123;或者 int c＝a＋b;。

1.3.2 常量

常量是在程序运行过程中不能被修改的数值，Java 语言中每种数据类型都有相应的常量。

1. 整型常量

整型常量就是整数，Java 语言中的整型常量可以采用十进制、八进制、十六进制和二进制 4 种表示方法。不管哪种进制的整型常量，它只是一个数值的不同表现形式，如 10，012，0xa 和 0b1010，这些常量都表示数值 10。

Java 中未特别指定的整型常量被视为 int 类型，在内存中分配 4 个字节，如 123。整型常量后面添加字母 L 或者 l，被看作长整型常量，在内存中分配 8 个字节，如 123L。

2. 浮点型常量

浮点型常量指的是实数，Java 语言中的浮点型常量有十进制小数和科学记数法两种表示方式。程序中出现的浮点型常量被看作为 double 型，在内存中分配 8 个字节，如 1.23。如果要将浮点型常量指定为 float 型，需要在它后面加上字母 f 或 F，在内存中分配 4 个字节，如 1.23f。

3. 字符型常量

字符型常量是用一对单引号括起来的单个字符，如'0'、'a'、'好'等。字符可以是数字、字母、汉字等，也可以是转义字符。此外，字符型常量还可以通过 Unicode 编码来表示。Unicode 编码是以'\u'开头跟着 4 个十六进制数，如'\u0041'，用于表示各种国际字符。

4. 逻辑型常量

逻辑型常量只有两个：true 和 false，分别代表真值和假值。

1.4　数据类型转换

Java 语言规定当两种不同类型的操作数进行运算时，需要先将两个操作数转换为同一种类型，然后才能执行运算。Java 语言中数据类型转换分为自动类型转换和强制类型转换，自动类型转换是由编译器完成，不需要程序做特殊说明，而强制类型转换要求程序显式说明。

1.4.1　自动类型转换

自动类型转换是指两种数据类型在转换过程中不需要显式声明，由编译器自动完成。自动类型转换的原则是将取值范围小、精度低的类型转换为取值范围大、精度高的类型，例如，short s＝10; int n＝s;，将 short 类型变量 s 赋值给 int 类型变量 n，由于 int 类型的取值范围大于 short 类型的取值范围，在赋值过程中不会造成数据的丢失，所以编译器自动完成转换。

图 1-5 是不同数据类型间的转换规则，有 6 条实线箭头，表示在数据转换过程中数据精度不会丢失。另外 3 条虚线箭头表示在数据转换过程中可能存在精度损失。不同类型数据转换规则为：

（1）如果两个操作数中有一个是 double 型，则另一个操作数转换为 double 型；

（2）否则，如果两个操作数中有一个是 float 型，则另一个操作数转换为 float 型；

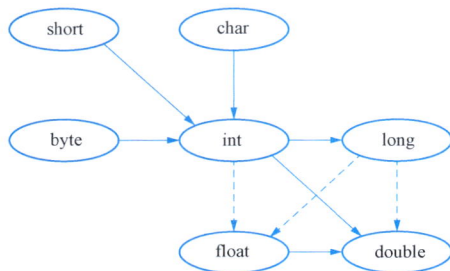

图 1-5　不同数据类型间的转换规则

（3）否则，如果两个操作数有一个是 long 型，则另一个操作数转换为 long 型；

（4）否则，两个操作数都被转换为 int 型。

1.4.2　强制类型转换

有时需要将高精度数据转换为低精度数据，例如，将 double 类型转化为 int 类型，此时需要通过强制类型转换完成。强制类型转换的格式为：

（目标类型）变量名

例如，double x＝3.14; int n＝（int）x;。代码执行时，先读取变量 x 的数值 3.14，将其强制转换为整数 3，再将 3 赋值给变量 n。最后，变量 n 的值为 3，但变量 x 的数值不会变，仍然是 3.14。

需要注意，强制类型转换体现编程人员的设计意图，必须显式完成。但如果试图将一种类型的数据转换为另一种类型的数据，而又超出目标类型的表示范围，则会得到完全不同的数值，例如，byte b＝（byte）400;，赋值后，b 的值为－112。

1.5　运算符与表达式

运算符是用来表示某种运算的符号，Java 语言的运算符包括算术运算符、关系运算符、逻辑运算符、位运算符、赋值运算符、条件运算符等。根据所需操作数的个数，将运算符分为单目、双目和三目运算符。此外，运算符还有优先级与结合性的规定，运算符的优先级是指在含有多个运算符的表达式中对运算符所规定的运算优先次序。Java 语言运算符的优先级共分 14 级，1 级最高，14 级最低，Java 语言的运算符详见表 1-4。

表 1-4　　　　　　　　　　　　　运算符优先级与结合性

优先级	运算符	目数	结合性
1	.　[]　()（方法调用）	—	从左向右
2	!　~　++　——　+（一元运算）　-（一元运算）()（强制类型转换）　new	单目	从右向左
3	*　/　%	双目	从左向右
4	+　-	双目	从左向右
5	≪　≫　≫≫	双目	从左向右
6	<　<=　>　>=　instanceof	双目	从左向右
7	==　!=	双目	从左向右
8	&	双目	从左向右
9	^	双目	从左向右
10	|	双目	从左向右
11	&&	双目	从左向右
12	||	双目	从左向右
13	?:	三目	从右向左
14	=　+=　-=　*=　/=　%=　&=　|=　^=　≪=　≫=　≫≫=	双目	从右向左

注：优先级为 1 级的运算符中，"."为双目运算符，其他两个没有目数。

表达式是由操作数和运算符按一定的语法形式组成的符号序列。每个表达式运算后都会产生一个确定的值，称为表达式的值。Java 语言中很多运算符的使用方法与 C 语言相同，本书不再赘述。

1. 逻辑运算符

逻辑运算符是处理两个逻辑型数据之间的运算，Java 语言包括 6 种逻辑运算符：逻辑与 &、逻辑或 |、逻辑非!、异或 ^、短路与 && 和短路或 ||，各运算符的运算规则如表 1-5 表示。

表 1-5　　　　　　　　　　　逻辑运算符

运算符	名称	运算规则	示例
&	逻辑与	两个操作数都为 true 时，运算结果为 true，否则运算结果为 false。	a&b
|	逻辑或	两个操作数都为 false 时，运算结果为 false，否则运算结果为 true。	a|b
!	逻辑非	将操作数取反	!a
^	异或	两个操作数不同时，运算结果为 true，否则运算结果为 false。	a^b
&&	短路与	两个操作数都为 true 时，运算结果为 true，否则运算结果为 false。	a&&b
||	短路或	两个操作数都为 false 时，运算结果为 false，否则运算结果为 true。	a||b

短路运算（&& 和 ||）与非短路运算（& 和 |）的区别在于，非短路运算必须计算完两个操作数之后，再进行与、或运算，得到最终的运算结果；而短路运算在计算第一个操作数后，如果根据这个操作数的值就能确定最终的运算结果，那么就不会再计算第二个操作数。例如：

```
int x = 3,y = 5;
boolean b = x>y& ++ x ==-- y;      //b = false,x = 4,y = 4
boolean b = x>y&& ++ x ==-- y;     //b = false,x = 3,y = 5
```

2. 位运算符

Java 语言中，位运算符只能用于整型和字符型数据，除了常规的 6 种位运算符外，Java 语言还提供了"≫>"运算符，如表 1-6 表示。

表 1-6　　　　　　　　　　　位运算符

运算符	名称	运算规则	示例
~	按位取反	将操作数按位取反	~a
&	按位与	将两个操作数按位进行与运算	a&b
|	按位或	将两个操作数按位进行或运算	a|b
^	按位异或	将两个操作数按位进行异或运算	a^b
≫	右移	将第一个操作数按位向右移动第二个操作数的位数，左侧用"符号位上的数字"填充，正数填充 0，负数填充 1	a≫b
≪	左移	将第一个操作数按位向左移动第二个操作数的位数，右侧补 0	a≪b
≫>	无符号右移	将第一个操作数按位向右移动第二个操作数的位数，左侧用 0 填充	a≫>b

位运算符中的 &、| 和^同时也是逻辑运算符，在程序运行过程中，根据操作数的类型决定运算符是位运算符还是逻辑运算符。

3. 赋值运算符

赋值运算符是最常用的运算符，其功能是为变量赋值。Java 语言的赋值运算符分为简单赋值运算符和复合赋值运算符。简单赋值运算符是把一个表达式的值赋给一个变量，其格式为：

变量＝表达式

当赋值运算符两侧的数据类型不一致时，根据数据类型转换规则进行转换。

复合赋值运算符是先执行某种运算，然后再赋值。Java 语言中共有 11 个复合赋值运算符，详见表 1-7 所示。

表 1-7　　　　　　　　　　　复合赋值运算符

运算符	示例	等效表达式	运算符	示例	等效表达式
＋＝	a＋＝b	a＝a＋b	|＝	a|＝b	a＝a|b
－＝	a－＝b	a＝a－b	∧＝	a∧＝b	a＝a∧b
＊＝	a＊＝b	a＝a＊b	＞＞＝	a＞＞＝b	a＝a＞＞b
/＝	a/＝b	a＝a/b	＜＜＝	a＜＜＝b	a＝a＜＜b
％＝	a％＝b	a＝a％b	＞＞＞＝	a＞＞＞＝b	a＝a＞＞＞b
&＝	a&＝b	a＝a&b			

需要说明的是，表中的等效表达式通常与原表达式等效，但在特殊情况下可能会有错误，例如：

```
short s = 5;
s ＋＝ 1;              //正确
s = s ＋ 1;           //错误
```

这是因为，变量 s 本身是 short 型，在执行 s＋1 运算时，会发生"类型提升"现象，将 short 型转换为 int 型再做加法运算，得到的运算结果是 int 型，将这个 int 型的结果赋给 short 型变量 s 时，就会出现错误。而复合赋值 s＋＝1，会自动将 s＋1 的运算结果转换为 s 对应的数据类型，能够避免此种情况。

1.6　流　程　控　制

Java 语言虽然是面向对象的程序设计语言，但是在类的方法中仍然需要借助于结构化程序设计的基本流程控制结构来组织语句，完成相应的逻辑功能。

二维码1-5
视频讲解4

1.6.1　基本流程结构

Java 语言基本流程控制结构包括顺序结构、分支结构和循环结构。

1. 顺序结构

顺序结构是最简单的流程控制结构，按照书写顺序依次执行各条语句，如图 1-6 所示。

2. 分支结构

在分支结构中不是所有的语句都会被执行，会根据条件来选择执行某条语句。如图 1-7，程序首先计算条件表达式的值，如果是 true，执行语句①，否则执行语句②。不管执行语句①还是语句②，都会继续执行语句③。

Java 语言用来完成分支结构的语句包括 if 语句和 switch 语句，其中 if 语句有单分支、双分支和多分支三种形式。

3. 循环结构

当希望一个语句被重复执行时，可以使用循环结构，图 1-8 是一种循环结构。首先，判断条件表达式的值，如果是 true，则执行语句①，然后再次判断条件表达式，直到表达式的结果变为 false，再执行语句②。Java 语言包括 while 语句、do—while 语句和 for 语句 3 种循环结构。

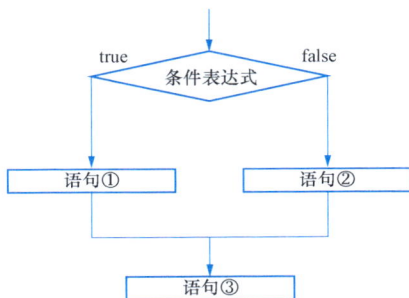

图 1-6　顺序结构　　　　图 1-7　分支结构　　　　图 1-8　循环结构

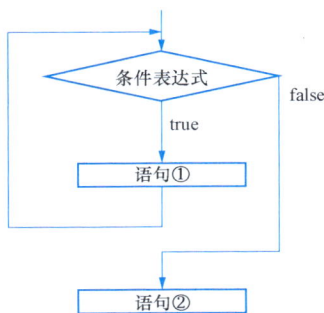

1.6.2　带标签的跳转语句

在循环语句中，有时需要提前结束循环体的执行，这就需要用到跳转语句。Java 语言提供了 break、continue、return 和 throw 四种跳转语句，本节只介绍 break 和带有标签的 break 语句。

【**例 1-2**】　输出 101～200 之间的第 1 个非素数。

分析　题目依次遍历 101～200 之间的每个数字，这是外层循环。然后判断每个数字是否为素数，这是内层循环。当某个数字为非素数时，两层循环要同时结束。

```java
public class App1_2 {
    public static void main(String[] args){
        System.out.print("101～200 之间的第 1 个非素数为:");
        for(int i = 101;i<200;i ++ ){          //外层循环
            int k = (int)Math.sqrt(i);          //计算平方根
            boolean isPrime = true;
            for(int j = 2;j<= k;j ++ ){          //内层循环
                if(i % j == 0){
                    isPrime = false;
                    break;
```

11

```
                }
            }
            if(isPrime == false){
                System.out.print(i);
                break;
            }
        }
    }
}
```

程序运行结果为：

101～200 之间的第 1 个非素数为:102

说 明　在本例中 Math. sqrt()方法的功能是计算一个数值的平方根，其中 Math 类位于 java. lang 包内，是 Java 语言进行数值计算的类。通过［例 1-2］可以看出，break 语句只能跳出它所在的循环语句，为了能够结束两层循环，需要使用 2 次 break 语句。Java语言还提供了带标签的 break 语句，可以完成多重循环的跳转。标签的格式为：

标签：
语句块

语句块是用花括号 {} 括起来的一段代码，如果语句块中只包含一个循环语句，花括号 {} 可以省略。标签的命名需要符合 Java 标识符的规定。带标签的 break 语句的格式为：

break 标签；

标签代表着一个语句块，执行"break 标签；"语句就从标签对应的语句块中跳出来，执行语句块后面的语句。［例 1-2］中的代码可以修改为：

```
System.out.print("101～200 之间的第 1 个非素数为:");
outer:
for(int i = 101;i<200;i ++ ){   //外层循环
    int k = (int)Math.sqrt(i);     //计算平方根
    for(int j = 2;j< = k;j ++ ){//内层循环
        if(i % j == 0){
            System.out.print(i);
            break outer;
        }
    }
}
```

说 明　通过引入标签语句，可以使得 break 直接跳出两层循环。

1.7　输入/输出

为了增加程序的实用性，需要程序能够接收来自用户的输入（一般指键盘），并以适当的形式输出（一般指显示器）。

1.7.1　输入

Java 语言提供了两种从键盘输入数据的方式，都用到标准输入流对象 System. in，它是 InputStream 类的对象。

1. 单个字符输入

System. in. read()方法能够接收键盘输入，并将其转换为字节形式。

【例 1-3】　从键盘输入一个字符，然后将其打印出来。

分析　从键盘输入的字符需要强制转换为 char 型才能正确显示信息。

```java
import java.io. * ;
public class App1_3{
    public static void main(String[] args) throws IOException {
        System. out. print("Enter a Char:");
        char c = (char)System. in. read();
        System.out.println("your char is:"+ c);
    }
}
```

程序运行结果为：

Enter a Char: a✓

your char is: a

说明　结果中的斜体部分表示键盘输入的内容，✓表示"回车"操作。第 1 行代码的作用是导入用于输入/输出的包，main()方法首部中的 throws IOException 的作用是处理 read()方法可能产生的异常。read()方法的原型为：

```java
public int read()throws IOException
```

read()方法返回值为 int 类型，但只有最低字节是有效数据，可以通过强制转换将其变为 char 类型。这种输入方式一次只能获取一个字节，效率比较低。当希望输入一串字符时编程比较复杂。

2. 多种类型数据的输入

从 Java 5 开始，在 java. util 包中增加了一个用于输入各种类型数据的 Scanner 类。使用时，首先创建 Scanner 类的对象，然后调用相应的方法来获取数据。Scanner 类的常用方法见表 1-8 所示。

表 1-8　　　　　　　　　　　　　　Scanner 类的常用方法

方法原型	说明
public String nextLine()	读取输入的下一行内容
public String next()	读取输入的下一个有效字符
public int nextInt()	读取下一个有效的 int 型输入
public long nextLong()	读取下一个有效的 long 型输入
public float nextFloat()	读取下一个有效的 float 型输入
public double nextDouble()	读取下一个有效的 double 型输入
public boolean hasNext()	检测是否还有输入内容

【例1-4】 从键盘输入一系列数据，然后将其打印。

分析 输入一系列数据时，最好给出输入提示，以便明确输入内容。

```
public class App1_4{
    public static void main(String[] args){
        Scanner sc =new Scanner(System. in);
        System. out. println("请输入你的姓名:");
        String name=sc.nextLine();
        System.out.println("请输入你的年龄:");
        int age = sc. nextInt();
        System. out. println("请输入你的工资:");
        float salary = sc. nextFloat();
        System.out.println("你的信息如下:");
        System.out.println("姓名:"+ name +",年龄:"+ age +"岁,工资:"+ salary +"元");
    }
}
```

程序运行结果为:

```
请输入你的姓名:
Tom↙
请输入你的年龄:
30↙
请输入你的工资:
5000↙
你的信息如下:
姓名:Tom,年龄:30 岁,工资:5000. 0 元
```

说明 从运行结果来看，使用 Scanner 类既可以输入字符串也可以输入基本数据类型，是最为常用的输入方式。

另外，Scanner 类的成员方法 nextLine() 和 next() 都可以读取字符串，但是它们之间有着本质区别。next() 方法一定要读取到有效字符（非"空格"键、非 Tab 键、非 Enter 键）后才能够完成输入，对输入有效字符之前遇到的"空格"键、Tab 键或 Enter 键等分隔符，next() 方法会自动跳过，所以 next() 方法不能得到带空格的字符串。而 nextLine() 方法的结束符只有 Enter 键，即 nextLine() 方法返回的是 Enter 键之前的所有字符，可以得到带空格的字符串。

【例1-5】 next()方法与 nextLine()方法的区别。

分析 依次调用 next()方法和 nextLine()方法，通过运行结果分析两者差异。

```
public class App1_5{
    public static void main(String[] args){
        String s1,s2;
        Scanner sc =new Scanner(System. in);
        System.out.print("请输入第一个字符串:");
```

```
                s1 = sc.next();
                System.out.print("请输入第二个字符串:");
                s2 = sc.nextLine();
                System.out.println("输入的字符串是:" + s1 + "," + s2);
        }
    }
```

程序运行结果为:

请输入第一个字符串:abc↙
请输入第二个字符串:输入的字符串是:abc,

说明　其中 next() 方法读取了字符串" abc",遇到"回车"符结束;nextLine() 方法读取了被 next() 方法遗留下的 Enter 作为它的结束符,所以没办法给 s2 从键盘输入值。实际上,其他 nextInt()、nextDouble() 等方法存在同样的问题,解决的办法是在每一个 nextInt()、nextDouble() 等方法之后加一个 nextLine() 方法,将 nextInt()、nextDouble() 等方法遗留的 Enter 结束符过滤掉。

在［例 1 - 5］中 s1＝sc.next(); 语句后面添加语句 sc.nextLine();,就能达到预期的效果。

1.7.2　输出

Java 语言提供标准输出流 System.out 来完成数据的输出,System.out 是 PrintStream 类的标准输出流对象,它最常用的是 print() 方法和 println() 方法,两种方法的区别为:println() 方法在每次输出后"回车"换行。

例如:

```
System.out.println("Java");
System.out.print(10);
System.out.println("Java");
```

运行结果为:

```
Java
10Java
```

其中,使用 print() 方法输出 10 之后并未换行。

本 章 配 套 资 源

二维码1-6 第1章思维导图	二维码1-7 第1章示例代码汇总	二维码1-8 第1章习题	二维码1-9 第1章扩展资源汇总

第2章

面向对象基础

面向对象编程思想是使计算机语言对事物的描述与现实世界中该事物的本质尽可能一致，它与面向过程编程思想存在较大差异。本章将介绍 Java 语言中面向对象程序设计的基本概念和基本方法，介绍如何通过类来模拟现实世界中的实体，重点将讲述类的封装。

本章目标

- 理解面向对象程序设计的基本概念，掌握类的定义与对象的创建、构造方法的定义、类成员的特点及使用场景、类与成员的访问权限设置、数组的定义与访问。
- 能够运用面向对象编程思想进行类的设计与实现，包括成员变量、构造方法、成员方法等。
- 能够应用对象数组来存储和处理对象的集合。

2.1 面向对象程序设计概述

在学习面向对象程序设计方法之前，首先需要了解面向对象程序设计的基本思想及相关概念。

2.1.1 面向对象程序设计

二维码2-1
视频讲解5

面向对象程序设计是当前主流的程序设计模式，它通过模拟人类解决问题的思维方式，使软件开发过程尽可能接近我们认识世界、解决问题的方法和过程。

面向对象程序设计是把现实世界中的客观事物抽象为问题域中的对象，而程序则由一系列对象组成，各对象之间通过发送消息来解决问题。每个对象包含公开的特定功能和隐藏的实现部分，程序中的对象可以是自定义的，也可以来自标准库。

面向对象程序设计具有三个基本特性：封装性、继承性和多态性。

封装性是指将属性与行为封闭包装在一起，目的是保护属性信息，隐藏行为的具体实现。现实世界中很多客观事物也都是被封装的，比如常见的家用电器，都是有一个相对封闭的外壳，将一些集成电路和设备包裹起来，只将很少的部分对外开放。

继承性是通过扩展已有类来构建新的类，是一个从一般到特殊的过程。构建的新类称为"子类"，被继承的类称为"超类"或"父类"。即使子类中不添加任何属性和行为，继承性也使子类具有超类的全部属性和行为，这样能够大大减少创建新类的工作量，提高了软件开发的效率。

多态性是指使不同对象可以对同一消息作出个性化响应。多态机制使不同的对象可以共享相同的外部接口，提高程序的可维护性。

2.1.2 类与对象的基本概念

在面向对象程序设计中，对象（object）与类（class）是最核心的概念。**对象**是对现实世界中客观事物的描述，也称为实例，一个对象由静态属性和动态行为组成。而**类**是对具有相同属性和行为的客观事物的共性描述，是抽象的、概念上的定义。图2-1中有三个不同品牌的笔记本电脑，虽然它们来自不同的厂家，但是仍然具有很多相似的地方，把这些相似之处提取出来就得到了"笔记本电脑类"，这个类用于描述所有笔记本电脑的共性信息，如每台笔记本电脑都有品牌名称，都有尺寸大小，CPU和内存信息等，而且还具有开机、关机等行为。

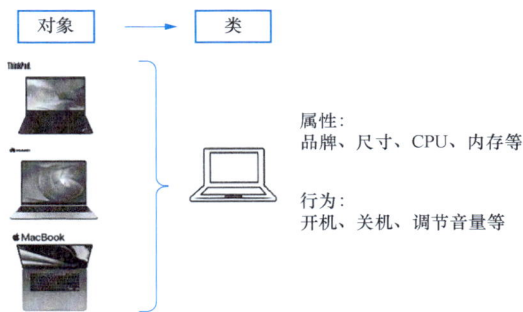

图2-1 类与对象

对象是具体的，类是抽象的。对象是类的实例化过程，而类是对象共性信息的抽象。类可以看作为一个模板，而对象就是用这个模板创建的实例，只要按照类的模板，把每一个属性和行为都赋予具体内容，就会得到一个对象。同一个类的所有对象实例具有家族式的相似性，例如所有的笔记本电脑具有相似的属性和功能。

2.2 类 的 定 义

类由**数据成员**与**方法成员**封装而成，其中数据成员表示类的属性，方法成员表示类的行为。Java语言把数据成员称为域变量、属性、成员变量等，而把方法成员也称为成员方法。

类的定义就是定义类的成员变量与成员方法，所定义的类是一个新的数据类型，用它可以创建对象实例。

2.2.1 类的基本结构

Java语言中，类定义的基本语法为：

```
［类修饰符］class 类名称｛
    ［成员变量修饰符］数据类型 成员变量；
    ……
    ［成员方法修饰符］返回值数据类型 方法名（参数列表）｛
        语句块
    ｝
    ……
｝
```

其中class是关键字，方括号［］中的修饰符是可选项，用于修饰类或成员。Java语

二维码2-2
视频讲解6

言中类修饰符分为公共访问控制符 public、抽象类说明符 abstract、最终类说明符 final 和缺省访问控制符，具体含义见表 2-1 所示。

表 2-1　　　　　　　　　　　　　　　类　修　饰　符

类修饰符	说明
public	将一个类定义为公共类，该类可以被任何类访问
abstract	将一个类定义为抽象类，不可以创建它的对象
final	将一个类定义为最终类，不能被其他类继承
缺省	只有在同一个包中的类才能访问这个类

一个类可以同时具有多个修饰符，但 abstract 和 final 互斥，不能同时出现。这些修饰符的差异将在后续章节详细说明。

2.2.2　成员变量

成员变量是描述对象状态的数据，是类中重要的组成部分。Java 语言中成员变量的声明格式为：

［成员变量修饰符］数据类型 变量名 ［＝初始值］；

其中，数据类型可以是基本数据类型、类或者数组等，变量名是合法标识符。成员变量在声明时可以赋初始值，如果没有赋值，JVM 根据数据类型给定初始值。成员变量修饰符包括 8 种，如表 2-2 所示。

表 2-2　　　　　　　　　　　　　　成 员 变 量 修 饰 符

成员变量修饰符	说明
public	公共访问修饰符，该变量为公共的，可以被任何类的方法访问
private	私有访问修饰符，该变量只允许本类的方法访问，其他任何类中的方法均不能访问
protected	保护访问修饰符，该变量可以被本类、子类及同一个包中的类访问
缺省	缺省访问修饰符，该变量在同一个包中的类可以访问，其他包中的类不能访问
final	最终修饰符，该变量的值不能被修改
static	静态修饰符，该变量属于类，被类的所有对象共享，即所有对象都可以使用该变量
transient	临时修饰符，该变量在对象序列化时不被保存
volatile	易失修饰符，该变量可以同时被几个线程控制和修改

2.2.3　成员方法

成员方法通过改变成员变量的状态来描述对象的行为，是实现类功能的机制。Java 语言中的成员方法的定义格式为：

［成员方法修饰符］返回值数据类型 方法名（参数列表）{
　　语句块
}

成员方法的修饰符共有 9 种，见表 2-3 所示。

表 2-3　　　　　　　　　　　　　　　成 员 方 法 修 饰 符

成员方法修饰符	说明
public	公共访问修饰符，该方法为公共的，可以被任何类的方法访问
private	私有访问修饰符，该方法只允许本类的方法访问，其他任何类中的方法均不能访问
protected	保护访问修饰符，该方法可以被本类、子类及同一个包中的类访问
缺省	缺省访问修饰符，该方法在同一个包中的类可以访问，其他包中的类不能访问
final	最终修饰符，该方法不能被重载
static	静态修饰符，该方法属于这个类，不需要实例化就可以使用
abstract	抽象修饰符，该方法只有方法原型，没有方法实现，需在子类中实现
synchronized	同步修饰符，在多线程程序中，该修饰符用于在运行前对它所属的方法加锁，以防止其他线程的访问，运行结束后解锁
native	本地方法修饰符，该方法的方法体是用其他语言在程序外部编写的

Java 语言允许成员变量和成员方法同时使用多个修饰符，但需要注意修饰符彼此间有互斥的情况。

接下来以学生信息为例，来学习类的定义。

```
class Student {
    String sid = "0000";        //学号 sid
    String name;                //姓名 name
    int age = 18;               //年龄 age
    String getInfo(){           //定义成员方法 getInfo()，获取学生信息
        String info = "学号为:" + sid + ",姓名为:" + name + ",年龄为:" + age;
        return info;
    }
}
```

第 1 行代码表示定义了一个名为 Student 的类。第 2、3、4 行代码是成员变量的声明，其中学号 sid 和年龄 age 成员都设置了初始值，而姓名没有进行初始化。String 是 Java 语言中关于字符串的类，可以查阅扩展资源 2。Student 类中只有一个成员方法 getInfo()，该方法用于获取学生的详细信息。Student 类中所有成员都没有使用修饰符，此时每个成员的访问权限都是包访问权限，具体细节可参见 2.7 和 2.8 节。

二维码2-3
扩展资源2

🔰 **提 示**

Java 语言中的类定义，不需要在最后花括号 "}" 之后加分号。

2.3　对象的创建与使用

定义类之后，就可以用来创建对象，这与用基本数据类型来定义变量的概念相似。

2.3.1　内存分配机制

为了更充分地理解对象的创建过程，首先介绍 Java 语言内存分配的基本原理。Java 语言把内存分为栈内存和堆内存，如图 2-2 所示。

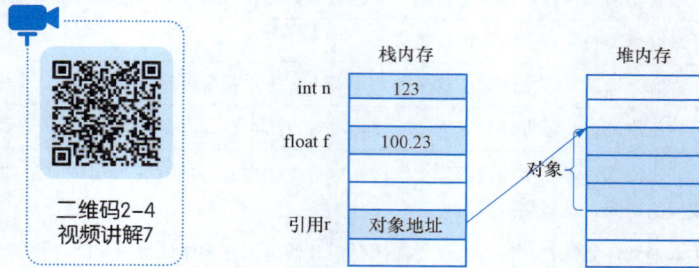

图 2-2　栈内存和堆内存

栈内存中存储基本数据类型（变量 n 和 f）、引用变量（引用 r），当超出变量的作用域之后，JVM 会自动释放这些变量占用的内存空间，该内存空间可以立刻被另作他用。

堆内存用于存储对象、数组等数据。在堆内存中分配的内存，由 JVM 负责回收管理。在堆内存中创建一个对象时，会将其在堆内存中的地址赋值给栈内存中声明的变量，这个变量就是对象的引用变量。这样，就可以使用栈内存中的引用变量来访问堆内存中的对象。

引用变量是普通变量，定义时在栈内存中分配空间，引用变量在程序运行到其作用域外就会释放。而对象本身在堆内存中分配，即使程序运行到对象的作用域之外，对象本身占用的堆内存也不会被立即释放。当对象在没有引用变量指向它的时候，会变成"垃圾"，不再被使用，但是仍然占用内存空间，在随后的某个不确定时刻会被垃圾回收器释放，这也是 Java 程序比较耗费内存的主要原因。

为了使栈内存空间中的引用变量有初始值，Java 语言提供了一个特殊的引用类型常量 null，表示该引用变量不指向堆内存中的地址。

2.3.2　对象的创建

类的实例化结果是对象，也就是由类声明的变量，因此，可以将对象理解为一种自定义数据类型的变量。对象之间靠传递消息而相互作用，完成一些行为或者修改对象的属性。

Java 语言中，创建对象包括对象声明和创建，格式为：

类名　对象名；

对象名＝new 类名（）；

例如，Student stu1; 和 stu1＝new Student();。也可以将两条语句合并，格式为：

类名　对象名＝new 类名（）；

例如，Student stu1＝new Student();，其中，赋值运算符右侧的 new Student()，是以 Student 类为模板，在堆内存中创建一个对象，包含成员变量 sid、name 和 age，然后将地址返回给赋值运算符左侧的引用变量 stu1。末尾的()意味着，在对象创建后，调用 Student 类的无参构造方法（见 2.4 节），对生成的对象进行初始化。

我们来看一下这个过程中内存如何变化。当执行 Student stu1；这条语句时，首先在栈内存分配一个引用类型变量 stu1，但是此时它并未给出初始值。当执行 stu1＝new Student()；语句时，会在堆内存空间根据 Student 类的结构申请一块空间，然后把起始地址返回给 stu1，这样就可以通过 stu1 找到堆空间中的数据，stu1 对象的内存分配如图 2 - 3 所示（图中 sid

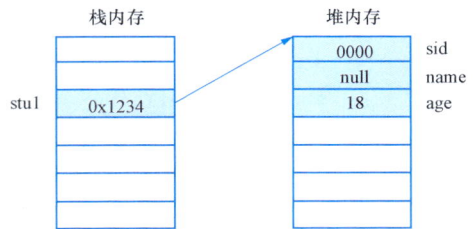

图 2 - 3　对象的内存分配

和 name 是 String 类对象，也会单独分配内存空间，这里做了一定简化）。

在 Student 类中 sid 和 age 都有初始值，而 name 没有指定初始值，通过内存示意图会发现，name 被赋予了一个初始值 null。也就是说，对象创建时，系统会对成员变量进行默认的初始化，赋值为缺省值。表 2 - 4 是成员变量的缺省初始值。

表 2 - 4　　　　　　　　　　　　成员变量的缺省初始值

数据类型	初始值	数据类型	初始值
byte	0	float	0.0f
short	0	double	0.0
int	0	char	'\0'
long	0L	boolean	false
引用类型	null		

2.3.3　对象的使用

创建对象之后，可以访问它的成员变量和成员方法，格式为：

对象名．成员变量

对象名．成员方法（实参）

其中运算符"."称为成员运算符，用于访问对象的成员。

【例 2 - 1】　对象的创建与使用。

分析　创建不同对象后，分别调用相应的成员方法。

```
public class App2_1{
    public static void main(String[] args){
        Student stu1＝new Student();
        stu1.sid = "1101";
        stu1.name = "李小刚";
```

21

```
                stu1.age=20;
                System.out.println("学生 1:"+ stu1.getInfo());
                Student stu2 = new Student();
                stu2.sid="1102";
                stu2.name = "王晓红";
                System.out.println("学生 2:"+ stu2.getInfo());
                stu2 = stu1;
                stu2.name="王晓红";
                System.out.println("学生 1:"+ stu1.getInfo());
                System.out.println("学生 2:"+ stu2.getInfo());
        }
}
```

程序运行结果为：

```
学生 1:学号为:1101,姓名为:李小刚,年龄为:20
学生 2:学号为:1102,姓名为:王晓红,年龄为:18
学生 1:学号为:1101,姓名为:王晓红,年龄为:20
学生 2:学号为:1101,姓名为:王晓红,年龄为:20
```

说 明　由于 App2＿1 类是公共类，所以［例 2-1］中的代码应该保存在 App2＿1.java 文件中，文件名与公共类类名一致。Student 类为 2.2.3 节中的代码，是非公共类。Java 语言规定，非公共类可以单独保存在一个源文件（如 Student.java）中，也可以包含在其他源文件中（如 App2＿1.java）中。

程序从 main() 方法开始执行，首先创建对象 stu1，name 被初始化为缺省值 null，而 sid 和 age 分别是"0000"和 18。接着，将 sid 赋值为"1101"，将 name 赋值为"李小刚"，age 设置为 20，通过调用成员方法 getInfo() 输出对象的内容。接下来，再创建一个对象 stu2，它的初始状态和 stu1 的初始状态一样。修改 stu2 的属性，其中 age 没有重新赋值，它仍然是 18，运行结果可以验证修改后的效果，如图 2-4（a）所示。

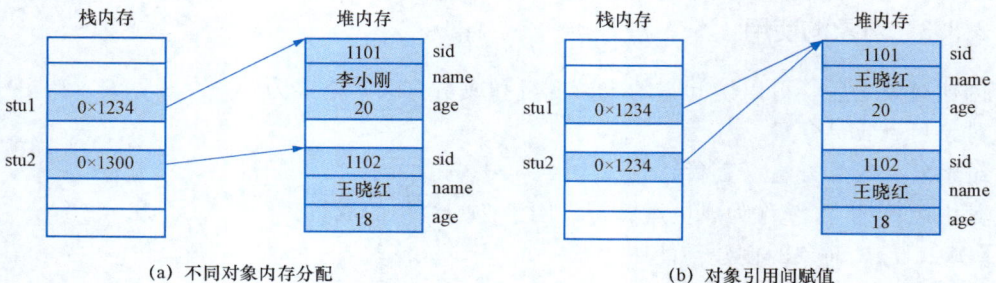

（a）不同对象内存分配　　　　　　（b）对象引用间赋值

图 2-4　对象内存分配

执行 stu2＝stu1；语句时，内存会发生怎么样的变化？实际上，stu2 不再与原来的堆内存相关联，而是指向了 stu1 对应的堆内存地址，也就是 stu1 和 stu2 指向了同一块内存空间。而原来 stu2 的内存空间无法再使用，变成了"垃圾"，因为没有引用变量能否访问到它，只能等待 JVM 定期回收。

为了验证 stu1 和 stu2 是否为同一个对象，通过 stu2 来修改 name，发现 stu1 的内存确实是也发生了变化，再把两个对象的信息都显示一下，发现内容完全相同，如图 2 - 4（b）所示。这说明两个对象引用之间的赋值只是改变指向的地址，不会影响成员变量。

2.4 构 造 方 法

在［例 2 - 1］中，语句 Student stu1 = new Student()；和语句 Student stu2＝new Student()；分别创建了对象 stu1 和 stu2。两个对象被创建时，它们的成员变量的初始值完全相同，使用了同一种初始化方式。那么，能不能在创建不同对象时为其赋不一样的初始值呢？Java 语言提供了构造方法来解决这一问题，它的作用是创建对象时申请内存，同时完成初始化工作。

二维码2-5
视频讲解8

2.4.1 构造方法的定义

构造方法是一种成员方法，但是它有一些特殊的要求：方法名必须与类名相同，不能有返回值。定义构造方法时，可以无参数，也可以包含参数。无参构造方法的格式为：

```
类名() {
    语句块          //通常为成员变量赋值
}
```

方法体中的语句块完成初始化工作。如果包含参数，参数一般与成员变量相对应，以便完成成员变量的初始化赋值，定义格式为：

```
类名（参数列表）{
    语句块          //通常为成员变量赋值
}
```

需要说明的是，在编写构造方法时，一般都将其放在所有成员方法的前面，这样有利于了解创建对象的规则。

为了更清晰地说明构造方法的作用，修改［例 2 - 1］中的 Student 类，为其添加构造方法。

【例 2 - 2】 为 Student 类添加构造方法。

分析 构造方法主要完成成员的初始化工作。

```
class Student{
    String sid = "0000";   //学号 sid
    String name;           //姓名 name
    int age = 18;          //年龄 age
    Student(String id,String n,int a) {
        sid=id;
        name=n;
        age=a;
```

23

```
        }
    ......
}
public class App2_2 {
    public static void main(String[] args){
        Student stu3 = new Student("1103","丁娟",19);
        System.out.println(stu3.getInfo());
    }
}
```

说 明 构造方法 Student（String id，String n，int a）有 3 个参数，分别为 3 个成员变量赋初值。构造方法不能被显式调用，它总是结合 new 被自动执行。与 stu1 和 stu2 不同，创建对象 stu3 时，new 后面的()不能为空，必须根据构造方法的参数，为其传递实际参数。此时，系统就会自动调用对应的有参构造方法，并将实参传递给形参，从而完成内存申请和初始化过程。

2.4.2 默认构造方法

事实上，任何一个对象被创建时都需要执行构造方法，那么在编写构造方法之前，程序是如何创建对象的（如 stu1 和 stu2）？

在 Java 语言中，如果定义类时没有编写构造方法，Java 编译器自动为该类添加一个默认构造方法。其后在创建对象时会自动调用这个默认构造方法。默认构造方法没有参数，其格式为：

类名() { }

在方法体中没有任何代码，每个成员变量要么赋值为数据类型的缺省初始值，要么赋值为定义时的初始值。这也就是为什么 stu1 和 stu2 的内容完全一样的原因，因为它们的创建都使用了默认构造方法，初始化规则完全一致。如果类的访问权限修饰符是 public，那么默认构造方法的访问权限修饰符也是 public。默认构造方法一定是无参构造方法，但无参构造方法不一定是默认构造方法。

需要说明的是，一旦为一个类定义了构造方法，Java 编译器就不再提供默认构造方法。因此，在［例 2-2］中的 main()方法中，如果出现 Student stu1＝new Student()；语句，编译器会报错，因为 Java 编译器不再提供默认构造方法，也就无法用 new Student()来构建对象。然而，这种不需要参数就能创建对象的方式很有用，因此为一个类添加一个无参构造方法是非常必要的。为 Student 类添加无参构造方法，由于 sid 和 age 已经设置了初始值，所以方法体如下：

```
Student(){
    name = "未命名";
}
```

2.4.3 构造方法的重载

现在，Student 类已经有了两个构造方法，一个是带有 3 个参数的构造方法，一个是无参构造方法。Java 语言允许一个类定义多个构造方法，而这些构造方法就构成了方法重载。

那么，什么是方法重载呢？多个方法的名字相同，而参数不同，就称为方法重载。所谓的参数不同是指参数的个数不同、参数的类型不同或者参数的顺序不同。为什么要编写这么多重载的方法呢？方法重载的目的是为使用者提供便利，构造方法的作用就是创建对象，为了满足对象创建的多样性，所以通常会定义多个构造方法。

再次为 Student 类添加一个新的构造方法：

```
Student(String n){
    name=n;
}
```

很明显，这 3 个构造方法的参数个数不同。需要注意，方法返回值数据类型不能作为方法重载的判断依据。如果两个方法，它们的名字和参数完全一样，仅有返回值数据类型不同，这不是方法重载。需要说明，成员方法之间也可以存在方法重载。

2.5　this 引用

Student 类的每个对象都拥有独立的存储空间，如〔例 2-1〕中的对象 stu1 和 stu2。但类中的成员方法并不会随着对象数量的变化而增加，每个成员方法只有一份，保存在方法区中。当通过不同对象调用同一个成员方法时，成员方法中访问的成员变量并没有指明属于哪个对象，那么程序如何正确运行？

例如，在〔例 2-1〕中，当执行 stu1.getInfo() 和 stu2.getInfo() 语句时，都会调用 Student 类的成员方法 getInfo()，编译器如何判断应该返回哪个对象的成员变量呢？Java 语言通过 this 引用来解决这一问题。

关键字 this 用来表示当前对象本身，是系统资源，只允许用户读而不允许写，每个对象的 this 在创建时被赋值为对象地址。也就是说，Student 类的成员方法 getInfo() 的代码实际上是这样的：

```
String getInfo(){        //定义成员方法 getInfo()，获取学生信息
    String info;
    info="学号为:"+this.sid+",姓名为:"+this.name+",年龄为:"+this.age;
    return info;
}
```

当不同对象调用该成员方法时，this 引用就指向不同对象的地址，这样就能够正确地访问相应的成员变量。正是因为 this 与对象紧密相关，所以 this 只能在普通的成员方法中使用，不能在类成员方法（2.6 节）中使用。

this 引用主要有以下几个用途：

1. 解决参数名的歧义性

当成员方法的参数名与成员变量名相同时，可以使用 this 来区分两者。例如，〔例 2-2〕中 Student 类的带有 3 个参数的构造方法中参数分别为 id、n 和 a，在使用过程中含义并不是很明确，可将其修改为：

```
Student(String sid,String name,int age){
    this.sid=sid;
    this.name=name;
    this.age=age;
}
```

当然，即使没有这种歧义性，也可以使用 this，使成员变量或者成员方法的归属更加明确。

2. 构造方法的调用

正常情况下，构造方法是不需要编程人员调用的，编译器会自动调用。但 Java 语言允许在一个构造方法中调用另外的构造方法，这时必须借助 this 来完成显式调用，并且调用语句必须是构造方法中的第一条语句。

【例 2 - 3】 构造方法的调用，为 Student 类重新编写构造方法。

分析 不同的构造方法之间可以相互调用，那么完成初始化的工作最好只在一个构造方法中。

```
class Student{
    ……          //成员变量
    Student(){
        this("0000","未命名",18);
    }
    Student(String name){
        this("0000",name,18);
    }
    Student(String sid,String name,int age){
        this.sid=sid;
        this.name=name;
        this.age=age;
    }
    ……          //定义成员方法 getInfo(),获取学生信息
}
public class App2_3 {
    public static void main(String[] args){
        Student stu1=new Student();
        Student stu2=new Student("王晓红");
        Student stu3=new Student("1103","丁娟",19);
        System.out.println("学生 1:"+ stu1.getInfo());
        System.out.println("学生 2:"+ stu2.getInfo());
        System.out.println("学生 3:"+ stu3.getInfo());
    }
}
```

程序运行结果为：

学生 1:学号为:0000,姓名为:未命名,年龄为:18

学生 2:学号为:0000,姓名为:王晓红,年龄为:18

学生 3:学号为:1103,姓名为:丁娟,年龄为:19

说明　这段程序共有 3 个构造方法,其中带有 3 个参数的构造方法被其他 2 个构造方法调用。这样做有几个好处:①使代码更加简洁,可读性更好;②真正处理初始化业务的代码只有 1 份,可维护性更好。

3. 链式调用

链式调用是指在一个语句中连续调用多个方法,如 obj.fa().fb(),这时要求 fa()方法的返回值必须是一个对象,fb()方法是该返回值对象的成员方法。特殊情况下,如果 fa()方法和 fb()方法都是 obj 的成员方法,那么 fa()方法就要返回 obj 对象本身,此时需要使用 this引用。

【例 2 - 4】　链式调用示例。

分析　链式调用是指成员方法的返回值是一个对象,那么这个对象就可以继续调用它的成员方法。

```java
class Count{
    int i=0;
    Count increment(){
        i++;
        return this;                              //返回对象的引用
    }
    void print(){
        System.out.println("i = "+ i);
    }
}
public class App2_4{
    public static void main(String[] args){
        Count c =new Count();
        c. increment(). increment(). print();
    }
}
```

说明　main()方法中的 c. increment(). increment(). print(); 语句首先执行 c. increment()方法,返回值仍然是 c 对象本身,执行后的语句等价于 c. increment(). print(); 语句。接着再执行 c. increment()方法,执行后的语句等价于 c. print(); 语句,因此程序的运行结果为:i=2。

2.6　类　成　员

Java 语言中的对象都拥有独立的存储空间,每创建一个对象都会在堆内存中为其分配空间,对象彼此间互不影响。但在某些情况下,一个类的多个对象需要共享信息,例如要统计创建的 Student 类对象个数。如果在 Student 类中添加成员变量 count,那么每创建一个对象就会分配一个 count 变量空间,无法共享数据。Java 语言用类成员来解决这个问

题，类成员包括类成员变量和类成员方法。

2.6.1 类成员变量

一个类的所有对象共享的成员变量，称之为类成员变量，用 static 关键字来修饰。类成员变量在内存中只有一份，类的所有对象都可以访问它。类成员变量可以通过类名或对象名访问，格式为：

类名 . 类成员变量

对象名 . 类成员变量

【例 2 - 5】 为 Student 类添加类成员变量，用来统计已经创建的 Student 类对象数量。

分 析 用来统计对象数量的变量必须是所有对象共享。

```
class Student{
    ……
    static int count = 0;    //类成员变量,对象数量
    Student(String sid,String name,int age){
        this.sid=sid;
        this.name=name;
        this.age=age;
        count ++ ;
    }
    ……
}
public class App2_5{
    public static void main(String[] args){
        System.out.println("学生人数:"+ Student.count);
        Student stu1 =new Student();
        Student stu2 =new Student("王晓红");
        Student stu3 =new Student("1103","丁娟",19);
        System.out.println("学生人数:"+ stu3.count);
    }
}
```

程序运行结果为：

```
学生人数:0
学生人数:3
```

说 明 每当创建一个对象时，都会直接或间接地调用带有 3 个参数的构造方法，从而执行 count++; 语句，实现计数功能。在 main() 方法中，首先通过类名访问 count，此时虽然还未创建对象，但仍然可以访问 count 变量，可见类成员变量不依赖于对象。接着，依次创建了 3 个 Student 类对象，在并通过对象名访问类成员变量。

由程序运行结果可以看出，3 个对象共享一个 count 变量，实现对象间信息沟通。访问类成员变量时推荐使用"类名 . 类成员变量"方式，以便与非类成员变量区分。

二维码2-6
视频讲解9

2.6.2　类成员变量初始化

类成员变量的初始化不同于普通成员变量，规则为：

（1）按照类成员变量声明的顺序依次声明，并设置为该数据类型的缺省值；

（2）按照类成员变量声明的顺序依次设置为初始化的值，如果没有初始化的值就跳过。

【例 2 - 6】　类成员变量初始化。

分析　类成员变量的初始化要严格遵循上述规则。

```
class StaticInitialization{
    StaticInitialization(){
        App2_6.x ++ ;
        App2_6.y ++ ;
    }
}
public class App2_6{
    static StaticInitialization si = new StaticInitialization();
    static int x = 0;
    static int y;
    public static void main(String[] args){
        System.out.println("x:" + App2_6.x);
        System.out.println("y:" + App2_6.y);
    }
}
```

程序运行结果为：

```
x:0
y:1
```

说明　结合规则分析一下［例 2-6］代码，首先 App2 _ 6 类中的 3 个类成员变量需要在方法区进行内存分配。按照第 1 条规则，依次声明，并且赋值该数据类型的缺省值，所以 si 为 null，而 x 和 y 是 0。然后，按照第 2 条规则，首先 si 调用 StaticInitialization 类的构造方法完成 si 的初始化，将 x 和 y 都变为 1。接着，对 x 进行初始化，被赋值为 0，而 y 没有初始化值就跳过，所以，x 和 y 的值并不相同。

2.6.3　静态代码块

在对类成员变量进行初始化时，如果类成员变量的初始值不是简单的常量，而是需要复杂的计算或其他操作才能完成，这时可以使用静态代码块，静态代码块的语法规则为：

```
static {
    语句块
}
```

静态代码块在类被加载的时候执行，并且只会执行一次。

【例2-7】 静态代码块的使用

分　析　静态代码块只会在第一次调用时被执行。

```java
class StaticBlock {
    static double ratio1 = 0.0215;
    static double ratio2;
    static {
        System.out.println("ratio2 is calculated");
        ratio2 = ratio1 * 0.6 + 0.01;
    }
}
public class App2_7{
    public static void main(String[] args){
        StaticBlock sb1 = new StaticBlock();
        StaticBlock sb2 = new StaticBlock();
        System.out.println("ratio1:" + StaticBlock. ratio1);
        System.out.println("ratio2:" + StaticBlock. ratio2);
    }
}
```

程序运行结果为：

```
ratio2 is calculated
ratio1:0. 0215
ratio2:0. 0229
```

说　明　从运行结果来看，虽然创建了两个对象，但是静态代码块只被执行了一次。另外，在 ratio2 的初始化过程中用到了 ratio1，所以要求 ratio1 的声明必须在 ratio2 的声明之前。

2.6.4　类成员方法

类中不依赖于对象而执行的方法，称之为类成员方法，用 static 关键字修饰。类成员方法的调用方式也有两种：

类名. 类成员方法()；
对象名. 类成员方法()；

建议采用第1种方式，以便与实例成员方法相区分。类成员方法可以不通过实例对象就直接调用，使用起来更加方便。

为［例2-5］中的 Student 类添加类成员方法 getCount()：

```java
static int getCount(){
    return count;
}
```

这样在 main()方法中，可以使用 Student. getCount()；语句来访问类成员变量。

Q&A 为什么类成员方法中不能访问实例成员变量?

　　实例成员变量一定属于某个对象,必须实例化之后才会在内存中分配空间。而类成员方法不依赖于对象而存在,即使对象不存在,它仍然可以被调用。假设类成员方法能够访问实例成员变量,那么当没有创建任何对象时,通过类名调用这个类成员方法,程序无法获得实例成员变量,必然出错。同理,类成员方法内也不能使用 this 引用,因为 this 引用代表对象本身,而类成员方法不依赖于对象,所以不能使用 this。

2.7　包

　　开发软件过程中,当编写类的数量较多时,会出现类重名、划分不清晰和权限设置不当等问题。Java 语言使用包（package）来组织与管理类,包的作用与操作系统中的目录相似,包有名字,每个类都在确定的某个包中。

　　包具有层次结构,一个包中可以有多个子包,但是每个子包的名字不能相同。一个包中可以有多个类,这些类不能同名。不同的包中的类可以同名。一般情况下,会把相关的类放在同一个包中,以方便管理与使用。

二维码2-7
视频讲解10

2.7.1　系统包

　　在前面章节例子中用到的 Java 系统类也是以包的形式出现的,只是没有明确说明。表 2-5 是 Java 语言中常用的系统包,包名称都以小写字母 java 作为最顶层的包,然后根据功能的不同划分为若干子包,最常用的是 lang 包,它是 Java 语言的核心包,提供了很多基础类,如 System 类就在这个包中。

表 2-5　　　　　　　　　　　　　　　系　统　包

包名	说明
java.lang	Java 语言核心包,提供了 Java 中的基础类。包括:Object 类、String 类、Math 类、System 类等
java.awt	Java 的原始图形用户界面工具包,用于创建图形用户界面,提供了用于实现图形界面的组件,如窗口、按钮、文本框、对话框等
java.util	包含了实用工具类,如集合框架类、日期类等
java.sql	提供了用于执行 SQL 语句和管理数据库连接的类和接口,是 Java 数据库连接（JDBC）的基础,用于在 Java 应用中访问数据库
java.io	提供了全面的 IO 接口,包括:文件读写、标准输入/输出等

2.7.2　导入包

　　一个类可以访问所在包中的所有类,以及其他包中的公共类。当访问同一个包中的类时,不需要额外操作,但是访问其他包中的公共类时就没有这么简单了。访问其他包中的公共类有两种方法，第 1 种方法是使用完整的类名。例如，创建日期类 Date 的一个对象，可以编写为：Date today＝new Date()；

但这样的代码存在错误，因为 Java 编译器发现当前包中并没有定义 Date 类，所以无法通过编译。那么，可以告诉 Java 编译器去哪里找到 Date 类，将代码修改为：java. util. Date today＝new java. util. Date()；。把 Date 的完整类名写出来，那么 Java 编译器就知道去哪里去找这个类了。但是这样的代码太烦琐了，使用起来非常不方便。

第 2 种方法是导入包，用 import 关键字把一个包中的某个类或者全部类导入进来，这样就可以在代码中直接使用它。仍然是刚才的代码，可以修改为：

```
import java.util.Date;
Date today = new Date();
```

由于日期类 Date 在 java. util 包中，只需要加上导入语句，Java 编译器就会根据包的层次关系找到 Date 类，这样的代码非常简洁。

在导入包时，要遵循一些规则。

（1）可以只导入某一个类，也可以使用"＊"一次性导入一个包中的所有类。如果一次性导入某个包中的所有类会影响程序的编译效率，但是不影响运行效率。例如，前面的导入语句可以修改成为：import java. util. ＊；。一般情况下，建议明确标明导入哪些类，增加代码的可读性。

（2）1 条 import 语句只能导入同一个包中的类。如果想导入两个包中的类，只能编写两条语句。此外，import java. ＊； 或 import java. ＊. ＊；，这样的语句并不能实现导入 Java 语言的所有类。

（3）java. lang 包是 Java 的核心包，为了提高编程效率，编译器会自动导入这个包，不需要使用 import 语句导入。

（4）当导入的不同包中有相同的类名时，会出现歧义。在 java. sql 包中也有一个 Date 类，用来表示数据库中的日期。如果同时导入这两个包，那么在使用 Date 类时就会存在歧义，因为编译器不知道 Date 类来自哪个包。例如，

```
import java.util.＊;
import java.sql.＊;
Date today = new Date();//错误
```

解决的方案有两种，一是添加特定的 import 语句，例如再添加一条语句 import java. util. Date，这样就能明确代码中的 Date 类就是指 util 包中的类。

需要说明的是，这里导入了 util 包中的全部类，又导入了其中的 Date 类，是不是重复操作呢？其实没有问题，导入所有类的语句可以包含导入单个类语句，但如果有命名冲突时，就必须单独导入这个类。

还有一种方法，就是最烦琐的方式，把完整的类名写出来，这样就能告诉编译器到哪里去找这个类。

2.7.3　创建包

除 Java 系统类库中的类外，用户自定义的类如何管理？可以通过创建包的形式将类

组织起来，创建包的语句是 package 后面跟着包名，包名之间用"."连接，表示层次结构，格式为：

package［包名 1［. 包名 2［. ［...］］］］；

例如，package a. b；表示当前类会放到 a 包中的子包 b 内。在一个 java 源文件中，package 语句必须是程序的第一条非注释语句。这样，就会把这个文件中编译后的所有 class 文件都放在 package 指定的包中。例如，在 App2 _ 5. java 文件中添加代码 package code. oo；编译后 Student. class 和 App2 _ 5. class 文件就会出现在/code/oo 目录中。需要说明的是，虽然很多开发工具都会采用相同的包结构来组织 . java 文件和 . class 文件，但是包是用来管理 . class 文件的，不是 . java 文件。

那么，在没有编写 package 语句之前，Student 类属于哪个包呢？实际上，每个类都必须属于某个包，如果没有在源文件中指定包，这个文件中的所有类都属于无名包，或者叫缺省包。之前编写的 Student 类就位于在这个无名包内。

💡 思 考

其他包中的类如何访问缺省包中的类？

2.8 访 问 权 限

前面的例子中，Student 类的成员变量都省略了访问修饰符，这种情况下在类外就可以对成员变量进行修改。这虽然使编程更加灵活，但也增加了风险。例如，可以为 stu1 对象的成员变量 age 设置负值或者很大的整数，这显然不合理，但却无法避免。因此，合理设置类与成员的访问权限非常重要。

二维码2-8
视频讲解11

表 2 - 6　　　　　　　　　　　　访 问 权 限

访问权限	本类	同一包	子类	其他包
private	√	×	×	×
缺省（包）	√	√	×	×
protected	√	√	√	×
public	√	√	√	√

表 2 - 6 展示了 Java 语言的访问权限，表头代表代码所在的位置，可以分为本类、同一包、子类和其他包。访问权限符有 4 种，private、缺省（包），protected 和 public。其中，用 private 只能用来修饰成员，表示仅同一个类的内部可以访问它；缺省访问权限，也就是包访问权限，可以用来修饰类或者成员，是指可以被同一个包中的其他类访问；protected 也只能修饰成员，它除了具有包访问权限外，还可以被该类的子类访问；最后是 public，它既可以修饰类也可以修饰成员，表示任意位置的类都可以访问它。可以看出，这四种访问权限是逐渐扩大的。

2.8.1 类的访问权限

类的访问权限只有缺省和 public。为了更好地解释类的权限，构建一个包结构，code 包中有 oo 子包和 other 子包，oo 子包中有 Student 类和 App2 _ 5 类，而 other 子包中包含 Computer 类和 Network 类，这两个类的访问权限都是缺省，如图 2 - 5 所示。

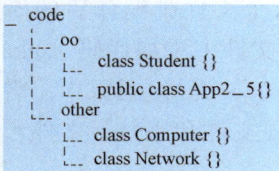

```
_ code
  |__ oo
  |   |__ class Student {}
  |   |__ public class App2_5{}
  |__ other
      |__ class Computer {}
      |__ class Network {}
```

图 2 - 5 包结构示例

此时，Student 类与 App2 _ 5 类可以相互访问，但不能访问 Computer 类和 Network 类，因为它们不在同一个包中。Computer 类和 Network 类也可以相互访问，而且可以访问 App2 _ 5 类，但不能访问 Student 类。

2.8.2 成员的访问权限

成员的访问权限包括 private、缺省、protected 和 public 四种。仍然以图 2 - 5 中的包结构为例，Student 类包含三个成员，以 sid 为例来说明成员的访问权限。

1. private

当成员变量 sid 是 private，只有 Stduent 类中的成员方法可以访问 sid，其他类中的成员方法都不能访问 sid。

2. 缺省

当成员变量 sid 是缺省访问权限，Stduent 类和 App2 _ 5 类中的成员方法都可以访问 sid，因为它们在同一个包中，而 Computer 类和 Network 类中的成员方法都不能访问 sid。

3. protected

当成员变量 sid 是 protected，那么在缺省权限的基础上，Student 类的所有子类中的成员方法也可以访问 sid，即使这个子类不在与 Student 类相同的包中。

4. public

当成员变量 sid 是 public，此时所有类的成员方法都可以访问它，但前提是必须先能访问这个类。这里虽然 sid 是 public 的，但是 Student 类不是 public 的，那么 Computer 类和 Network 类仍然不能访问 sid。这也恰好说明类的访问权限和成员访问权限的关系，它们需要配合使用，才能达到预期效果。

那么，一个类或者成员在设置访问权限时应该遵循什么原则呢？到目前为止，最小访问权限原则被认为是一个必须要坚持的原则，就是类和成员的访问权限设置为满足要求的最低权限。这样可以提高程序的安全性，避免不可预期的结果。例如，当 main() 方法中有这样的代码时：

```
stu1.age = 150;
System.out.println("学生 1:" + stu1.getInfo());
```

age 被设置了 150，这明显不合理，但是 Student 类无法阻止，因为 age 的访问权限是缺省的，对同一个包中的类开放。

为了避免成员变量被任意赋值，可以将它声明为 private，然后提供相应的成员方法来访问它，这样就可以在成员方法中设置访问规则。

【例 2 - 8】 完善 Student 类

分 析 为成员变量设置的访问权限。

```java
class Student{
    private String sid;                //学号 sid
    private String name;               //姓名 name
    private int age;                   //年龄 age
    private static int count =0;       //类成员变量,对象个数
    Student(){
        this("0000","未命名",18);
    }
    Student(String name){
        this("0000",name,18);
    }
    Student(String sid,String name,int age){
        this.sid=sid;
        this.name=name;
        this.age=age;
        count ++ ;
    }
    void setAge(int age)
    {
        if(age<60&& age> 10)
            this.age=age;
        else
            System.out.println("该年龄不符合要求!");
    }
    int getAge(){
        return this.age;
    }
    static int getCount(){
        return count;
    }
    String getInfo(){       //定义成员方法 getInfo(),获取学生信息
        String info= "学号为:"+ sid + ",姓名为:"+ name + ",年龄为:"+ age;
        return info;
    }
}
public class App2_8 {
    public static void main(String[] args){
        Student stu1=new Student();
        stu1.setAge(71);
    }
}
```

这样，age 就不会被赋值为不合理的数值了。其他成员变量类似，读者可自行修改。

2.9 类与对象的应用

与基本数据类型变量相似，对象也可以进行各种操作，包括将对象作为方法参数、作为方法返回值等。

2.9.1 对象作为方法参数

对象可以作为某个成员方法的参数，在方法调用时，将实参的引用传递给形参，不再创建对象。

【例 2-9】 比较 Student 类对象间年龄大小。

分析 在［例 2-8］中 Student 类的基础上，添加成员方法 compareAge()，用于比较参数对象与本身对象的年龄大小。

```java
class Student{
    … …
    void compareAge(Student other){
        if(this. age>other. age)
            System.out.println(this. name + "比" + other.name + "年龄大");
        else if(this.age == other.age)
            System.out.println(this.name + "和" + other.name + "一样大");
        else
            System.out.println(this.name + "比" + other.name + "年龄小");
    }
}
public class App2_9 {
    public static void main(String[] args){
        Student stu1 = new Student("1101","李小刚",20);
        Student stu2 = new Student("1102","王晓红",18);
        Student stu3 = new Student("1103","丁娟",19);
        stu1.compareAge(stu2);
        stu2.compareAge(stu3);
        stu3.compareAge(stu1);
    }
}
```

程序运行结果为：

```
李小刚比王晓红年龄大
王晓红比丁娟年龄小
丁娟比李小刚年龄小
```

说明 对象作参数时实际上传递的是引用，在语句 stu1. compareAge(stu2); 中，形参 other 与实参 stu2 指向同一块内存空间，如果输出 other 和 stu2 的数值，两者相同。

2.9.2 对象作为方法返回值

同样的，对象也可以作为方法的返回值，当一个方法的返回值是对象时，实际上返回的是引用。

【例 2 - 10】 在数组中查找是否存在某个学号的学生。

分析 为了判断学号是否存在，在 Student 类中增加判断该学号是否为自己的方法 isMe()，然后在 App2 _ 10 类中添加类成员方法用来查找学生是否在数组，如果在则返回该学生的引用，如果不在则返回 null。

```
class Student{
    … …
    boolean isMe(String sid) {
        return this. sid. equals(sid);
    }
}
public class App2_10 {
    static Student findStudent(Student[] aStudent,String sid){
        for(int i=0; i<aStudent. length; i ++ ){
            if(aStudent[i]. isMe(sid)){
                return aStudent[i];
            }
        }
        return null;
    }
    public static void main(String[] args){
        Student[] aStudent={new Student("1101","李小刚",20),
                new Student("1102","王晓红",18),  new Student("1103","丁娟",19)};
        Student one = findStudent(aStudent,"1102");
        if(one! =null){
            System.out.println("这名学生在数组中,详细信息为:");
            System.out.println(one.getInfo());
        }
        else
            System. out. println("这名学生不在数组中");
        one = findStudent(aStudent,"1104");
        if(one! =null){
            System.out.println("这名学生在数组中,详细信息为:");
            System.out.println(one.getInfo());
        }
        else
            System.out.println("这名学生不在数组中");
    }
}
```

程序运行结果为：

> 这名学生在数组中,详细信息为：
> 学号为:1102,姓名为:王晓红,年龄为:18
> 这名学生不在数组中

说 明 在 App2_10 类中添加的方法 findStudent()是类成员方法，这样不需要构建 App2_10 类的对象就可以访问该方法。通过结果可以看出对象 one 和 aStudent［1］是同一个对象，这说明方法的返回值是对象的引用，没有额外创建新的对象。

2.10 数 组

在 Java 语言中，除了 8 种基本数据类型之外，其他所有的都是对象，因此数组也是对象，数组名是引用变量。

2.10.1 Java 数组概述

Java 语言中的数组概念与其他语言类似，也是由数目固定、相同类型元素组成的有序集合。数组元素可以是基本数据类型也可以是引用类型，但所有元素类型必须相同；数组中的元素在内存中连续存放，并且是有序的，可以通过下标位置来访问数组元素。

2.10.2 一维数组的定义

二维码2-9
视频讲解12

Java 语言中，一维数组的定义分为数组声明和数组创建。数组声明是声明数组名和数组元素类型，数组创建是为数组元素分配内存空间。

1. 数组声明

声明一维数组的格式有两种：

数据类型 ［］数组名；
数据类型 数组名 ［］；

方括号 ［］是数组的标志，可以出现在数组名之前，也可以出现在数组名之后，建议使用第一种形式，将方括号与数据类型组合在一起，看作为一个整体。与 C 语言不同，Java 语言在数组声明时并不为数组元素分配空间，只是在栈内存中为数组名（引用变量）分配了空间，但值未定。

2. 数组创建

数组创建需要借助于 new 运算符，其格式为：

数组名＝new 数据类型 ［元素个数］；

其中数据类型必须与数组声明中的数据类型一致，元素个数必须是整型常量。例如：

```
int[] a;          //数组声明
a = new int[5];   //数组创建
```

这两条语句执行时，首先在栈内存中分配一个数组名空间 a，此时 a 未被赋值，如图 2-6（a）所示。然后在堆内存中分配连续的 5 个整型元素空间，并将首地址存放在数组名 a 中，如图 2-6（b）所示。在分配数组内存时，如未指定元素值，系统将为其指定相应数据类型对应的缺省值。

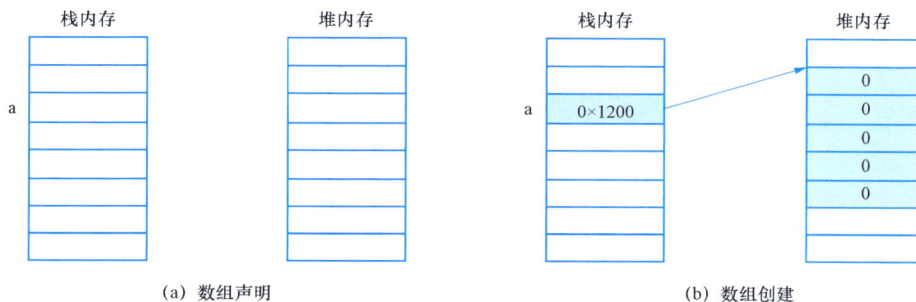

(a) 数组声明　　　　　　　　　　　　　　(b) 数组创建

图 2-6　一维数组定义

为了使用方便，也可以将数组声明和数组创建合并成一条语句，格式为：

数据类型 []数组名=new 数据类型 [元素个数]；

数据类型 数组名 []=new 数据类型 [元素个数]；

例如上面的语句可以合并为：int []a=new int [5];。

数组一旦定义之后，就不能改变数组元素的个数，但可以使数组名指向一个全新的数组空间，而原来的数组空间将丢失。例如：a=new int [10];。此时数组名 a 的值是重新在堆内存中分配 10 个整型元素的首地址，原来 5 个整型元素的空间因为没有引用变量指向它而成为"垃圾"，在某个时刻被 JVM 回收。如果仍然想使用原来的数组空间，必须在数组变为"垃圾"前，使用其他数组名来建立彼此之间的关联，例如：int[]b=a; a=new int [10];

2.10.3　一维数组的初始化

为数组分配空间时，可在声明数组的同时将数组元素初始化，格式为：

数据类型 []数组名= {初值 1，初值 2，…，初值 n}；

采用这种方式初始化数组，不需要给定数组长度，编译器会根据初值个数自动计算。例如：int []a= {1，3，5，7，9，11};，此时数组 a 的长度为 6。

2.10.4　一维数组元素的访问

当数组创建之后，就可以访问数组元素了。数组元素的访问方式为：

数组名 [下标]

其中，下标必须是整型数据，可以是常量、变量或表达式，如 a [2]、a [i+1] 等。与其他语言一样，Java 语言的数组下标也是从 0 开始，并且不允许超出数组的长度。在Java 语言中，数组被看作为对象，它有一个属性 length 表示数组的长度，这在访问数组元素时非常重要。

【例 2-11】　斐波那契数列的存储与访问。

分析　斐波那契数列第 1 项和第 2 项为 1，从第 3 项开始，每一项都是前两项之和。将数组中第 0 个元素和第 1 个元素赋值为 1，然后依次计算出每项的数值，最后遍历数组输出数列。

```
public class App2_11{
    public static void main(String[] args){
```

```
        int[] a = new int[10];
        int i = 0;
        a[0] = a[1] = 1;
        for(i = 2;i<a. length;i ++ )
            a[i] = a[i - 1] + a[i - 2];
        for(i = 0;i<a. length;i ++ )
            System.out.print(a[i] + ",");
    }
}
```

程序运行结果为：

```
1,1,2,3,5,8,13,21,34,55,
```

说明　main()方法中的第 3 行代码是为数组元素赋值，即斐波那契数列的头 2 项，第 1 个 for 循环是从第 3 项开始计算斐波那契数列后续的元素值，第 2 个 for 循环依次输出所有数组元素。

2.10.5　foreach 循环

从上例可以看出，使用数组时，依次访问数组元素是极为常用的操作。Java 语言在 Java 5 版本中增加了一个专门用于遍历数据集合的循环控制语句 foreach，其功能更加强大、书写更加简洁。foreach 语句的格式为：

for（元素类型 t 元素变量 x：遍历对象 o）
　　引用 x 的语句

其中遍历对象 o 是数组，t 是数组元素的类型，x 代表循环体中的数组元素。

［例 2-11］中的第 2 个 for 循环可改写为：

```
for(int v:a)
    System.out.print(v + ",");
```

其功能也是输出所有数组元素。可以看出，foreach 循环语句的元素变量依次遍历数组中所有的元素，而不需要使用下标。不过 foreach 循环也有缺点。首先，只能依次访问每个元素，如果只想输出下标为偶数的元素，foreach 循环就不适用了。其次，foreach 循环中不能修改数组元素，因此［例 2-11］中的第 1 个 for 循环语句不能改写为 foreach 格式。

2.10.6　数组拷贝

在 Java 语言中，允许将元素类型相同的一个数组名赋值给另一个数组名，使得两个数组名引用同一块数组空间，例如：int [] a＝new int [5]; int [] b＝a;。这样赋值后，数组名 a 和 b 指向同一块数组元素空间，都包含同样的 5 个数组元素。执行语句 b [2] ＝ 2; 后的数组内容如图 2-7 所示。

如果希望将一个数组的所有元素拷贝到另一数组中，Java 语言提供了 Arrays 类的 copyOf()方法，其方法原型为：

```
public static<T>T[]copyOf(T[] original,int newLength)
```

其中 original 是源数组，newLength 是要拷贝的长度，返回值是新的数组。例如：

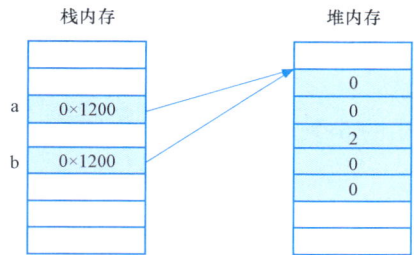

图 2-7　数组名赋值

```
int[] a={1,2,3,4,5};
int[] b=Arrays.copyOf(a,a.length-1);
int[] c=Arrays.copyOf(a,a.length*2);
```

对于数组 b，由于 copyOf() 方法的第 2 个参数 4 小于数组 a 的长度，所以从下标 0 开始截取前面的 4 元素，所以数组 b 包含 4 个元素 {1，2，3，4}。对于数组 c，copyOf() 方法的第 2 个参数大于数组 a 的长度，所以新生成的数组会把数组 a 的全部元素拷贝后，剩余元素都设置为缺省值，因此数组 c 包含 10 个元素 {1，2，3，4，5，0，0，0，0，0}。

2.10.7　多维数组概述

Java 语言并没有真正的多维数组，而是通过建立数组的数组来得到多维数组。例如，一个二维数组是这样的一个一维数组，这个数组中每个元素也是一维数组，这两层一维数组串联起来就构成了二维数组，如图 2-8 所示。多维数组的所有元素不要求占据连续的内存空间，但是只有最后一层数组存储的才是数组元素。最常用的多维数组是二维数组，下面以二维数组为例来说明多维数组的使用方法。

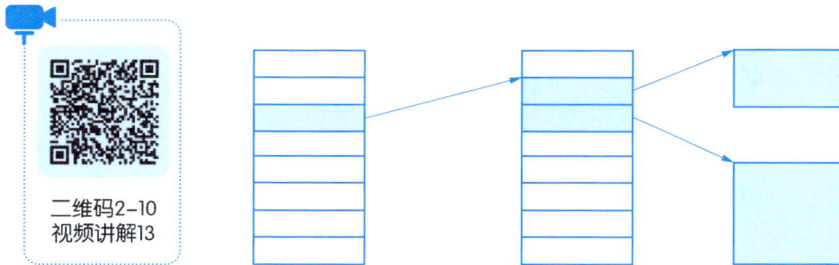

二维码2-10
视频讲解13

图 2-8 二维数组示意图

2.10.8　二维数组的定义

与一维数组类似，二维数组的定义也分为数组声明和数组创建，二维数组声明的格式为：

数据类型 []] 数组名；
数据类型 [] 数组名 []；
数据类型 数组名 [] []；

这三种声明格式完全相同，都在栈空间分配内存存储一个二维数组名，其中第一种格式最为常用，本书后续例题均采用第一种格式。创建二维数组的格式为：

数组名＝new 数据类型 [m] [n]；

其中 m 是数组的行数，n 是数组的列数，例如一个二维数组 b 的定义为：int [] [] b; b＝new int [2] [3]；。此时，内存分配情况如图 2-9 所示。可以看出二维数组 b 是由 2 个元素 b［0］和 b［1］组成，而 b［0］和 b［1］又都是长度为 3 的一维数组。在内存分配上，Java 语言只要求一维数组的元素要连续分配，也就是说数组 b 中的 2 个元素必须连续，b［0］中的 3 个元素必须连续，b［1］中的 3 个元素必须连续，但 b［0］和 b［1］中的 6 个元素可以是不连续的。

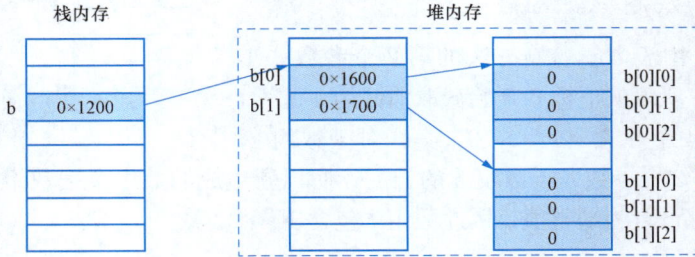

图 2-9　二维数组的内存分配

二维数组的声明与创建也可以合并在一个语句中，其格式为：

数据类型［］［］数组名＝new 数据类型［m］［n］；

如：int［］［］b＝new int［2］［3］;，该语句的内存分配与图 2-9 一致。

2.10.9　不规则数组的定义

与 C 语言不同，Java 语言中的二维数组中每一行的元素个数可以不同。如果元素个数相同，称为规则二维数组。如果每行元素个数不同，称为不规则二维数组，此时每行的一维数组都需要单独创建。不规则二维数组的创建格式为：

数据类型 数组名＝new 数据类型［m］［］；

数组名［0］＝new 数据类型［n_1］；

数组名［1］＝new 数据类型［n_2］；

……

数组名［m-1］＝new 数据类型［n_m］；

例如，

```
int[][] c=new int[2][];
c[0]=new int[2];
c[1]=new int[3];
```

数组 c 在内存中的存储如图 2-10 所示。

2.10.10　二维数组的初始化

二维数组的初始化与一维数组类似，在定义数组时，直接给出初始值，但必须利用花括号｛｝区分维数，其格式为：

数据类型［］［］数组名＝｛｛第 1 行初值｝，｛第 2 行初值｝，……，｛第 n 行初值｝｝；

此时，用户不需要给出数组的长度，Java 编译器根据花括号的层次和数量计算数组的维数及每一维的长度，例如：int［］［］d＝｛｛1，2｝，｛3，4，5｝｝;。该语句定义了二维数组 d，有两个数组元素 d［0］和 d［1］，d［0］是一个长度为 2 的一维数组，d［1］是

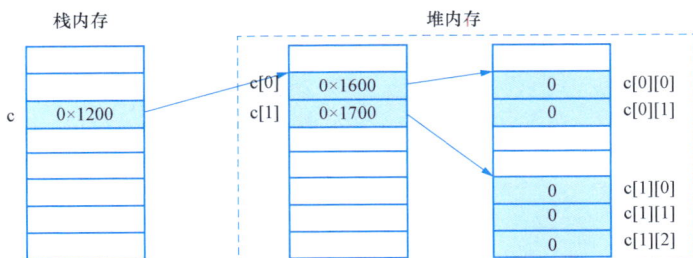

图 2-10　不规则二维数组示意图

一个长度为 3 的一维数组，内存结果如图 2-11 所示。

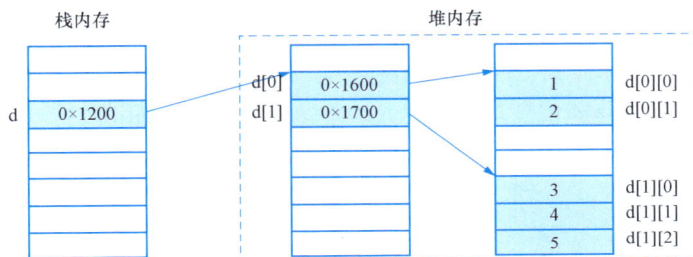

图 2-11　不规则二维数组初始化

2.10.11　二维数组元素的访问

创建二维数组后，就可以访问它的元素了，访问格式与一维数组稍有不同，二维数组元素的访问方式为：

数组名［下标 1］［下标 2］

其中下标 1 表示数组第一维的下标值，下标 2 表示数组第二维的下标值。操作数组时，经常要用到数组的 length 属性。二维数组本身具有 length 属性，表示二维数组的行数。同时，二维数组的每个数组元素也是一维数组，也有自己的 length 属性，表示某一行数组元素的个数。这些 length 属性含义不同，以上面的数组 d 为例：

```
d.length;        //d 的行数 2
d[0].length;     //d[0]数组的元素个数 2
d[1].length;     //d[1]数组的元素个数 3
```

【例 2-12】　求二维数组每行元素的和值。

分析　为了计算二维数组的行和值，需要一个一维数组，数组大小与二维数组的行数一致。

```
public class App2_12 {
 public static void main(String[] args){
        int[][] e={{ 1,2,3,4,5 },{ 6,7,8 },{ 9,10,11,12 }};
        int[] f=new int[3];
        int i,j;
```

```
        for(i=0; i<e. length;i ++ )
            for(j=0; j<e[i]. length;j ++ )
                f[i]=f[i] + e[i][j];
        for(int v:f)//使用 for each 语句顺次输出数组 f 的元素
            System.out.print(v + " ");
    }
}
```

程序运行结果为：

15 21 42

说明　二维数组 e 有 3 个元素，其中 e［0］有 5 个元素，e［1］有 3 个元素，e［2］有 4 个元素，定义长度为 3 的数组 f 用来存储数组 e 每行的和值。外层循环以 e. length 为终止条件，遍历 e 中的每一行。在内层循环中，以 e［i］. length 为终止条件，遍历每一行中的所有元素，并计算和值。最后，采用 foreach 格式输出和值。

2.11　对　象　数　组

2.11.1　对象数组的定义

二维码2-11
视频讲解14

对象数组是指数组元素不是基本数据类型，而是对象引用。对象数组的定义也包括数组声明和数组创建，但创建过程更为复杂。首先，对象数组的声明格式为：
类名［］数组名；
类名 数组名［］；
例如，声明一个 Student 类的数组语句为 Student［］aStudent；或 Student aStudent［］;。对象数组的创建格式为：
数组名＝new 类名［对象个数］；
例如，aStudent＝new Student［3］;,表示创建一个 3 个元素的对象数组。需要说明的是，此时数组中的元素只是对象的引用，数值都是 null，还没有真正的创建对象，如图 2 - 12 所示。

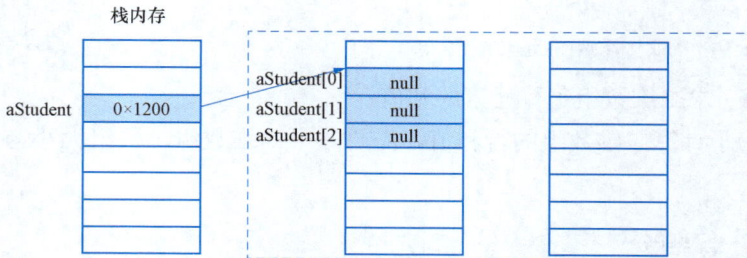

图 2 - 12　对象数组创建

最后，是对象元素的创建，格式是调用相应的构造方法：
数组名［下标］＝new 类名（参数）；

例如，aStudent［0］＝new Student（"1001"," 李小刚"，20);，该语句为 aStudent 数组的第 0 个元素创建 Student 类对象，内存示意如图 2-13 所示。

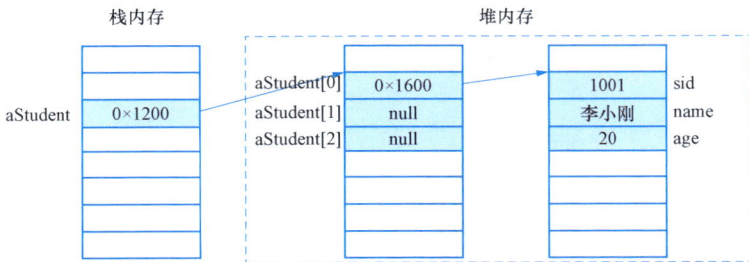

图 2-13 对象数组元素创建

2.11.2 对象数组的初始化

当然，对象数组也可以进行初始化，格式为：

类名 ［］ 数组名＝｛new 类名（参数），new 类名（参数），……，new 类名（参数)};

花括号内通过调用构造方法创建若干个对象，彼此之间用逗号隔开。例如，

```
Student[]aStudent = {new Student("1001","李小刚",20),new Student("1002","王晓红",21)};
```

该语句创建了一个 Student 类的数组，包含两个元素，并进行了初始化。

2.11.3 对象数组元素的访问

对象数组定义后，就可以访问数组元素了，由于每个数组元素是一个对象，因此可以访问它的成员变量或成员方法，格式为：

数组名 ［下标］. 成员

【例 2-13】 对象数组的初始化及遍历访问。

分析 对象数组的初始化需要在创建数组的同时为每个元素赋值，也就是多次调用构造方法创建对象，然后就可以依次访问每个元素。

```
public class App2_13 {
    public static void main(String[] args){
        Student[] aStudent={new Student("1001","李小刚",20),
            new Student("1002","王晓红",21),new Student("1003","赵立刚",20)};
        for(int i=0;i<aStudent. length;i++ )
            System. out. println("学生"+(i+1)+":"+aStudent[i].getInfo());
    }
}
```

程序运行结果为：

学生 1:学号为:1001,姓名为:李小刚,年龄为:20

学生 2:学号为:1002,姓名为:王晓红,年龄为:21

学生 3:学号为:1003,姓名为:赵立刚,年龄为:20

说 明 使用对象数组时，需要特别注意，在创建数组后还要创建对象，这是初学者容易犯的错误。

本 章 配 套 资 源

二维码2-12
第2章思维
导图

二维码2-13
第2章示例
代码汇总

二维码2-14
第2章习题

二维码2-15
第2章扩展
资源汇总

第3章

面向对象进阶

在掌握单一类的基础之上，本章将介绍面向对象的进阶知识，重点讲述继承、多态、接口、集合框架、泛型等技术及其在程序开发中的使用。

本章目标

- 理解面向对象程序设计的继承性和多态性。
- 掌握子类的定义、方法的重载与覆盖、抽象方法与抽象类、接口、泛型、类的设计原则；了解内部类、Java集合框架，常用集合类。
- 能够针对具体问题，遵循设计原则进行类结构的设计，以提高程序的可维护性和可复用性。
- 能够开展小组合作完成较复杂程序的设计与实现。
- 培养职业素养，树立责任意识、加强团队合作。

3.1 继 承

继承是面向对象另一个显著的特性。继承是从已有的类中派生出新类，被继承的类称为父类或超类（superclass），继承得到的类称为子类（subclass）。子类继承了超类的数据属性和行为，并可以扩展新的功能。继承为软件复用提供了基础，例如类 B 继承类 A，那么定义类 B 时只需要描述与超类（类 A）不同的少量特征（成员变量和成员方法）即可。这种做法能够减少数据和代码的冗余度，从而提高类的可复用性。

Java 语言不支持多重继承机制，一个类只允许有一个直接超类。超类是所有子类的公共成员的抽象，而每个子类则是超类的特殊化，是对公共成员变量和方法在功能、内涵方面的扩展和延伸。子类不能选择性地继承超类，但是子类继承超类的成员变量和成员方法之后，可以对其进行重写，也可以添加超类所没有的成员变量和成员方法。

二维码3-1
视频讲解15

3.1.1 子类的定义

Java 语言使用 extends 关键字表示类的继承，子类可以从超类继承所有成员。创建子类的格式为：

```
class 子类名 extends 超类名 {
    扩展成员变量
```

扩展成员方法

```
}
```

扩展的含义是指在超类成员的基础上可以新增加成员，也可以重新定义某个成员的含义。如果一个类没有超类，Java 编译器默认将这个类的超类设置为 Object 类。因此，Java 语言中所有类都直接或间接地继承 Object 类。

第 2 章中的 Student 类代表高校的学生，还可以进一步细分为本科生和研究生，这样就可以从 Student 类继承得到两个子类：本科生类 UnderGraduate 和研究生类 PostGraduate，并为它们增加新的属性。

【例 3 - 1】 以 Student 类为超类，定义子类 UnderGraduate 和 PostGraduate。Student 类代码参见〔例 2 - 8〕。

分 析 本科生与研究生是学生的两个细分类，具有学生的全部属性和方法，并且需要扩展。

```java
class UnderGraduate extends Student {
    private float gpa;              //绩点
    float getGpa(){
        return gpa;
    }
    void setGpa(float gpa){
        this. gpa=gpa;
    }
}
class PostGraduate extends Student {
    private String researchField;  //研究领域
    String getResearchField(){
        return researchField;
    }
    void setResearchFiled(String rf){
        researchField = rf;
    }
}
public class App3_1{
    public static void main(String[] args){
        UnderGraduate ug=new UnderGraduate();
        PostGraduate pg=new PostGraduate();
        System.out.println(ug.getInfo());
        System.out.println(pg.getInfo());
    }
}
```

程序运行结果为：

```
学号为:0000,姓名为:未命名,年龄为:18
学号为:0000,姓名为:未命名,年龄为:18
```

说 明 程序中定义了 UnderGraduate 类，它继承了 Student 类，并增加了新的属性：平均学分绩点 gpa，然后添加 get 和 set 方法。从代码来看，UnderGraduate 类看似只有一个成员变量 gpa，但实际上，它还包含继承自 Student 类的 3 个普通成员变量。成员方法也可以继承，对象 ug 可以调用定义在超类 Student 中的成员方法 getInfo()，这就是继承带来的代码复用性。

PostGraduate 类也是同理，除了掌握子类的定义语法外，更重要的是要理解子类与超类的关系，子类的成员不只包括子类代码中的成员，还要加上超类的成员，这一点至关重要。

3.1.2 子类的构造方法

构建对象时一定会调用构造方法，从［例 3 - 1］的程序运行结果来看，构建两个子类对象时，都使用了默认构造方法，并且两个对象继承自超类的成员变量赋值完全相同。那么子类的构造方法是如何完成超类成员变量的初始化？

构造子类对象时必须先构造超类对象，因为子类定义完成的是增量工作，必须先有基础，才能谈得上增量。因此，子类构造方法必须先调用超类构造方法，来完成超类成员变量的初始化。在子类构造方法中，可以通过关键字 super 调用超类的构造方法，但必须是子类构造方法的第一行。如果子类构造方法中没有调用超类的构造方法，那么 Java 编译器会自动调用超类中无参构造方法。因此，在超类中编写一个无参构造方法是非常必要的。

当超类中有多个构造方法时，可以使用 super 来显式地调用超类中某个特定的构造方法，格式为：

子类名（参数列表）{   //子类构造方法
    super（参数列表）;   //调用超类构造方法
    语句块
}

一般情况下，子类都做了增量式的修改，所以需要编写自己的构造方法。PostGraduate 类实际上有 4 个成员变量，所以它的构造方法也有 4 个参数。在构造方法中，先通过 super 来调用超类的构造方法，以完成超类属性的初始化，而子类构造方法只负责新增属性的初始化工作。这样每个类只完成自己的职责，互不影响。

【例 3 - 2】 使用 super() 方法调用超类构造方法。

分 析 如果在子类的构造方法中调用超类的构造方法，可以使用 super()。如果在子类中没有调用超类的构造方法，那么编译器会自动调用超类的无参构造方法。

```
class PostGraduate extends Student{
    private String researchField;          //研究领域
    PostGraduate(String sid,String name,int age,String rf){
        super(sid,name,age);
        this. researchField=rf;
        System.out.println("子类构造方法");
    }
    ......
```

```
    }
public class App3_2{
    public static void main(String[] args){
        PostGraduate pg=new PostGraduate("2001","张浩",24,"AI");
        System.out.println(pg.getInfo());
    }
}
```

程序运行结果为：

超类构造方法
子类构造方法
学号为:2001,姓名为:张浩,年龄为:24

说 明 从程序的运行结果来看，构建子类对象 pg 时，先调用了超类的构造方法，然后再执行子类的构造方法。

3.1.3 成员变量隐藏与成员方法覆盖

有了子类以后，就可能出现子类新增成员与超类已有成员同名的情况，在使用成员时要区分来自子类还是超类。

1. 成员变量隐藏

子类中的成员变量如果和超类中的成员变量同名，那么即使它们的数据类型不一样，只要名字相同，超类中的成员变量在子类成员方法中被访问时，会被隐藏，不能直接访问。

【例 3 - 3】 成员变量隐藏

分 析 子类与超类的成员变量同名，在子类中访问的同名成员变量是指子类的成员变量，超类的成员变量会被屏蔽隐藏。

```
class SuperClass{
    int number=10;
}
class SubClass extends SuperClass{
    int number=20;
    void print(){
        System. out. println("number:"+ number);
    }
}
public class App3_3{
    public static void main(String[] args){
        SubClass sc=new SubClass();
        sc.print();
    }
}
```

程序运行结果为：

```
number:20
```

说明　超类有一个成员变量 number，子类又定义了一个同名变量。在子类的成员
方法 print() 中访问 number 时，子类成员会将超类中的同名成员隐藏。如果要在子类成员
方法中访问超类成员，可通过 super 关键字完成，格式为：

super. 成员变量；

super. 成员方法()；

将子类中的成员方法 print() 修改为：

```
void print(){
        System.out.println("number:" + super. number);
}
```

程序的运行结果变为：number：10。实际上，如果子类中新增成员不与超类同名，
子类在访问超类成员时，可以不使用 super 关键字。需要说明，即使使用 super 也不能直
接访问超类的 private 成员，这说明每个类都有隐私部分，不会直接开放这部分权限。但
Java 语言允许子类访问超类的 protected 成员，以表达子类与其他类的差异。

2. 成员方法覆盖

子类自动拥有了超类的成员变量和成员方法，但超类中的某些方法可能并不再适用于
子类，需要对其进行修改。例如，Student 类的 getInfo() 方法只能返回超类中的属性信息，
当子类 PostGraduate 的对象调用时，没有包含"研究领域"的信息。因此，在 PostGrad-
uate 类中需要重写 getInfo() 方法，重写的方法声明与超类中的方法声明完全相同，称为方
法覆盖（Override）。

重写 PostGraduate 类中的 getInfo() 方法，方法声明与 Student 类完全相同，依次将子
类对象的所有属性组合在一起，通过 return 返回给调用者。但是，子类的成员方法不能直
接访问超类中的私有成员。所以，只能通过超类的成员方法来访问这些私有数据。

```
class PostGraduate extends Student{
        private String researchField;
        ……
        String getInfo(){
                String sInfo=getInfo();
                return sInfo + ",研究领域为" + researchField;
        }
}
```

然而，这样仍然存在问题，会出现方法的递归调用，陷入死循环中。因为如果子类与
超类的方法声明一样，在子类中调用的这个方法会屏蔽超类的同名方法，所以方法体中第
一行代码是调用子类新增的 getInfo() 方法，而不是超类中的 getInfo() 方法，继续修改
代码：

```
class PostGraduate extends Student{
        private String researchField;
        ……
```

```
String getInfo(){
    String sInfo=super.getInfo();
    return sInfo+",研究领域为"+ researchField;
}
}
```

此时，再执行 System. out. println（pg. getInfo()）;语句时，运行结果变为：

学号为:2001,姓名为:张浩,年龄为:24,研究领域为:AI

方法覆盖并不是指被覆盖的方法不能使用，所谓的方法覆盖是指子类方法会屏蔽超类中同名方法，但并不影响在超类中该方法的使用。而且，方法覆盖要遵循一些规则。（1）子类方法必须与超类方法完全一致，包括方法名、参数和返回值；（2）在子类覆盖超类方法时，可扩大超类方法的访问权限，但不能缩小其权限。另外，为了确保子类方法是对超类方法的覆盖，可以通过注解@Override来强制编译器进行验证，关于注解可以查阅扩展资源3。

二维码3-2
扩展资源3

3.2 多 态

多态（Polymorphism）是指"多种状态"，现实中关于多态的例子有很多，例如彩色打印机和黑白打印机在执行打印任务时，得到的分别是彩色结果和黑白结果。Java 语言中的多态性是指相同的方法具有不同的实现过程，根据调用情况来确定执行相应的操作。

Java 语言的多态性分为静态多态性和动态多态性。静态多态性是指在程序编译时就能根据方法的调用语句确定执行哪个方法体，Java 语言采用方法重载实现静态多态。动态多态性是指程序无法在编译时确定执行的方法体，必须等到程序运行时才能建立方法调用与方法体之间的关联，Java 语言采用方法覆盖实现动态多态。

二维码3-3
视频讲解16

Java 语言的动态多态性实现要满足 3 个条件：①类之间有继承关系；②类之间存在方法覆盖；③超类引用指向子类对象，这需要使用上溯造型和里氏替换原则。

3.2.1 上溯造型

除逻辑型变量外，取值范围小、精度低的数据类型可自动转换为取值范围大、精度高的类型；而反向操作则会存在精度损失，必须通过强制类型转换完成。实际上，类也是一种数据类型，类之间也可以进行类型转换，但必须限于具有继承关系的类。

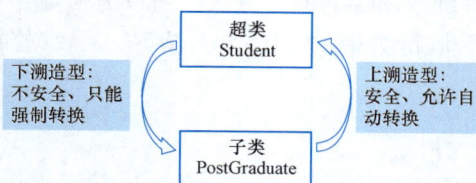

图 3-1　上溯造型与下溯造型

以超类 Student 和子类 PostGraduate 为例来说明类之间的类型转换，如图 3-1 所示。从子类向超类转换，这个转换过程是安全的，因为子类和超类之间是特殊和一般的关系，任何一个研究生都一定是学生，这个逻辑是正确的。由于从下向上，所以称为上溯造型。但相反地，从超类转换为子类，这个过程是不安全的，任何一个学生不一定是研究生。由于是从上向下，所以称为下溯造型。

上溯造型是从一个特殊、具体的类型转换到一个通用、抽象的类型，转换过程是安全的，所以 Java 编译器允许上溯造型。下溯造型要求从超类对象的引用转换为子类对象的引用，而子类通常包含比超类更多的成员，所以这种转换存在风险，需要强制类型转换。

3.2.2　里氏替换原则

里氏替换原则的主要思想是：所有引用超类对象之处都可以使用其子类对象替换。类之间的继承关系使子类具有超类所有的成员变量和成员方法，这就意味着子类对象也是超类对象，即子类对象既可以作为本类的对象也可以看作超类的对象。

```
Student stu=null;
stu=new Student("1001","李小刚",20);
String name=stu.getName();
```

以上代码定义了 Student 类的一个引用 stu，并创建一个对象，然后获取其姓名。

```
stu = new PostGraduate("2001","张浩",24,"AI");
```

接着，再创建一个 PostGraduate 子类的对象，并将其赋值给 stu 引用，这个代码是正确的。原本 stu 引用应该指向一个 Student 对象，但是现在用子类 PostGraduate 对象来替换，这就应用了里氏替换原则。stu 这个引用很特殊，它的类型是超类类型，但是它却指向了一个子类的对象。

通过 stu 可以调用 getName()方法，因为编译器知道 stu 是 Student 的类型，而 Student 类具有 getName()这个成员方法。

如果通过 stu 调用 getResearchField()方法，是否正确？事实上，这条语句是错误的。因为 Java 编译器只关心 stu 的类型，它是 Student 类型，而 Student 类中没有 getResearchField()方法，所以不能通过 stu 调用子类新增的成员方法。

需要注意，里氏替换原则是单向的，只能使用子类对象替换超类对象，不能用超类对象替换子类对象，这也是完成动态多态的重要环节。

3.2.3　动态多态的实现机制

将一个方法调用与一个方法体连接在一起，称为联编。如果在程序执行之前就能执行联编操作，称为"早联编"；如果在程序运行时才能执行联编，称为"晚联编"或"动态联编"。动态多态的实现机制就是动态联编。

在动态联编中，联编操作是在程序运行时根据对象的类型选择要执行的方法体，这就要求实现动态联编的编程语言必须提供相应的机制在运行期间判断对象的类型。

```
Student stu=new Student("1101","李小刚",20);
PostGraduate pg=new PostGraduate("2001","张浩",24,"AI");
System.out.println(stu.getInfo());
stu=pg;
System.out.println(stu.getInfo());
```

Java 编译器对第 3 行和第 5 行代码进行编译时，两行代码完全相同，无法在编译阶段确定调用的方法体。只有等到程序运行时，确定第 3 行语句中的引用 stu 指向 Student 类对象，则调用 Student 类的成员方法 getInfo()；而第 5 行语句中的引用 stu 指向 PostGraduate 类对象，则调用 PostGraduate 类的成员方法 getInfo()。这就是动态多态的实现机制。

3.2.4 动态多态的应用

【例 3 - 4】 编写教师管理系统，教务处负责对教师的教学展示进行统一管理，教学展示包括自我介绍和授课过程。

分析 该例中有 Java 和 C++两类教师，则需要抽取其共同属性定义一个教师类，然后从中派生出 Java 教师类和 C++教师类，每个教师类都包括自我介绍和授课两个过程。最后定义教务处类，用于教学展示。

```java
class Teacher{
    private String name;
    private String university;
    Teacher(String name,String univ){//构造方法
        this.name=name;
        this.university=univ;
    }
    void introduction(){//自我介绍
        System.out.println("大家好,我是"+name+",毕业于"+university);
    }
    void giveLesson(){//授课过程
    }
}
class JavaTeacher extends Teacher {
    JavaTeacher(String name,String univ){
        super(name,univ);
    }
    void giveLesson(){//方法覆盖,Java 教师的授课过程
        System.out.println("启动 Eclipse");
        System.out.println("讲解 Java 知识点");
        System.out.println("总结,做练习");
    }
}
class CPPTeacher extends Teacher {
    CPPTeacher(String name,String univ){
        super(name,univ);
    }
    void giveLesson(){//方法覆盖,C ++ 教师的授课过程
        System.out.println("启动 VC");
```

```
            System.out.println("讲解 C++ 知识点");
            System.out.println("总结,学生提问");
        }
    }
    class JWC{
        void teaching(Teacher t){//教学展示
            t.introduction();
            t.giveLesson();
        }
    }
    public class App3_4{
        public static void main(String[] args){
            JWC jwc=new JWC();
            JavaTeacher jt=new JavaTeacher("李明","北京大学");
            CPPTeacher ct=new CPPTeacher("张刚","清华大学");
            jwc.teaching(jt);
            jwc.teaching(ct);
        }
    }
```

程序运行结果为:

```
大家好,我是李明,毕业于北京大学
启动 Eclipse
讲解 Java 知识点
总结,做练习
大家好,我是张刚,毕业于清华大学
启动 VC6.0
讲解 C++ 知识点
总结,学生提问
```

说明　该例中 Teacher 类中定义了 giveLesson()方法,但作为抽象意义上的教师,无法确定该方法中的具体内容,所以方法体为空。JavaTeacher 类和 CPPTeacher 类均覆盖此方法,完成各自的授课过程。在 JWC 类中的 teaching()方法负责教学展示,其参数为超类 Teacher 的引用,该方法被调用时通过上溯造型将实参 JavaTeacher 类或 CPPTeacher 类对象赋值给形参 Teacher 类的引用,从而完成动态多态。

当再增加数据库教师时,不需要修改 JWC 类的 teaching()方法,从而体现了多态的作用。例如:

```
class DBTeacher extends Teacher {
    DBTeacher(String name,String univ){
        super(name,univ);
    }
    public void giveLesson(){                    //方法覆盖,数据库教师的授课过程
        System.out.println("启动 SQL Server");
```

```
        System.out.println("讲解数据库知识点");
        System.out.println("总结,布置课后习题");
    }
}
```

从代码中可以看出，无论新增多少课程的教师，教务处对其教学展示过程都是一致的，提高了程序的可扩展性。

3.3 抽 象 类

在类的继承中，有时超类并不具有实际含义，只是一种抽象的概念，那么可以将这样的类定义为抽象类。在学习抽象类之前，先来了解一下抽象方法的概念。

3.3.1 抽象方法

【例3-5】 定义图形类及其子类，类图如图3-2所示。

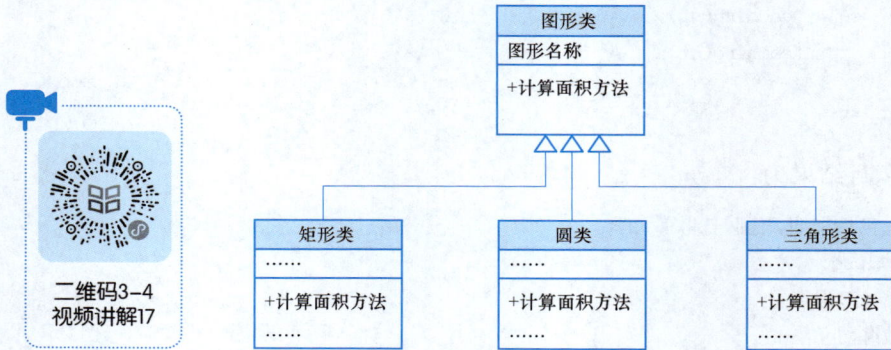

图 3-2 图形类层次

分析 所有的子类都包含计算面积的方法，因此需要在超类添加公共的计算面积的方法，但是超类作为一个逻辑概念上的类，不是具体的图形，所以无法计算面积，只能返回0.0。

```java
class Figure{//图形超类
    private String name;
    Figure(String name){
        this.name=name;
    }
    String getName(){
        return name;
    }
    double getArea(){          //计算面积方法
        return 0.0;
    }
}
```

```
class Rectangle extends Figure{        //矩形子类
    private double width;
    private double height;
    Rectangle(String name,double width,double height){
        super(name);               //调用超类构造方法
        this.width=width;
        this.height=height;
    }
    double getArea(){              //方法覆盖
        return width * height;
    }
}
class Circle extends Figure{           //圆形子类
    private double radius;
    Circle(String name,double r){
        super(name);               //调用超类构造方法
        radius=r;
    }
    double getArea(){              //方法覆盖
        return Math. PI * radius * radius;
    }
}
public class App3_5{
    public static void main(String[] args){
        Figure[] fs=new Figure[2];
        fs[0]=new Rectangle("长方形",10.0,5.0);
        fs[1]=new Circle("圆形",4);
        for(Figure f:fs)
            System.out.println(f. getName() + "的面积为:"+ f. getArea());
    }
}
```

程序运行结果为：

长方形的面积为:50.0
圆形的面积为:50.26548245743669

说 明 在该例中，超类 Figure 中定义了 getArea()方法，用于计算图形的面积。但由于每种具体图形计算面积的方法不同，在超类中无法给出明确的计算过程，因此 getArea()方法更多的是起到统一名称的作用。

那么是否可以去掉 Figure 类中的 getArea()方法，只在 Rectangle 类和 Circle 类中定义 getArea()方法呢？如果这样，就不能通过超类引用 f 调用 getArea()方法，因为编译器只允许调用在类中声明的方法。

针对这种情况，Java 语言允许将不具有明确实现过程的方法声明为抽象方法，不需要

57

给出其方法体。抽象方法由 abstract 修饰，其声明格式为：

abstract 返回类型 方法名（参数表）

抽象方法充当着占位的角色，它的具体实现在子类中完成。因此，可以将 Figure 类的 getArea() 方法定义为抽象方法。

```
abstract double getArea();
```

3.3.2 抽象类

修改之后的代码会存在编译错误，因为超类 Figure 中包含了抽象方法，那么它就是一个不完整的类，存在没有实现的部分，Java 语言规定这样的类不能创建对象。为了与普通类区分，将这样的类称之为抽象类。抽象类的定义格式为：

abstract class 类名 ｛

　　声明成员变量；

　　普通成员方法定义

　　abstract 返回类型 方法名（参数表）；//抽象方法

｝

根据这一思路，可将 Figure 类进一步修改为：

```
abstract class Figure {//图形超类
    ……
    abstract double getArea();
}
```

对于抽象类，需要遵循一些规则：

（1）包含抽象方法的类一定是抽象类，如果一个类中有抽象方法，但没有被声明为抽象类，那么就会编译错误。

（2）抽象类不一定包含抽象方法，可以把没有包含抽象方法的类也声明为抽象类。

（3）抽象类中也可以包含具体方法和完整的成员变量，Figure 类中就有 getName() 方法和成员变量 name。

（4）抽象类可以有构造方法，虽然抽象类不能创建对象，但是它的子类可以创建对象，而构建子类对象时必须先构建超类对象，就要调用超类的构造方法，所以它的构造方法也是合理的。

（5）抽象类的子类，必须覆盖超类中所有抽象方法，否则子类也必须将自己声明为抽象类。

（6）抽象类不能创建对象，但可以声明引用变量，例如：

```
Figure fig=null;                    //正确,定义抽象类的引用变量
fig=new Figure("图形");              //错误,创建抽象类的对象
```

3.4　final 关键字

当一个类被定义为抽象类往往都是需要被继承的，那么如何限制一个类不能被继承

呢？可以使用 final 关键字，除此之外它还可以修饰变量和方法。

3.4.1　final 修饰变量

final 修饰变量时只能赋值一次，之后不能再次修改，所以也可以看作为常量。final 修饰的变量可分为局部变量和成员变量。

当 final 修饰局部变量时，该变量在使用之前必须赋值，但不需要定义时赋初值。例如，

```
final int number;
number=7;
System.out.println(number);
```

当 final 修饰成员变量时，不能使用默认值。赋值的方式有两种：一是在定义成员变量的同时赋值，二是在构造方法中赋值。但是如果 final 修饰的是类成员变量，那么只能在定义变量时赋值。

```
class FinalVar {
    final int var1;
    final int var2 = 20;
    final static int var3 = 30;
    FinalVar(){
        var1=10;
    }
}
```

其中，成员变量 var1 和 var2 都是实例变量，可以定义时赋值也可以构造方法中赋值，但是 var3 是类成员变量，只能在定义时赋初值。

3.4.2　final 修饰方法

当 final 修饰成员方法时，该方法不能被子类的同名方法覆盖，这刚好与 abstract 的作用相反，所以 final 和 abstract 不能同时被使用。

需要注意的是，方法覆盖的前提是子类可以从超类中继承此方法，如果超类中 final 方法的访问控制权限为 private，则子类不能直接继承此方法。此时，可以在子类中定义同名方法，不会产生覆盖与 final 之间的矛盾。例如，

```
class SuperClass{
    final void f1(){
        System.out.println("I am in Super:f1");
    }
    private final void f2(){
        System.out.println("I am in Super:f2");
    }
}
class SubClass extends SuperClass{
```

```
final void f1(){                          //编译错误
        System.out.println("I am in SubClass:f1");
}
final void f2(){
        System.out.println("I am in SubClass:f2");
}
}
```

其中，超类中的方法 f1()不能在子类中被覆盖，而方法 f2()由于是 private 的，子类可以重新定义该方法。

3.4.3 final 修饰类

当 final 修饰类时，表示该类不能被继承，同时所有成员方法都会被隐式地指定为 final 方法。因此，不能出现使用 final 修饰的抽象类，这样的类没有存在意义。

3.5 接　　口

二维码3-5
视频讲解18

在［例 3-5］中，抽象类 Figure 的作用是规范所有图形子类，但是某个图形子类如果再想从其他超类中继承某些成员时，则会因为 Java 语言只允许单继承而无法实现。那么如何解决这一问题呢，Java 语言提供了接口（interface）技术。

3.5.1 接口的定义

Java 语言中，接口与类都是引用类型，接口的定义格式为：

［public］interface 接口名称［extends 父接口名列表］{
　　　　［public］［static］［final］数据类型 成员变量名＝常量；
　　　　……
　　　　［public］［abstract］返回值数据类型 方法名（参数列表）
　　　　……
}

其中方括号是默认选项，可以省略。也就是说，接口中的成员变量都是公有静态常量，成员方法都是公有抽象方法。

依据接口的格式，定义一个图形接口 IFigure，包含所有图形类的通用方法 getArea()用来计算图形面积，getCircumference()方法用来计算周长。

```
interface IFigure{
    double getArea();
    double getCircumference();
}
```

3.5.2 接口的实现

由于接口中包含抽象方法，不能创建对象。但接口又不同于类，无法采用 extends 关键字去得到子类。那么接口该如何使用呢？ Java 语言通过接口实现（implements）的方式扩展类层次。实现接口的格式为：

class 类名　implements　接口名表 {
　　完成抽象方法的定义
}

实现一个接口，需要注意：

（1）一个类在实现接口的抽象方法时，必须使用完全相同的方法原型，而且要显式使用 public 修饰符。

（2）一个类必须实现指定接口的所有抽象方法，否则只能将自己声明为抽象类。

（3）一个类可以实现多个接口，依次用逗号隔开即可。

【例 3 - 6】　采用接口的方式修改［例 3 - 5］中的各个图形类。

分析　与抽象类不同，接口中的方法不需要给出实现过程，也不用设置修饰符。

```
interface IFigure {
    double getArea();
    double getCircumference();
}
class Rectangle implements IFigure {//实现接口
    private double width;
    private double height;
    Rectangle(double width,double height){
        this. width=width;
        this. height=height;
    }
    public double getArea() {//抽象方法实现
        return width * height;
    }
    public double getCircumference(){//抽象方法实现
        return 2 * (width + height);
    }
}
class Circle implements IFigure {//实现接口
    privatedouble radius;
    Circle(double r){
        radius=r;
    }
    public double getArea(){//抽象方法实现
        return Math.PI * radius * radius;
    }
    public double getCircumference() {//抽象方法实现
        return 2 * Math.PI * radius;
    }
```

```
    }
public class App3_6{
    public static void main(String[] args){
        IFigure[] fs = new IFigure[2];
        fs[0] = new Rectangle(10.0,5.0);
        fs[1] = new Circle(4);
        for(IFigure f:fs)
            System.out.println("图形的面积为:"+ f.getArea() + ",周长为："
                                    + f.getCircumference());
    }
}
```

程序运行结果为：

图形的面积为:50.0,周长为：30.0
图形的面积为:50.26548245743669,周长为：25.132741228718345

说明　由于 IFigure 接口中的成员变量是常量，所以 Figure 类中成员变量 name 不能放到 IFigure 接口中。接口可以作为一种引用类型来使用，可以声明接口类型的变量或数组，并用它来访问实现该接口的类的对象。

3.5.3　接口的继承

与类相似，接口也可以有继承关系，以完成更复杂的功能。接口也通过关键字 extends 完成继承，但与类继承不同的是，子接口允许继承多个父接口。子接口继承父接口之后，自动拥有父接口中的常量和抽象方法。如果子接口中定义了同名成员，父接口中的成员会被子接口中的同名成员覆盖。

【例3-7】　接口的继承实现。定义 2D 图形接口 I2DFigure，3D 图形接口 I3DFigure 继承于 I2Dfigure 接口，再定义圆柱体类 Cylinder 实现 I3DFigure 接口。

分　析　3D 图形接口具有 2D 图形接口的所有功能，所以 3D 图形接口可以继承自 2D 图形接口，以减少重复部分。

```
interface I2DFigure {                      //父接口
    double getArea();
}
interface I3DFigure extends I2DFigure {//子接口
    double getVolumn();
}
class Cylinder implements I3DFigure {   //实现子接口
    private double radius;
    private double height;
    Cylinder(double r,double h){
        radius=r;
        height=h;
    }
```

```
        public double getArea(){          //实现父接口中的抽象方法
            return 2 * Math.PI * radius * radius + 2 * Math.PI * radius * height;
        }
        public double getVolumn(){          //实现子接口中的抽象方法
            return Math.PI * radius * radius * height;
        }
    }
public class App3_7{
    public static void main(String[] args){
        Cylinder cy=new Cylinder(5.0,4.0);
        System.out.print("圆柱体的面积为:"+cy.getArea());
        System.out.println(",体积为:"+cy.getVolumn());
    }
}
```

程序运行结果为:

圆柱体的面积为:282.7433388230814,体积为:314.1592653589793

说 明 该程序中接口 I3DFigure 用于表示 3D 图形的接口,它从 2D 图形接口 I2DFigure 继承而来,并且增加了用于获取 3D 图形体积的方法 getVolumn()。圆柱体类 Cylinde 实现了 I3DFigure 接口中的全部抽象方法〔包括父接口中的抽象方法 getArea()〕后,可以创建对象并显示信息。

3.5.4 default 方法

接口与实现类之间的耦合度非常高,当需要为一个已有接口添加新的方法时,所有的实现类都必须随之修改。为了解决这个问题,Java 8 引入了 default 方法,它可以为接口添加新的方法,但不破坏已有接口的实现。default 方法的定义格式为:

default 返回值数据类型 方法名(参数){
    方法体
}

在方法声明之前添加 default 关键字,表示如果该接口的实现类中没有重写该方法,则使用 default 对应的方法体。例如,定义一个接口 IDefault:

```
interface IDefault {
    default void fun(){
        System.out.println("I am a default method");
    }
}
```

其中,方法 fun()定义为 default 方法,并且给出了实现过程。当一个类实现了 IDefault 接口时,可以选择重写方法 fun(),也可以不进行操作,使用方法 fun()的缺省版本。同时,一个接口可以定义多个 default 方法。

接口中一旦有 default 方法之后,可能就会引发一些问题。例如,当一个类继承了一

63

个超类，又实现了一个接口时，如果接口和超类中有相同方法时，优先使用哪个方法呢？

```java
class SuperClass{
    public void fun(){
        System.out.println("I am a method in SuperClass");
    }
}
```

超类 SuperClass 也拥有同名方法 fun()。当定义一个子类，继承 SuperClass 类，并实现 IDefault 接口后，这个子类中就会有两个方法 fun()。

```java
class SubClass extends SuperClass implements IDefault {
    ……
}
```

此时，创建子类 SubClass 的对象 sc，然后调用 sc.fun()，运行结果显示会优先调用了超类中的方法。

还有一种情况，当多个接口中有相同的 default 方法时，实现类必须覆盖该方法。除了定义 IDefault 接口外，再定义了一个 IDefaultAnother 接口，仍然包含了 default 方法 fun()。

```java
interface IDefault {
    default void fun(){
        System.out.println("I am a default method in IDefault");
    }
}
interface IDefaultAnother {
    default void fun(){
        System.out.println("I am a default method in IDefaultAnother");
    }
}
class ImplementClass implements IDefault,IDefaultAnother {
    ……
}
```

当定义一个实现类 ImplementClass 同时实现这两个接口时，会出现错误提示。因为编译器认为有两个重复的方法，无法确定调用关系。解决的方法是重写其中某个接口中的方法 fun()，实际上重写哪个都可以。

为了使代码不再有错误，在 implementClass 类中添加方法 fun()：

```java
class ImplementClass implements IDefault,IDefaultAnother {
    public void fun(){
        IDefault.super.fun();
    }
}
```

其中"接口名.super.方法名"表示调用该接口的 default 方法。需要注意，这个方法必须是 public 访问权限。

3.5.5　Comparable 接口

Java 语言提供了丰富的接口来满足开发者的需求，可以为软件开发带来方便。在软件开发中，一个比较常用的功能就是数组元素排序，Arrays 类中包含的 sort()方法，可以实现对象数组排序。但要求这个类必须实现 Comparable 接口，该接口定义为：

```
public interface Comparable{
    int compareTo(Object other);
}
```

这个接口只包含一个方法 compareTo()，用来比较两个对象，如果当前对象大于 other 对象，返回值为正数，如果小于 other 对象，返回值为负数，若等于 other 对象，返回值为 0。

【例 3 - 8】　为 UnderGraduate 类实现 Comparable 接口，并以 gpa 分数进行排序。

分析　要实现多个对象的排序，对象之间必须可以相互比较，以确定哪个对象大或者哪个对象小。而 Comparable 接口就是为了完成对象间的比较。

```
class UnderGraduate extends Student implements Comparable {
    private float gpa;
    UnderGraduate(String id,String n,int age,float gpa){
        super(id,n,age);
        this.gpa = gpa;
    }
    ......
    public int compareTo(Object other){
        UnderGraduate otherOne = (UnderGraduate)other;
        return Float.compare(gpa,otherOne.gpa);
    }
}
public class App3_8{
    public static void main(String[] args){
        UnderGraduate[] ugs = new UnderGraduate[3];
        ugs[0]=new UnderGraduate("3001","李小刚",20,3.8f);
        ugs[1]=new UnderGraduate("3002","王晓红",19,3.7f);
        ugs[2]=new UnderGraduate("3003","赵丽君",21,3.9f);
        for(UnderGraduate ug:ugs)
            System.out.println(ug. getInfo());
        System.out.println("after sort");
        Arrays. sort(ugs);
        for(UnderGraduate ug:ugs)
            System.out.println(ug. getInfo());
    }
}
```

说　明　UnderGraduate 类实现了接口 Comparable，并在 compareTo() 方法中将 other 对象下溯造型转化为 UnderGraduate 类对象，然后通过包装类 Float 的 compare 方法完成数值的对比。

在 main() 方法中调用 Arrays. sort() 方法，就可以直接排序。可以看出，只需让 UnderGraduate 类完成 Comparable 接口就能自动实现排序，不用再自行写冒泡排序或者快速排序等算法逻辑，极大地提高了开发效率。

3.5.6　接口与抽象的异同

接口与抽象类的作用相似，但是也有明显的差异：

（1）抽象类可以包含具体的成员方法，而接口中只能包含抽象方法，新特性也支持 default 方法。

（2）抽象类中的抽象方法访问类型可以是 public、protected 或缺省类型，但接口中的抽象方法只能是 public 类型的，并且默认即为 public abstract。

（3）抽象类中可以有普通成员变量，而接口中不能有普通成员变量，接口中定义的成员变量只能是 public static final，同时接口中的成员变量必须显式初始化。

（4）一个类可以实现多个接口，但只能继承一个抽象类。

在软件开发中，通常建议使用接口而不是抽象类，因为抽象类是让继承类能够共享代码和行为，而接口规定了实现类应该具有的方法与行为，接口是一种规范、标准，具有较强的约束性。无论在行业中还是国家间，掌握了某种标准的制定权就意味着在该领域具备较大影响力。

3.6　内　部　类

一个类的定义出现在另一个类的内部，这个类称为内部类，包含内部类的类称为外部类。Java 语言中内部类分为成员内部类、局部内部类、静态内部类和匿名内部类。

二维码3-6
视频讲解19

3.6.1　成员内部类

成员内部类定义在一个类的内部，但是在成员方法之外，看起来类似于外部类的成员，所以称为成员内部类。成员内部类可以拥有自己的成员变量与成员方法，其他类可以通过创建内部类对象来访问它的成员。

成员内部类仍然是一个独立的类，会被编译成独立的 .class 文件，但是前面冠以外部类的类名和 $ 符号，因此成员内部类不能与外部类同名。例如，一个名为 Outer 的外部类和名为 Inner 的成员内部类，编译完成后会产生 Outer. class 和 Outer $ Inner. class 两个类文件。

成员内部类的方法可以直接访问外部类的成员变量和成员方法，包括访问权限为 private 的成员，这也是成员内部类的主要用途之一。但外部类要访问成员内部类的成员变量和成员方法时，则需要创建内部类的对象，然后通过该对象来访问成员内部类的成员。

【例 3 - 9】　成员内部类的定义与访问。

分析　成员内部类存在于外部类之中，它可以直接访问外部类的全部成员。

```
class Outer{                                    //外部类
    private int age = 12;
    class Inner {                               //内部类
        public void showInner(){                //内部类的成员方法
            System.out.print("成员内部类:");
            System.out.println(age);
        }
    }
    void showOuter(){                           //外部类的成员方法
        System.out.println("外部类:");
        Inner inner =new Inner();               //定义内部类对象
        inner.showInner();                      //调用内部类成员方法
    }
}
public class App3_9{
    public static void main(String[] args){
        Outer outer =new Outer();
        outer.showOuter();
    }
}
```

程序运行结果为：

```
外部类:
成员内部类:12
```

说明　在该程序中，成员内部类 Inner 可以访问外部类 Outer 的私有成员变量 age，但是外部类 Outer 的成员方法 showOuter()不能直接访问 Inner 类的成员方法 showInner ()，只能通过创建成员内部类对象进行访问。

当成员内部类的成员变量、外部类成员变量和局部变量同名时，成员内部类的成员方法访问的变量是局部变量，访问成员内部类的成员变量可用"this. 成员变量"，访问外部类的成员变量需要使用"外部类 . this. 成员变量"。

【例 3-10】　成员内部类中访问不同的变量。

分析　成员内部类可以通过方法访问局部变量、内部类成员变量和外部类成员变量，但是它们的访问形式有所不同。

```
class Outer{                                            //外部类
    private int age =12;                                //外部类变量
    class Inner{                                        //成员内部类
        private int age =13;                            //成员内部类变量
        public void showInner(){                        //成员内部类方法
            int age =14;                                //局部变量
            System.out.println("局部变量:"+ age);
```

```
                System.out.println("成员内部类变量:"+this.age);
                System.out.println("外部类变量:"+Outer.this.age);
            }
        }
        void showOuter(){
            Inner inner = new Inner();                          //创建内部类对象
            inner.showInner();                                  //调用内部类的方法
        }
    }
    public class App3_10{
        public static void main(String[] args){
            Outer outer=new Outer();
            outer.showOuter();
        }
    }
```

程序运行结果为：

```
局部变量:14
成员内部类变量:13
外部类变量:12
```

说 明 通过程序运行结果可以发现，在成员内部类的 showInner() 成员方法中直接访问变量 age 时，读取的是局部变量，通过 this. age 才能访问成员内部类的成员变量，通过 Outer. this. age 才能访问外部类的成员变量。

那么，为什么成员内部类可以访问外部类的私有成员呢？其实，Java 语言为成员内部类对象添加了一个指向外部类对象的引用，这个引用在成员内部类构造方法中使用一个外部类对象进行初始化，这表明成员内部类是依赖于外部类的，如果没有创建外部类的对象，也就无法创建成员内部类的对象。

在其他类中（不是外部类）访问成员内部类时，必须在成员内部类名前冠以其所属外部类的名字才能使用。在用 new 创建成员内部类对象时，也需要创建外部类对象，其格式为：

外部类名 . 成员内部类名 对象名＝外部对象 . new 成员内部类名()；

例如，在 ［例 3-9］ 中的 main() 方法中定义成员内部类 Inner 的对象语句为：

```
public static void main(String[] args){
    Outer outer=new Outer();
    Outer.Inner inner=outer. new Inner();
    inner.showInner();
}
```

程序运行结果为：

```
成员内部类:12
```

Outer. Inner 中的 Outer 是为了标明需要生成的成员内部类对象在哪个外部类当中，

outer. new Inner()则表示必须先有外部类的对象才能创建成员内部类的对象，因为成员内部类的作用就是为了访问外部类的成员变量。由于 Innder 类和成员方法都是包访问权限，所以可以在 main()方法中调用它的成员方法。

此外，在使用成员内部类时还需要注意：

（1）与普通类只有 public 和包访问权限不同，成员内部类可以有四种访问权限，它们的规则与类的成员访问权限相同。

（2）成员内部类不能含有 static 修饰的成员变量和方法。因为内部类需要先创建了外部类对象才能创建自己的对象。

3.6.2　局部内部类

［例 3 - 9］中 Inner 类只在外部类的 showOuter()方法中使用过一次，可以将这个类的定义移动到成员方法内部，这样的内部类称为局部内部类。

【例 3 - 11】　局部内部类的定义与访问。

分 析　局部内部类只能定义在某个成员方法内。

```
class Outer{                                //外部类
    private int age=12;
    void showOuter(){                       //外部类的成员方法
        class Inner {                        //局部内部类
            public void showInner(){         //内部类的成员方法
                System.out.print("局部内部类:");
                System.out.println(age);
            }
        }
        System.out.println("外部类:");
        Inner inner=new Inner();             //定义内部类对象
        inner.showInner();                   //调用内部类成员方法
    }
}
public class App3_11{
    public static void main(String[] args){
        Outer outer=new Outer();
        outer.showOuter();
    }
}
```

程序运行结果为：

外部类:
局部内部类:12

说 明　局部内部类更为特殊，它不能有访问权限符，作用域只能限定在所在方法内，其他方法不能访问它，局部内部类在实际中很少使用。

3.6.3 匿名内部类

如果局部内部类只使用一次，并且只创建了一个对象，那么可以不用为它命名，由于没有名字，称这样的类为匿名内部类。Java语言规定，使用匿名内部类必须继承自一个超类或实现一个接口，格式为：

new 超类名() {   new 接口名() {
    匿名类类体   匿名类类体
}   }

匿名内部类把类的定义和对象的创建合二为一，其中new用来创建对象，超类名或者接口名后面的括号代表构造方法，然后按照要求完成类的完整定义。需要注意，由于匿名内部类没有类名，所以匿名内部类也不能有构造方法，它需要调用超类或者接口的构造方法。

【例 3 - 12】 继承超类的匿名内部类。

分析 匿名内部类的使用是将类的定义与对象的创建融为一体，因此在编写代码时要注意括号的层次。

```java
abstract class Animal{
    abstract void eat();
}
public class App3_12 {
    public static void main(String[] args){
        Animal a=null;
        a=new Animal(){//匿名类的定义
            void eat(){
                System.out.println("eat something");
            }
        };
        a.eat();
    }
}
```

说明 main()方法中的代码可以这样理解：定义了一个类，它是从 Animal 类继承而来，并且重写了抽象方法 eat()，然后用这个类创建一个对象，并把这个对象赋值给了a。这个过程在一个步骤中完成，并且省略了类名。

【例 3 - 13】 实现接口的匿名内部类。

```java
interface IAnimal {
    void eat();
}
public class App3_13 {
    public static void main(String[] args){
        IAnimal ia=null;
        ia=new IAnimal(){ //匿名类的定义
```

```
        public void eat(){
            System.out.println("eat something");
        }
    };
    ia.eat();
    }
}
```

这段代码的解析与刚才的代码相似，不再详细说明。

3.6.4　静态内部类

如果希望内部类的访问不依赖于外部类，则可将它定义为静态内部类。静态内部类没有指向外部类的引用，所以创建时也不需要外部类对象，因此也只能访问外部类的静态成员。

【例 3 - 14】　静态内部类的使用。

分析　静态内部类可以不依赖于外部类对象存在，因此只能访问外部类的静态成员。

```
class Outer{                               //外部类
    private static int age = 12;
    static class Inner {                   //静态内部类
        void showInner(){                  //内部类的成员方法
            System.out.print("静态内部类:");
            System.out.println(age);
        }
    }
    void showOuter(){                      //外部类的成员方法
        System.out.println("外部类:");
        Inner i=new Inner();               //定义内部类对象
        i.showInner();                     //调用内部类成员方法
    }
}
public class App3_14 {
    public static void main(String[] args){
        Outer.Inner oi=new Outer.Inner();
        oi.showInner();
    }
}
```

程序运行结果为：

静态内部类:12

说明　外部类的成员变量 age 和静态内部类的定义前面都用 static 进行修饰，静态内部类可以访问外部类的静态成员 age。main()方法中定义静态内部类对象 oi 时，不再需

71

要外部类对象，只需要把 Outer 和 Inner 用 "." 联合起来看作为类名就可以。

静态内部类有很多限制，那么它到底有什么用处？主要有两方面：

（1）如果一个内部类不需要访问外部类的成员，则应该将其定义为静态内部类，这样它就没有指向外部类对象的引用，从而更加安全。

（2）不同外部类中的静态内部类，即使同名也被认定为不同的类，所以可用来解决名字冲突，比如 A 和 B 两个外部类，都有相同名的静态内部类 C，那么 A.C 和 B.C 会被认为是两个不同的类。

内部类包括 4 种不同的形式，它们的作用主要包括：①可以使自身对同一个包的其他类不可见，这样可以增加安全性，一个类除了需要它的类之外，其他类都不应该感受到它的存在；②可以访问外部类的私有数据，这为类之间的数据访问提供了一种手段；③使得 Java 继承机制更加灵活。

此外，本书将会在图形用户界面编程部分用到成员内部类和匿名内部类，它们被用于事件监听器。

二维码3-7
视频讲解20

3.7 集 合 框 架

集合框架是为表示和操作集合而规定的一种统一标准的体系结构，Java 语言中的集合包括数组、列表和队列等。

3.7.1 Java 集合框架

Java 集合框架（Java Collection Frame，JCF）是一些关于集合的接口和类，位于 java.util 包中。集合是一种容器，集合中的元素只能是对象，它是对数组的一种补充，但要比数组更加灵活。

JCF 包含了很多接口和类，图 3-3 列出其中的层次关系。JCF 主要分为两个部分，分别以 Collection 和 Map 为根接口。Collection 接口的元素都是单对象，都是可以遍历的，所

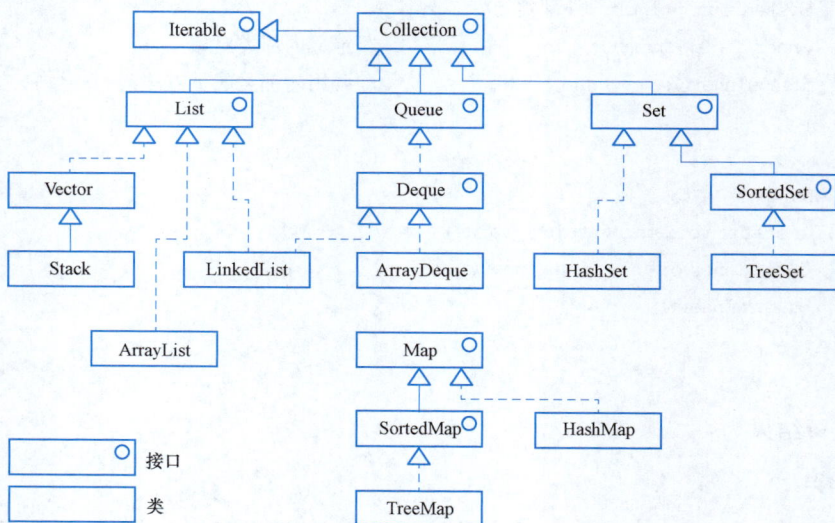

图 3-3　Java 集合框架层次结构

以 Collection 接口是从 Iterable 接口继承而来。Collection 接口有 3 个主要子接口：List、Queue 和 Set。List 是有序可重复集合，可直接根据元素的索引来访问，具体的类有 Vector，ArrayList 和 LinkedList 等。Queue 是队列集合，采用队列的存储形式，可以方便很多算法的实现。Set 是无序不可重复集合，只能根据元素本身来访问，不能有相同的元素，主要的类有 HashSet 和 TreeSet。而 Map 存储的是 Key-Value 对，可根据元素的 Key 值来访问 Value，具体类有 TreeMap 和 HashMap 等。

3.7.2　Collection 接口与 Iterator 类

来看最顶层的 Collection 接口，还有一个与之关系密切的 Iterator 类。Collection 接口中定义很多方法，见表 3 - 1。

表 3 - 1　　　　　　　　　　　　　　　　Collection 接口常用方法

方法原型	说明
Iterator<E> iterator()	返回用于访问集合中元素的迭代器
int size()	返回集合中的元素个数
boolean add(E element)	将一个元素添加到集合中，如果这个调用改变了集合，则返回 true
boolean remove(Object obj)	从集合中删除等于 obj 的对象，如果成功，返回 true
void clear()	删除集合中所有的元素
boolean isEmpty()	判断集合是否为空，如果没有元素，返回 true
boolean contains(Object obj)	判断集合中是否包含与 obj 相等的元素，如果有，返回 true

其中，最重要的是 iterator() 方法，它返回一个迭代器，通过这个迭代器来遍历集合中的元素，其他方法都是用于访问或修改集合。

表 3 - 2 是迭代器类 Iterator 的常用方法，迭代时需要 hasNext() 和 next() 方法配合使用。如果存在下一个可访问的元素，hasNext() 方法返回 true，然后调用 next() 方法，得到下一个元素，如果没有要访问的元素，则结束遍历过程。

表 3 - 2　　　　　　　　　　　　　　　　Iterator 类常用方法

方法原型	说明
boolean hasNext()	如果存在下一个可访问的元素，返回 true
E next()	返回将要访问的下一个元素，如果没有要访问的元素，将抛出 NoSuchElementException
void remove()	删除上次访问的元素，必须紧跟着 next 方法之后执行

3.7.3　ArrayList 类

ArrayList 类底层实现是数组，所以元素可以根据位置来访问。当存入的元素超过数组长度时，ArrayList 会分配更大的数组来存储这些元素。

ArrayList 在实现 List 接口的基础上新增了几个方法，这些方法都是与位置有关，因此它的方法都包含位置下标。与 Collection 接口相比，ArrayList 类新增的方法见表 3 - 3。

表 3 - 3 　　　　　　　　　　　　ArrayList 新增方法

方法原型	说明
void add（int i，E element）	在给定位置添加一个元素
E remove（int i）	删除并返回给定位置的元素
E get（int i）	获取给定位置的元素
E set （int i，E element）	用新元素替换给定位置的元素，并返回原来的元素

注：在 Java 语言中，E 通常用作泛型类型参数的占位符，表示元素（Element）的类型，使得类或接口可以操作不特定的数据类型。有关泛型的具体内容将在 3.8 节介绍。

【例 3 - 15】　ArrayList 类的使用。

分析　ArrayList 类也需要首先创建对象，然后调用其成员函数。

```
public class App3_15 {
    public static void main(String[] args){
        ArrayList list = new ArrayList();       //创建列表对象
        for(int i=1;i<=4; i++ )
            list.add(i);                        //自动装箱,添加元素
        Iterator it=list. iterator();           //迭代器
        while(it.hasNext()){
            Integer t =(Integer)it. next();
            System.out.print(t);
        }
        System. out. println("\nArrayList 被修改后:");
        list.add(2,5);                          //插入新元素
        list.set(3,6);                          //修改元素
        it=list.iterator();                     //再次获得迭代器
        while(it.hasNext()){
            Integer t =(Integer)it. next();
            System.out.print(t);
        }
    }
}
```

程序运行结果为：

```
1234
ArrayList 被修改后:
12564
```

说明　首先，创建一个 ArrayList 的对象，然后依次调用 add()方法添加 4 个元素，由于 JCF 要求元素必须是对象，Java 会执行自动装箱操作将 int 变为 Integer 类型。接着，获取迭代器，通过 while 循环判断 hasNext()方法是否返回 true，如果是 true，说明集合中还有元素，通过 next()方法获取这个元素，这可以看作为一段标准的集合遍历代码。

接下来，修改集合数据，在第 2 个位置插入元素 5，将第 3 个元素替换为 6，再次获

取迭代器，遍历元素。Java 语言规定，只要集合的结构发生了变化，就必须重新获取迭代器，否则会出现错误。

3.7.4 HashSet 类

HashSet 是一种散列集合，集合中不允许有重复的元素，一般情况下不同的元素产生不同的散列码，元素没有位置下标，不具备存储顺序性，也就是访问的顺序不一定等同于添加的顺序。当两个元素产生相同的散列码时，HashSet 会使用对象的 equals 方法来进一步检查这两个对象是否相同，这个过程称为散列冲突解决。

【例 3 - 16】 HashSet 类的使用。

分析　HashSet 类的使用方法与 ArrayList 类相似，但元素的存储有所差异。

```
public class App3_16 {
    public static void main(String[] args){
        HashSet set = new HashSet();
        set.add("星期一");
        set.add("星期二");
        set.add("星期三");
        Iterator it = set.iterator();
        while(it.hasNext())
            System.out.print(it.next() + " ");
        set.remove("星期二");
        System.out.println();
        System.out.println(set.contains("星期一"));
        System.out.println(set.contains("星期二"));
    }
}
```

程序运行结果为：

```
星期二 星期三 星期一
true
false
```

说明　首先，创建 HashSet 对象 set，依次添加 3 个元素，使用迭代器进行遍历，运行结果显示访问的次序与添加的次序完全没有关系。然后删除"星期二"，需要注意的是，不能使用位置信息删除元素。删除后，调用 contains() 方法判断"星期一"和"星期二"是否存在，由于删除了星期二，所以结果是 true 和 false。

3.7.5 HashMap 类

HashMap 中每个元素是一对数据<K，V>，其中 K 是键，V 是值，而且 K 值必须是唯一的。HashMap 是这样存储元素的，当添加一个元素时，要根据 K 的内容调用哈希函数计算存储的位置，然后把这个元素存储到这个位置，因此要求这个哈希函数使得所有元素尽可能分散。但是这无法避免两个不同的 K 值得到相同的存储位置，这称为哈希冲突。当出现多个 K 值对应一个存储位置时，将这些元素以链表的形式存储。当元素达到一定数量之后，HashMap 需要扩容。为了提高效率，Java 8 之后不再使用链表结构，而是采用红黑树存储。

【例 3 - 17】 HashMap 类的使用。

分析 HashMap 的元素是键值对，因此元素的添加和使用与 HashSet 有所不同，尤其是遍历访问元素时，要区分键和值。

```java
public class App3_17{
    public static void main(String[] args){
        HashMap map = new HashMap();
        map.put("1","星期一");
        map.put("2","星期二");
        map.put("3","星期三");
        Iterator it = map.entrySet(). iterator();
        while(it. hasNext()){
            Map. Entry entry = (Map. Entry)it. next();
            String key = (String)entry.getKey();
            String value = (String)entry.getValue();
            System.out.println(key + "," + value);
        }
        System.out.println("HashMap 被修改后:");
        map. put("1","星期五");
        map. remove("2");
        it = map.entrySet(). iterator();
        while(it.hasNext()){
            Map.Entry entry = (Map. Entry)it. next();
            String key = (String)entry.getKey();
            String value = (String)entry.getValue();
            System.out.println(key + "," + value);
        }
        System.out.println(map.containsKey("1"));
        System.out.println(map.containsKey("2"));
    }
}
```

程序运行结果为：

```
1,星期一
2,星期二
3,星期三
HashMap 被修改后:
1,星期五
3,星期三
true
```

```
falsev
```

说　明　首先创建 HashMap 对象，接着调用 put（）方法添加元素，第一个参数是 K，第二个参数是 V，以字符串作为 Key 和 Value。这样一对内容，在 HashMap 中称为一个 entry。HashMap 遍历的基本思想与其他类相似，但是需要先通过 map 得到 entrySet，然后才能得到迭代器。在迭代过程中，得到的每个元素可以转换为 Map.Entry 类型，它是 Map 声明的一个内部接口，表示 Map 中的一个键值对。当得到 entry 之后，就可以调用 getKey（）和 getValue（）方法获取相应的内容。

然后，修改 map 对象中的结构，先加入一个 Key 为"1"，Value 为"星期五"的 entry，事实上，已经添加过 Key 为"1"的元素了，此时原来的 entry 会被覆盖。再删除 Key 为"2"的 entry，再次遍历 map，发现只有 4 个元素了。最后两行代码用来判断 map 中是否包含某个 Key，由于之前已经把"2"删除了，所以结果一个是 true，一个是 false。

3.8　泛　　型

泛型是 Java 5 中引入的一个特性，泛型是一种在编程语言中实现参数化类型的技术，泛型的使用可以使得编写的代码对多种不同类型的对象重用。泛型提供了编译时类型安全检测机制，避免程序在运行出现错误。

3.8.1　泛型的使用

在［例 3 - 15］中的部分代码如下：

```
ArrayList list = new ArrayList();        //创建列表对象
for( int i =1; i<=4;i ++ )
    list.add(i);                         //自动装箱,添加元素
Iterator it =list. iterator();           //迭代器
while(it.hasNext()){
    Integer t =(Integer)it. next();
    System.out.println(t);
}
```

由于 Iterator 类的 next（）方法返回值是 Object 类型，需要对其进行类型转换。但是普通的 ArrayList 类并不限制加入集合中的元素类型，这就可能造成运行时类型转换错误。例如，在 for 循环结束后，添加语句 list. add（"Java"）；，代码编译通过，但在运行时会出现错误，原因就是无法对新加入的字符串对象进行正确的类型转换。

这个问题错误较为明显，能否在编译阶段就将其排除呢？泛型就可以解决这一问题。在定义集合时，使用参数化类型指定集合中元素的数据类型，这样其他类型的对象就不能进入集合，从而避免了错误的发生。Java 中的集合类绝大部分都支持泛型。以 ArrayList 为例，它的泛型使用格式为：

ArrayList<参数化类型>　列表名＝new ArrayList< 参数化类型> （）；

ArrayList 后面跟着一对尖括号，里面是参数化类型，也就是期望集合中的元素类型，new 后面的 ArrayList 也是同样的道理。Java 9 之后，后面尖括号中的内容可以省略。此

时，ArrayList 对象可以定义为：

```
ArrayList<Integer> list = new ArrayList<> ();
```

这样添加语句 list. add（"Java"）; 时，程序出现编译错误，大大提前了错误出现的阶段。泛型提高了代码的类型安全，因为它允许在编译时检测到类型错误。这样可以在运行时避免 ClassCastException 之类的错误，使程序更加稳定和可靠。

实际上，HashSet 和 HashMap 都支持泛型，［例 3‑16］和［例 3‑17］中的代码可以修改为：

```
HashSet<String> set=new HashSet<> ();
HashMap<String,String> map=new HashMap<> ();
```

3.8.2 自定义泛型类

Java 语言提供了多种支持泛型的类和接口，但是仍然不能满足开发者的需求，因此 Java 语言支持自定义泛型类，来提高代码复用程度。一个泛型类的格式为：

［类修饰符］class 类名称< 泛型类型 1，…> {
  类体
}

尖括号中可以包含多个泛型类型，每个泛型类型可以大写也可以小写，一般情况推荐大写，并且使用 T、E 等字母，通常使用 T 代表任意类型，E 代表集合中的元素。但是泛型类型必须是引用类型，不能是基本数据类型。

【例 3‑18】 自定义泛型类。

分析 自定义泛型类与普通类的定义相似，也需要使用关键字 class，也要给出成员变量与成员方法。但最大的不同是泛型类中的成员变量数据类型使用泛型类型代替。

```
class Swap<T> {
    T t1,t2;
    public Swap(T a,T b){
        t1 = a;
        t2 = b;
    }
    void doSwap(){
        T temp=t1;
        t1 =t2;
        t2 =temp;
        System. out. println(t1 + "< == >"+ t2);
    }
}
public class App3_18 {
    public static void main(String[] args){
        Swap<String> swap=new Swap<> ("abc","xyz");
```

```
            swap.doSwap();
            swap.doSwap();
            Swap< Integer> swap2 = new Swap<> (10,20);
            swap2.doSwap();
            swap2.doSwap();
        }
    }
```

程序运行结果为：

```
xyz<==> abc
abc<==> xyz
20<==> 10
10<==> 20
```

说 明　代码中定义了用于交换相同数据类型的泛型类 Swap，其中 T 代表数据类型，在 main()方法中分别被替换为 String 和 Integer 类型。

3.8.3　自定义泛型接口

自定义泛型接口与自定义泛型类基本相似，格式为：

［接口修饰符］interface 接口名<泛型类型 1，…>{

  抽象方法

}

关于泛型类型的说明与上一节相同。

【例 3 - 19】　自定义泛型接口。

分 析　泛型接口的定义与接口相似，也需要关键字 interface，并且使用泛型类型代替具体数据类型。在实现泛型接口时，可以继续保留泛型类型，而只给出方法实现过程，从而变为泛型类。也可以给定具体数据类型和实现过程，变为普通方法。

```
interface IShow<T> {
    void show(Ta);
}
class ShowImpl<T> implements IShow<T> {
    public void show(T a){
        System.out.println(" ========== ");
        System.out.println(a);
        System.out.println(" ========== ");
    }
}
class ShowImplString implements IShow<String> {
    public void show(String a){
        System.out.println("@@@@@@@@@@@");
        System.out.println(a);
        System.out.println("@@@@@@@@@@@");
```

```
        }
    }
public class App3_19 {
    public static void main(String[] args){
        ShowImpl<Integer> si=new ShowImpl<>();
        si.show(1234);
        ShowImplString sis = new ShowImplString();
        sis.show("java");
    }
}
```

程序运行结果为：

```
==========
1234
==========
@@@@@@@@@@
java
@@@@@@@@@@
```

说　明　首先定义了泛型接口 IShow，包含一个方法 show()，接着定义一个实现类 ShowImpl，在类名后继续保留泛型类型，因此该类仍然是泛型类，在创建对象时还要给出数据类型。接着又定义了一个实现类 ShowImplString，在实现接口 IShow 时指定了泛型类型为 String，所以该类不再是泛型类，用它来定义对象时，不再使用泛型格式。

3.8.4　自定义泛型方法

泛型除了支持类和接口外，还可以为方法添加泛型，使方法更加通用。泛型方法的格式为：

［方法修饰符］<泛型类型 1，…> 方法名（参数）｛
　　方法体
｝

【例 3 - 20】　自定义泛型方法。

分　析　自定义泛型方法一般都是以类方法的形式出现，这样可以避免对象的创建。

```
public class App3_20 {
    public static<T1,T2>boolean isEqual(T1 a,T2 b) {
        return a. equals(b);
    }
    public static void main(String[] args){
        String s1 ="abc";
        String s2 =new String("abc");
        Integer i1 =15;                    //等价于 Integer i1 =new Integer(15)
        Integer i2 =15;
        Student stu1 =new Student();
```

```
            Student stu2 =new Student();
            System.out.println(App3_20.isEqual(s1,s2));                    //方式 1
            System.out.println(App3_20.<String,Integer>isEqual(s1,i1));    //方式 2
            System.out.println(App3_20.isEqual(i1,i2));                    //方式 1
            System.out.println(App3_20.<Student,Student>isEqual(stu1,stu2));  //方式 2
        }
    }
```

程序运行结果为：

```
true
false
true
false
```

说　明　首先定义了一个类方法 isEqual()，用来判断两个对象是否相同。在泛型方法定义中包括 2 个泛型类型符号 T1 和 T2，这表示它们可以是不同的数据类型，当然如果刚好相同也是允许的。在 main() 方法中，依次定义了两个 String 对象、两个 Integer 对象和两个 Student 对象。由于 Java 针对某些类（String、包装类等）的 equals() 方法进行了重写，比较的是值的内容是否相同，除此之外，默认的 equals() 方法比较的是内存地址是否相同。

在使用 isEqual() 方法时，可以有两种调用方式，第一种与普通方法的使用一样，任何数据类型都可以作为参数传递，编译器会根据参数数据类型识别 T1 和 T2，但不推荐使用这种隐式方式，因为通过方法调用无法判断该方法是否是泛型函数。第二种方式需要在方法前指定数据类型，此时函数参数必须符合泛型的要求，这样可以明确表达调用意图，并让编译器参与错误识别。

3.9　常　用　类

为了方便开发人员使用，Java 语言提供了一些常用类，如枚举类、包装类等，除此之外，Object 类是所有类的超类，本节也将介绍它的使用方法。

3.9.1　Object 类

Object 类是 java.lang 包中的一个类，Java 语言中所有类都直接或间接地继承该类。一个类在没有明确给出超类的情况下，Java 语言会自动把 Object 类作为该类的超类。

1. 构造方法

Object 类有一个默认构造方法 pubilc Object()，在构造子类实例时，都会先调用这个默认构造方法。由于 Java 语言中每个类都是由 Object 类扩展而来，所以使用类型为 Object 的引用可以指向任意类型的对象，例如：Object obj ＝ new Student（"1101","李小刚"，18);

但要想访问子类的成员变量和成员方法，还需要进行强制类型转换，例如：Student s＝(Student) obj;。

2. 成员方法

除此之外，Object 类还包括很多成员方法见表 3 - 4。

表 3 - 4 　　　　　　　　　　　　　　Object 类的常用成员方法

方法原型	说明
public boolean equals（Object obj）	用于测试一个对象与另一个对象是否相等
public String toString()	返回该对象的字符串表示
public final Class< ? > getClass()	返回对象的运行时类

（1）equals()方法。equals()方法用于判断一个对象与另一个对象是否相等。对于对象来说，就是判断两个对象是否指向同一内存区域。但 String、Integer、Double 等类覆盖了 Object 中的 equals()方法，不再比较其对象在内存中的地址，而是比较对象的内容。

【例 3 - 21】　不同类 equals()方法的使用。

分　析　　Java 语言对不同类 equals()方法的使用进行了区别对待，普通类的 equals()方法用来比较内存地址是否相同，而 String 类等用来比较对象内容是否相同。

```java
class OneClass {
    int data = 0;
    OneClass(int d){                                    //构造方法
        data = d;
    }
}
public class App3_21 {
    public static void main(String[] args){
        OneClass obj1 = new OneClass(1);
        OneClass obj2 = new OneClass(2);
        OneClass obj3 = new OneClass(1);
        System.out.print(obj1. equals(obj2) + ",");
        System.out.print(obj1.equals(obj3) + ",");
        String s1 = new String("abc");
        String s2 = new String("abc");
        String s3 = s1;
        System.out.print(s1.equals(s2) + ",");
        System.out.print((s1==s2) + ",");
        System.out.print(s1==s3);
    }
}
```

程序运行结果为：

```
false,false,true,false,true
```

说　明　　从程序运行结果可以看出，对于 OneClass 类的对象 obj1、obj2 和 obj3，无论其成员变量的值是否一致，equals()方法的返回值都是 false，这说明 equals()方法比较的是内存地址。但是，对于 String 类对象 s1、s2 和 s3，equals()方法比较的是内容，而关系运算符"=="比较的是内存地址。

在 Java 语言中，每个类都有自己的 equals()方法，或者从超类继承或者覆盖该方法。但 Java 语言规范要求 equals()方法具有下面的特点：

1）自反性：对于任何非空引用值 x，x. equals(x) 都应返回 true。

2）对称性：对于任何非空引用值 x 和 y，当且仅当 y. equals(x) 返回 true 时，x. equals(y) 才应返回 true。

3）传递性：对于任何非空引用值 x、y 和 z，如果 x. equals(y) 返回 true，并且 y. equals(z) 返回 true，那么 x. equals(z) 应返回 true。

4）一致性：对于任何非空引用值 x 和 y，多次调用 x. equals(y) 始终返回 true 或始终返回 false，前提是 equals()比较中所用的信息没有被修改。

5）对于任何非空引用值 x，x. equals(null) 都应返回 false。

（2）toString()方法。toString()方法是 Object 类提供的一个特殊的自述方法，调用该方法将返回对象所属类的类名＋@＋hashCode 的组合字符串，其中 hashCode 是对象的散列码（关于散列码的详细说明请读者查阅相关资料）。

【例 3 - 22】 toString()方法的使用。

分析 当直接输出一个对象时，会自动调用它的 toString()方法，所以对 toString()方法进行重写是必要的。

```
public class App3_22{
    public static void main(String[] args){
        OneClass obj1 =new OneClass(1);
        OneClass obj2 =new OneClass(2);
        System.out.println(obj1. toString());
        System.out.println(obj1);
        System.out.println(obj2. toString());
    }
}
```

程序运行结果为：

```
OneClass@c17164
OneClass@c17164
OneClass@1fb8ee3
```

说明 从程序运行结果中可以看出，在输出对象信息时 toString()方法和对象本身得到的字符串一样，这是因为在显示对象信息时会自动调用 toString()方法。通过查看结果会发现，输出信息的格式是固定的，很多时候满足不了开发的需要。Java 语言允许覆盖 toString()方法来更改对象的信息及格式。

修改 OneClass 类，覆盖 toString()方法：

```
public String toString(){
    String msg;
```

```
        msg = "该类为 OneClass,其中的数据为:" + data;
        return msg;
    }
```

然后再次运行程序，输出结果为：

```
该类为 OneClass,其中的数据为:1
该类为 OneClass,其中的数据为:1
该类为 OneClass,其中的数据为:2
```

程序的输出结果更加直观、清晰，因此，在定义类时可以重写 toString()方法，方便开发者实现其设计意图，便于程序调试、测试。

（3）getClass()方法。Object 类中包含一个方法 getClass()，利用这个方法可以获得一个对象所属类的 Class 对象。在 main()方法中执行如下代码：

```
public static void main(String[] args){
    OneClass obj1 = new OneClass(1);
    System.out.println(obj1.getClass() == OneClass.class);
}
```

程序运行结果为：

```
true
```

在 Java 语言中，可以使用"类名.class"的方式获得一个类的 Class 对象信息。由于对象 obj1 是 OneClass 类的对象，所以调用 getClass()方法得到的就是 OneClass 类的 Class 对象，因此运行结果为 true。

3.9.2 枚举类型

当一个方法的执行结果是两种状态，成功时返回 1，失败时返回 0，此时可以将方法的返回类型设置为 int 类型。但是，如果方法返回了其他 int 类型的数值，编译器是不会报错的，因为符合语法规则，这其实是一种设计缺陷。一种正确的解决方案是将方法的返回类型修改为 boolean 类型，这样只有 true 和 false 两种结果，分别对应成功和失败的状态，避免了无法预知错误的出现。但是，一旦这种状态多于 2 种，如季节有春、夏、秋、冬，月份有 1~12 个月等，该如何处理这种情况？Java 语言采用枚举类型解决这个问题。

枚举类型是一种特殊的类类型，用来定义一组固定的常量。在 Java 中使用 enum 关键字来定义枚举类，其地位与 class、interface 相同。与普通类一样，枚举类也有自己的成员变量、成员方法、构造方法。

一个枚举类的定义格式为：

［访问权限修饰符］enum 枚举类名 {
　　枚举项 1，枚举项 2，…，枚举项 n；
　　类体
}

其中枚举项是该类的对象常量，名字一般全都是大写字母，并且只能放到类中的第一行，所有的常量之间用逗号隔开，最后添加分号。例如，

```
enum ErrorCode {
    SUCCESS,OUTOFINDEX,NOTFIND;
}
```

这是一个表示错误代码的枚举类，包括 3 个常量对象，分别用 3 个大写字母名称表示。每个对象都是被 public static final 修饰，其中的 SUCCESS 等价于：

```
public static final ErrorCode SUCCESS = new ErrorCode();
```

【例 3 - 23】　枚举类的使用。

分　析　枚举类的使用主要用于表示有限数量的状态。

```
enum ErrorCode {
    SUCCESS,OUTOFINDEX,NOTFIND;
}
public class App3_23{
    public staticErrorCode find(int[] array,int index,int value){
        if(index>array. length || index<0)
            return ErrorCode. OUTOFINDEX;
        for(int i = index; i<array. length; i ++ ){
            if(array[i] == value)
                return ErrorCode. SUCCESS;
        }
        return ErrorCode. NOTFIND;
    }
    public static void main(String[] args){
        int[] array={1,2,3,4,5,6};
        ErrorCode code=find(array,2,1);
        System.out.println(code);
        System.out.println(code. getClass(). getSuperclass(). getName());
    }
}
```

程序运行结果为：

```
NOTFIND
java. lang. Enum
```

说　明　代码中定义了一个方法 find()，用来查找数组 array 中从 index 下标开始是否存在 value 的元素，并根据情况返回不同的错误编码。通过运行结果可以发现，每个使用 enum 定义的枚举类都默认继承了 java. lang. Enum 类，而不是 java. lang. Object，所以枚举类不能有其他超类。同时，非抽象的枚举类默认会使用 final 修饰，也不能派生子类。

ErrorCode 类包含的信息过少，不利于理解。枚举类也可以包含构造方法，但必须是 private，因此无法从类外部调用构造方法，也就决定了枚举类实例的数量。ErrorCode 可以被修改为：

```
enum ErrorCode {
    SUCCESS(0,"运行成功,数组中存在查找项"),
    OUTOFINDEX(1,"给定下标值超出数组范围"),
    NOTFIND(2,"数组中不存在查找项");
    int code;
    String description;
    private ErrorCode(int code,String desc){
        this.code=code;
        this.description=desc;
    }
    public int getCode(){
        return this.code;
    }
    public String getDesc(){
        return this.description;
    }
}
```

在 ErrorCode 中增加成员变量 code 和 description 用来记录更详细的信息，同时增加一个 private 修饰的构造方法和两个 get 方法。此时，原本的常量对象不能使用缺省构造方法来构建对象，只能调用带有参数的构造方法，SUCCESS 等价于：

```
public static final ErrorCode SUCCESS = new ErrorCode(0,"运行成功,数组中存在查找项");
```

main()方法中的代码可修改为：

```
int[] array = {1,2,3,4,5,6};
ErrorCode code=find(array,2,1);
System.out.println(code.getDesc());
```

由于枚举类中每个对象都常量，内存中只有一个备份，所以可以使用"=="运算符比较两个枚举类对象，例如：

```
int[] array = {1,2,3,4,5,6};
if(ErrorCode. NOTFIND == find(array,2,1)){
    System.out.println("请重新输入一个查找项");
}
```

3.9.3　包装类

Java 语言是一个面向对象的语言，但是 Java 中的基本数据类型却不是对象，这在实际使用时存在很多不便。为了解决这个问题，Java 语言为每个基本数据类型设计了一个对应的类，称为包装类，或外覆类、数据类型类。

包装类均位于 java.lang 包，包装类和基本数据类型的对应关系见表 3-5。

表 3-5 基本数据类型与包装类对应关系

基本数据类型	包装类	基本数据类型	包装类
byte	Byte	boolean	Boolean
short	Short	char	Character
int	Integer	float	Float
long	Long	double	Double

除了 Integer 类和 Character 类之外，其他 6 个包装类的类名和基本数据类型一致，但第一个字母需要大写。

包装类的用途主要体现在以下两方面：

（1）作为和基本数据类型对应的类类型存在，方便操作。

（2）包装类中包含每种基本数据类型的相关属性，如最大值、最小值等，以及相应的操作方法。

基本数据类型与包装类的不同点体现在以下几个方面：

（1）在 Java 语言中，8 种基本数据类型变量不是对象，除此之外其他所有变量都是对象。

（2）创建方式不同，基本数据类型变量不需要通过 new 关键字来创建，而包装类对象则必须使用 new 关键字创建。

（3）存储方式及位置不同，基本数据类型变量直接存储变量的值保存在栈空间，而包装类对象需要通过引用指向实例，具体的实例保存在堆空间中。

（4）初始值不同，包装类对象的初始值为 null，基本数据类型变量的初始值视具体的类型而定。

（5）使用方式不同，比如与集合类联合使用时只能使用包装类。

8 个包装类的使用方法类似，下面以最常用的 Integer 类为例介绍包装类。

1. int 和 Integer 类之间的转换

在转换时，使用 Integer 类的构造方法和 Integer 类内部的 intValue() 方法来实现类型之间的相互转换，代码为：

```
int n = 1;
Integer iN = new Integer(n);        //将 int 类型转换为 Integer 类型
intm = iN.intValue();               //将 Integer 类型的对象转换为 int 类型
```

2. Integer 类的成员方法

在 Integer 类中包含了很多与 int 类型有关的成员方法，比较常用的成员方法见表 3-6。

表 3-6 Integer 类的常用成员方法

方法原型	说明
public static int parseInt(String s) throws NumberFormatException	将数字字符串转换为 int 类型
public static int parseInt(String s, int radix) throws NumberFormatException	将数字字符串按照参数 radix 指定的进制转换为 int 类型

方法原型	说明
public static String toString(int i)	将 int 类型变量转换为字符串
public static String toString(int i,int radix)	将 int 类型的值转换为 radix 进制的字符串

（1）parseInt()方法按照参数 radix 指定的进制转换为 int。该方法是重载方法，主要功能是将字符串转换为 int 类型，其中第二个方法将字符串按照参数 radix 指定的进制转换为 int 类型。使用示例为：

```
String s = "10";
int n1 = Integer.parseInt(s);          //n1 的值为 10
int n2 = Integer.parseInt(s,10);       //n2 的结果为 10
int n3 = Integer.parseInt(s,16);       //n3 的结果为 16
```

如果字符串包含了不符合规则的数字字符，则程序执行将出现异常。

（2）toString()方法。该方法是重载方法，主要功能是将 int 类型转换为字符串。其中第二个方法将 int 类型的值转换为 radix 进制的字符串。使用示例为：

```
int m = 10;
String s1 = Integer.toString(m);       //s1 的结果为"10"
String s2 = Integer.toString(m,16);    //s2 的结果为"a"
```

自 Java 5 版本以后，引入了自动拆装箱的语法，也就是在进行基本数据类型和包装类转换时，系统将自动进行，这将极大方便开发者的代码书写。使用示例代码如下：

```
int n = 10;
Integer in = n;                        //int 类型会自动转换为 Integer 类型
int m = in;                            //Integer 类型会自动转换为 int 类型
```

二维码3-8
视频讲解21

3.10　类 的 设 计 原 则

学习了类的使用后，究竟该如何设计类呢？当问题比较简单时，类的设计较为容易，但是一旦问题复杂，不同的类设计方案在效率、可扩展、安全等方面差异较大，因此类的设计应该遵循科学的设计原则。

3.10.1　类之间的关系

在介绍类设计原则之前，先了解一下类之间的关系。类之间最常见的关系有 3 种，第一是依赖关系，也叫 uses-a 关系，第二是聚合关系，也叫 has-a 关系，第三是继承关系，也叫 is-a 关系。

（1）依赖关系，这是对象之间最弱的一种关联方式，是临时性的关联。代码中一般指由局部变量、函数参数、返回值建立的对于其他对象的调用关系。例如：

```
class A{
    public B f(C c){
        D d=new D();
```

```
        ...
        B b=new B();
        ...
        return b;
    }
}
```

类 A 中有一个方法 f()，它的参数是类 C 对象，在方法体中使用了类 D，并且返回了类 B 的对象，那么类 A 和类 B、C、D 之间就是依赖关系，如图 3-4 所示。其中，虚线箭头表示依赖关系，箭头的尾部是使用者，箭头的头部是被使用者。

（2）聚合关系，这是整体与个体的关系，通过实例变量来实现关联。例如：

```
class A{
    private B b=null;
    private C c=null;
    public A(){
        b=new B();
        c=new C();
    }
}
```

类 A 中有类 B 和类 C 的成员对象，那么类 A 与类 B、类 C 之间就是聚合关系，如图 3-5 所示。聚合关系采用实线，并且在整体一方使用空心菱形标记。

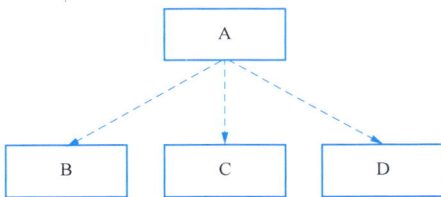

图 3-4 依赖关系　　　　图 3-5 聚合关系

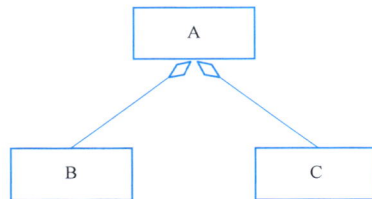

（3）继承关系，表示一个特殊的类与一般的类之间的关系，通过继承来实现。例如：

```
class A{
    ...
}
class B extends A{
    ...
}
```

类 B 继承自类 A，那么它们之间就可以表示为图 3-6。继承关系也表示为实线箭头，在超类处是空心三角形。

3.10.2　开闭原则

开闭原则（Open-Closed Principle，OCP）是面向对象可复用设计的基石。其他设计

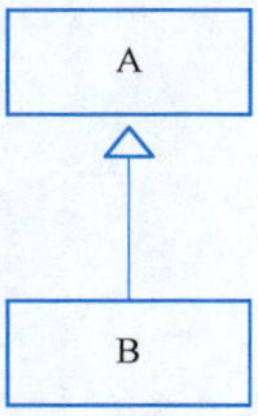

图3-6　继承关系

原则，如里氏替换原则、依赖倒转原则、迪米特法则、接口隔离原则等，都是实现"开闭"原则的手段和工具。开闭原则的要求包括：①程序中的元素（类、模块、函数等）应该对于扩展开放，对于修改封闭；②当程序需要变化时，尽量通过扩展行为来实现变化，而不是通过修改已有的代码来实现变化。

例如，需要实现一个支付系统，其中包含一个支付类，该类根据不同的支付类型执行相应的支付操作。按照开闭原则，应该设计一个公共的支付接口或抽象类，让所有的支付类型类继承或实现它，而不是在原有的支付类中不断修改代码以支持新的支付方式。如果需要添加新的支付方式，只需添加一个新的类继承支付接口或抽象类，而无需修改现有代码，从而遵守了开闭原则。

3.10.3　单一职责原则

单一职责原则（Single Responsibility Principle，SRP）的核心是控制类的粒度大小、将对象解耦、提高其内聚性。简单地说，就是一个类应该只负责一项职责，主要原因包括：①一个类应该只专注于做一件事和仅有一个引起它变化的原因；②一个类承担的职责越多，它被复用的可能性越小。单一职责原则降低类的复杂度，提高类的可读性，进而提高系统的可维护性。

【例3-24】　单一职责原则示例。

分析　这是一个关于动物的类，有一个eat()方法，在方法体中根据参数进行判断，是吃肉还是吃草。

```java
class Animal{
    public void eat(String name){
        if(name.equals("老虎"))
            System.out.println(name + "在吃肉");
        else if(name.equals("牛"))
            System.out.println(name + "在吃草");
    }
}
public class App3_24 {
    public static void main(String[] args){
        Animal tiger=new Animal();
        Animal cattle=new Animal();
        tiger.eat("老虎");
        cattle.eat("牛");
    }
}
```

说明　吃肉和吃草是两种行为，该类却写在一起了，违反了单一职责原则。同时，当添加吃其他食物的功能时需要再增加一个else if，当功能增多并且逻辑复杂时，会造成代码非常臃肿，难以理解和维护。

从两个层面上对类进行修改，首先在方法级别上遵守单一职责原则，将吃肉和吃草的方法分开，这样的方法调用的时候就不会出现职责不清的情况。代码为：

```
class Animal{
    public void eatMeat(String name){
        System.out.println(name + "在吃肉");
    }
    public void eatGrass(String name){
        System.out.println(name + "在吃草");
    }
}
```

此外，还可以在类级别上遵守单一职责原则，将吃肉动物单独设计为一个类 Animal-Met，吃草动物设计为一个类 AnimalGrass，每个类中分别有一个 eat() 方法。

```
class AnimalMeat {
    public void eat(String name){
        System.out.println(name + "在吃肉");
    }
}
class AnimaGrass {
    public void eat(String name){
        System.out.println(name + "在吃草");
    }
}
```

这两种方式都可以达到单一职责原则的要求，要根据不同的需求选择具体实现。

3.10.4　合成复用原则

合成复用原则（Composite Reuse Principle，CRP）要求在软件复用时，应优先考虑使用依赖/聚合关系来实现，而不是通过继承关系来实现。这是因为组合或聚合提供了更大的灵活性，同时维持了类的封装性，减少了依赖。

继承复用虽然有简单和易实现的优点，但它也存在缺点：①继承复用破坏了类的封装性，因为继承会将超类的实现细节暴露给子类，超类对子类是透明的；②子类与超类的耦合度高，超类实现的任何改变都会导致子类的实现发生变化，这不利于类的扩展与维护。

采用依赖/聚合复用时，可以将已有类纳入新类中，使之成为新类的一部分，新类可以调用已有类的方法，这样的优点有：①维持了类的封装性，成员对象的内部细节对新类不可见；②类之间的耦合度低，依赖较少。

【例 3-25】　采用依赖方式实现合成复用。

分析　类 B 中的成员方法 fB1() 和 fB2() 均用到了类 A 对象，通过将类 A 对象作为方法参数实现合成复用。

```
class A{
    void fA1(){
        System.out.println("fA1");
```

```
            }
            void fA2(){
                    System.out.println("fA2");
            }
    }
    class B{
            void fB1(A a){
                    System.out.println("fB1");
                    a. fA1();
            }
            void fB2(A a){
                    System.out.println("fB2");
                    a. fA2();
            }
    }
    public class App3_25 {
            public static void main(String[] args){
                    B b=new B();
                    A a=new A();
                    b.fB1(a);
                    b.fB2(a);
            }
    }
```

说明　第一种复用的方式是通过将类对象作为参数建立两个类之间的关系，实现复用。此外，还可以通过聚合方式实现复用。

【例 3 - 26】　采用聚合方式实现合成复用。

分析　类 C 中的成员方法 fC1() 和 fC2() 均用到了类 A 对象，通过将类 A 对象作为成员实现合成复用。

```
    class A{
            void fA1(){
                    System.out.println("fA1");
            }
            void fA2(){
                    System.out.println("fA2");
            }
    }
    class C{
            A a=new A();
            void fC1(){
                    System.out.println("fC1");
                    a.fA1();
            }
```

```
        void fC2(){
            System.out.println("fC2");
            a.fA2();
        }
    }
public class App3_26 {
    public static void main(String[] args){
        C c =new C();
        c.fC1();
        c.fC2();
    }
}
```

说　明　聚合方式比依赖方式的耦合度高，这是因为只有类 A 中的 fA1() 和 fA2() 方法的头部发生变化时，才会有影响到类 B 的方法。而当类 A 的构造方法发生变化时，对类 B 没有影响，但是类 C 需要进行修改。关于更多的程序设计原则和模式，可以查阅扩展资源 4。

二维码3-9
扩展资源4

本 章 配 套 资 源

二维码3-10
第3章思维
导图

二维码3-11
第3章示例
代码汇总

二维码3-12
第3章习题

二维码3-13
第3章扩展
资源汇总

第4章

异 常 处 理

程序运行时若有故障发生，轻则影响用户体验，重则会导致严重后果。软件开发者的工作关系到社会公众的安全、健康和权益，需要树立高度的责任意识，确保所开发的软件安全、可靠、高质量。为了提高程序的健壮性和可靠性，Java语言提供了异常处理机制来应对程序运行中可能出现的异常情况。

本章目标

- 理解 Java 异常处理机制，掌握捕获异常和声明异常的方式。
- 掌握人为抛出异常的方式及自定义异常类的定义与应用。
- 理解软件开发者的社会责任，能够熟练应用异常处理机制提高程序的健壮性。

二维码4-1
视频讲解22

4.1 异 常 的 概 念

4.1.1 错误与异常

程序在运行过程中可能出现各种问题，根据问题的严重程度的不同，将其分为两类：

（1）系统错误（Error）：是指 Java 运行时系统出现的内部错误和资源耗尽等情况，如内存溢出等。系统错误无法由程序自身解决，只能依靠外界干预，Java 程序对错误一般不做处理。

（2）异常（Exception）：是由程序或外部环境所引发的问题，例如输入了无效的数据、除数为 0、文件不存在等。Java 程序需要对异常进行处理，而且程序在出现异常的情况下，能否继续运行或者安全地结束是衡量程序健壮性的基本标准。

4.1.2 检查型异常与运行时异常

有些异常是在程序编译时被检查，有些异常是在程序运行时才被检查，由此将异常分为两类：

（1）检查型异常（Checked Exception）：一般是由外部原因引起的异常，如打开文件时文件不存在、输入数据时类型不匹配等。检查型异常，也称非运行时异常或编译时异常，如果不对其进行处理，程序就无法通过编译。

在图 4-1（a）中，语句 a=System.in.read()；的功能是输入一个字符赋给变量 a。这条语句在执行时可能出现输入/输出异常，这种异常属于检查型异常，如果不做异常处理，程序就无法通过编译，会在该行的左侧出现一个红色的"×"表示有编译错误。

（2）运行时异常（Runtime Exception）：是指在程序运行时才被检查的异常，如除数为 0、数组下标越界等。这类异常一般由程序自身问题引起，Java 程序对这类异常可不做处理。在图 4-1（b）中，语句 a=5/0；中除数为 0，但在编译时并没有提示这个异常，允许程序执行，这个异常就属于运行时异常。

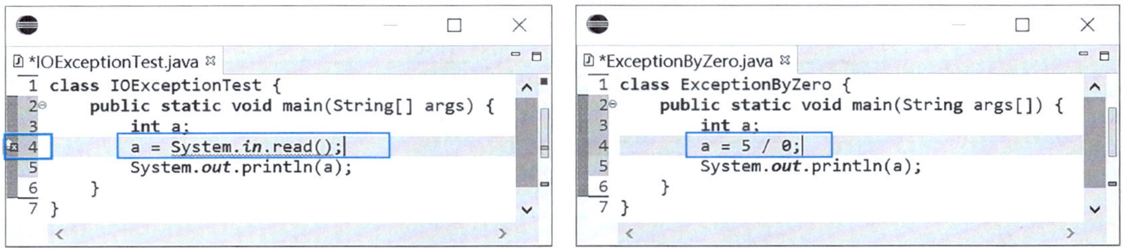

```
class IOExceptionTest {
    public static void main(String[] args) {
        int a;
        a = System.in.read();
        System.out.println(a);
    }
}
```

```
class ExceptionByZero {
    public static void main(String args[]) {
        int a;
        a = 5 / 0;
        System.out.println(a);
    }
}
```

(a) 检查型异常   (b) 运行时异常

图 4-1　检查型异常与运行时异常

4.2　异常类及异常处理方式

4.2.1　异常类

Java 语言中异常作为对象来处理。Java 类库中提供了若干异常类，这些类都派生自 Throwable 类，如图 4-2 所示。Throwable 类的子类分为两种，Error 类及其子类代表系统错误，Exception 类及其子类代表程序中的各种异常。关于系统错误，Java 程序一般不做处理，接下来重点介绍异常类。

Exception 类是所有异常类的超类，它的子类表示不同的异常，可分为两种：

（1）运行时异常类。RuntimeException 类及其子类属于运行时异常类，是由程序自身问题引发的异常，例如 ArrayIndexOutOfBoundsException 类表示数组下标越界异常。Java 语法不强制程序员必须处理此类异常。

二维码4-2
视频讲解23

（2）检查型异常类。除了运行时异常类，Exception 类的其他子类都属于检查型异常类，是由程序外部原因引起的异常，如 FileNotFoundException 类表示文件未找到异常。这类异常必须处理，否则无法通过编译。

图 4-2 中仅列举了部分常用的异常类，熟悉异常类的体系将有助于异常处理的学习和应用。

对其中部分异常类说明如下：

（1）ArithmeticException：算术异常，如除数为 0 或用 0 取模时，会产生该异常。

（2）NullPointerException：空指针异常，当对象没有实例化就试图访问其成员时产生该异常。

（3）ClassCastException：类型强制转换异常，当强制类型转换时若类型间不相容则产生该异常。

图 4-2　异常类的层次结构

（4）IndexOutOfBoundsException：索引超出范围异常，当元素的索引超出范围时产生该异常。

（5）ArrayIndexOutOfBandsException：数组下标越界异常，当数组元素的下标超出了数组长度允许的范围时产生该异常。

（6）IOException：输入/输出异常，指输入/输出数据时产生的异常。

（7）FileNotFoundException：文件未找到异常，当程序打开文件失败时产生该异常。

（8）SocketException：Socket 网络通信异常。

Exception 类作为异常类的超类，有必要了解它的常用方法。Exception 类常用的构造方法和成员方法如表 4-1 所示，表中列出的三个成员方法均可用于获取异常信息，只是详略程度不同。以 ArithmeticException 异常为例，getMessage()方法返回的异常信息是 "/by zero"，toString()方法返回的异常信息是"java. lang. ArithmeticException：/by zero"，printStackTrace()方法直接输出异常信息"java. lang. ArithmeticException：/by zero at ExceptionByZero. main"。

表 4-1　　　　　　　　　　　Exception 类常用的构造方法和成员方法

方法原型	说明
public Exception()	构造方法，创建一个异常对象
public Exception(String message)	构造方法，创建一个带有指定信息的异常对象
public String getMessage()	返回当前异常对象的信息
public String toString()	返回当前异常对象的信息
public void printStackTrace()	打印当前异常对象使用栈的轨迹，方便程序调试

4.2.2　异常处理方式

异常处理可看作一种控制结构。当异常产生时，停止程序的正常执行顺序，转向异常处理代码。异常的产生称为抛出异常，而执行与异常相匹配的异常处理代码则称为捕获异常。

在一个方法的执行过程中如果抛出了异常，则生成一个代表该异常的对象，并把它提交给 JVM。异常对象中包含异常类型及异常抛出时应用程序的状态和调用过程等信息。

在抛出异常的方法中可以采用两种方式来处理异常，一种方式是使用 try-catch-finally 语句捕获异常，执行异常处理代码；另一种方式是该方法不去捕获异常，但是要对外声明本方法可能抛出异常，这种方式称为声明异常。这两种异常处理方式将在下面两节中分别介绍。

4.3 捕 获 异 常

二维码4-3
视频讲解24

4.3.1 try-catch-finally 语句

捕获异常通过 try - catch - finally 语句来实现，其格式为：

```
try {
    语句序列              try 块      //可能抛出异常或受影响的语句序列
}
catch(ExceptionType1 e) {          //捕获 ExceptionType1 类型的异常
    语句序列              catch 块    //异常处理语句序列
}
...                                //catch 块可有多个,捕获不同类型的异常
finally{
    语句序列              finally 块  //统一出口
}
```

将可能抛出异常的语句以及受该异常影响的语句放入 try 后面的大括号中。try 块后一般是一个或多个 catch 块，用于捕获 try 块所抛出的异常并做相应的处理。

catch 块包含一个异常对象参数，表示它所能捕获的异常类型，系统根据异常对象的类型将其传递给相应的 catch 块，执行该 catch 块中的语句序列。

finally 块是异常处理的统一出口，一般用于释放资源，如关闭文件、关闭数据库连接等。无论 try 块是否抛出异常，finally 块都要被执行。finally 块可以省略。

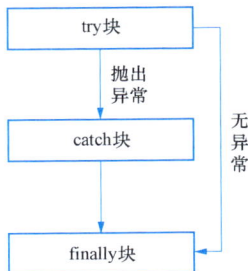

捕获异常的具体执行过程如图 4-3 所示，首先顺次执行 try 块中的语句，如果没有抛出异常，try 块执行完毕后执行 finally 块。如果 try 块中的某条语句抛出了异常，则停止执行 try 块，跳转去执行 catch 块。从前向后顺次比较每一个 catch 块，查看 try 块抛出的异常对象与 catch 块中的异常类型参数是否匹配（即异常对象是 catch 参数所指定的异常类或其子类的对象）。如果与某个 catch 块匹配，则执行相应的异常处理语句序列，然后跳转至 finally 块，不再匹配其他的 catch 块。如果与所有 catch 块都不匹配，则直接执行 finally 块。

图 4-3 执行流程示意图

【例 4-1】 为图 4-1 (b) 中的程序添加异常处理代码。

97

<table>
<tr><td>

```
//原始程序
public class App4_1 {
    public static void main(String[] args){
        int a;
        a = 5/0;
        System.out.println(a);
    }
}
```

</td><td>

```
//添加异常处理代码后的程序
public class App4_1 {
    public static void main(String[] args){
        int a;
        try {
            a = 5/0;
            System.out.println(a);
        }catch(ArithmeticException e){
            System.out.println("算术运算异常");
        }finally {
            System.out.println("程序运行结束");
        }
    }
}
```

</td></tr>
</table>

首先将抛出异常的语句 a = 5/0;以及受影响的 System. out. println(a);语句放在 try 块中,然后在 catch 块中捕获这个异常。

由于 0 做除数属于算术异常,因此 catch 块的异常类型参数定义为 ArithmeticException,捕获异常后输出异常提示信息。最后,在 finally 块中输出程序运行结束的提示信息。

执行过程为:先执行 try 块,计算 5/0 时抛出算术异常,try 块停止执行,跳转到 catch 块,与 catch 块中的异常类型参数匹配成功,执行其内嵌语句,最后执行 finally 块。程序运行结果为:

```
算术运算异常
程序运行结束
```

如果程序不进行异常处理,那么在执行 a=5/0; 语句时,会由系统对抛出的异常进行捕获处理,输出异常信息并结束程序的运行。程序运行结果为:

```
Exception in thread "main" java.lang.ArithmeticException:/by zero
    at App4_1.main(App4_1.java:4)
```

输出的异常信息包括异常类型（ArithmeticException）和异常出现的位置（App4 _ 1. main,代码行的序号为 4）等。

从以上结果可以看出,通过异常处理能够在程序抛出异常时进行合理的处置,如给出人性化的提示信息,保存重要的数据,让程序继续执行或者平稳地结束等。

图 4 - 1（a）中所示程序可能抛出检查型异常,无法通过编译,请读者对其添加异常处理代码,并查看是否还有编译错误。

4.3.2 多个 catch 块

在 try-catch-finally 语句中,try 块只能有一个,catch 块可以有多个,下面举例说明。

【例 4 - 2】 创建数组,然后输入数组元素的起止下标,输出这些数组元素与其下标相除的结果。

```
import java.util.Scanner;
public class App4_2 {
    public static void main(String args[]){
        int i = 0,beginIndex,endIndex,a[] = {0,1,2,3,4,5,6,7};
        Scanner sc = new Scanner(System.in);
        System.out.print("请输入数组元素的起止下标:");
        beginIndex=sc.nextInt();                //输入数组元素起始下标
        endIndex = sc.nextInt();                //输入数组元素终止下标
        for(i=beginIndex; i<=endIndex; i++ ){
            System.out.println("a["+ i +"]/"+ i +" = "+ (a[i]/i));
        }
        System.out.println("结束!")
    }
}
```

说 明　根据对程序逻辑的分析可知，程序运行时可能抛出的异常有：

（1）InputMismatchException：数组元素的起止下标 beginIndex 和 endIndex 应该是整型数据，若输入其他类型的数据，如字符型，就会抛出 InputMismatchException 异常；

（2）ArrayIndexOutOfBoundsException：即使输入的数组元素下标是整型数据，其值也可能超出数组下标的正常范围，此时会抛出 ArrayIndexOutOfBoundsException 异常；

（3）ArithmeticException：当循环控制变量 i 的值为 0 时，计算 a[i]/i 会抛出 ArithmeticException 异常。

由于程序本身没有对异常进行处理，因此抛出异常时由系统进行捕获处理，输出异常信息并终止程序的运行。

【例 4 - 3】　为［例 4 - 2］中的程序添加异常处理代码来捕获异常。

分 析　由于存在多种异常需要捕获处理，因此使用多个 catch 块。

```
import java.util.*;
public class App4_3{
    public static void main(String args[]) {
        int i =0,beginIndex,endIndex,a[] = {0,1,2,3,4,5,6,7};
        Scanner sc =new Scanner(System.in);
        System.out.print("请输入数组元素的起止下标:");
        try {
            beginIndex=sc.nextInt();
            endIndex=sc.nextInt();
            for(i=beginIndex; i<= endIndex; i ++ ){
                System.out.println("a["+ i +"]/"+ i +" = "+ (a[i]/i));
            }
        }catch(InputMismatchException e){
            System.out.println("输入的数据类型不匹配,应该输入整型数据。");
```

```
        }catch(ArrayIndexOutOfBoundsException e){
            System.out.println("输入的数据超出数组下标的正常范围。");
        }catch(ArithmeticException e){
            System.out.println("算术运算异常");
        }catch(Exception e){
            System.out.println("程序出现异常");
        }finally{
            System.out.println("结束!");
        }
    }
}
```

说 明 程序中用到了 java.util 包中的两个类 Scanner 和 InputMismatchException，为节约篇幅，采用 import java.util.*; 方式导入。

程序执行过程及运行结果分析见表 4-2。

表 4-2   [例 4-3] 程序运行结果及执行过程分析

输入数据及运行结果	执行过程分析
请输入数组元素的起止下标：24 a[2]/2＝1 a[3]/3＝1 a[4]/4＝1 结束！	（1）输入的数据类型正确且在有效范围内，在执行 try 块时没有抛出异常，打印 a[2]、a[3]、a[4]三个数组元素与其下标相除的结果。 （2）执行 finally 块，输出"结束！"
请输入数组元素的起止下标：ab 输入的数据类型不匹配，应该输入整型数据。 结束！	（1）输入的数据是字符，类型不匹配，抛出 InputMismatchException 异常，try 块停止执行。 （2）从前向后逐一与 catch 块中的异常类型参数比较，与第一个 catch 块的异常类型参数相匹配，执行其中的语句序列，输出"输入的数据类型不匹配，应该输入整型数据。"，忽略其后的 catch 块。 （3）执行 finally 块，输出"结束！"
请输入数组元素的起止下标：68 a[6]/6＝1 a[7]/7＝1 输入的数据超出数组下标的正常范围。 结束！	（1）输入的数据类型正确，执行 try 块中的 for 循环，输出数组元素 a[6]、a[7]的运算结果，当 i 为 8 时，超出了数组元素下标的范围，抛出 ArrayIndexOutOfBoundsException 异常，try 块停止执行。 （2）从前向后逐一与 catch 块中的异常类型参数比较，与第二个 catch 块相匹配，执行其中的语句序列，输出"输入的数据超出数组下标的正常范围。"，忽略其后的 catch 块。 （3）执行 finally 块，输出"结束！"
请输入数组元素的起止下标：04 算术运算异常 结束！	（1）输入的数据类型正确，执行 try 块中的 for 循环，i 的值为 0，计算 a[0]/0 时，抛出 ArithmeticException 异常，try 块停止执行。 （2）从前向后逐一与 catch 块的异常类型参数比较，与第三个 catch 块相匹配，执行其中的语句序列，输出"算术运算异常"，忽略其后的 catch 块。 （3）执行 finally 块，输出"结束！"

程序中有 4 个 catch 块，除了捕获 3 种具体异常的 catch 块外，还增加了捕获 Exception 异常的 catch 块。无论 try 块中抛出什么异常，即使前面的 catch 块未能捕获到，也会被最后一个 catch 块捕获到。在实际的软件开发中，由于情况复杂，编程者可能遗漏某些异常的捕获，因此建议增加这个能够捕获所有异常的 catch 块。

💡 **思 考**

在［例 4-3］的程序中，如果只保留参数为 Exception 类型的 catch 块，会怎么样？

另外，前 3 个 catch 块中的参数类型都是 Exception 的子类。如果将捕获 Exception 异常的 catch 块放在这 3 个 catch 块的前面，会出现什么情况？例如，将代码修改为：

```
try{
    ...
}catch(Exception e){
    System.out.println("程序出现异常");
}catch(InputMismatchException e){
    System.out.println("输入的数据类型不匹配,应该输入整型数据。");
}catch(ArrayIndexOutOfBoundsException e){
    System.out.println("输入的数据超出数组下标的正常范围。");
}catch(ArithmeticException e){
    System.out.println("算术运算异常");
}
```

假设 try 块抛出了 InputMismatchException 异常，然后逐一与 catch 块中的异常类型参数比较。由于 InputMismatchException 类是 Exception 类的子类，因此，与第 1 个 catch 块匹配成功。也就是说，无论 try 块抛出什么异常，都会执行第 1 个 catch 块，后面 3 个 catch 块永远不会执行。因此，如果同时存在捕获超类异常的 catch 块与捕获子类异常的 catch 块，一定要将捕获子类异常的 catch 块放在前面。

综上所述，使用 try-catch-finally 语句时，应注意：

（1）在一个 try-catch-finally 语句中，try 块必须有且只能有 1 个，catch 块可以有 0 到多个，finally 块可以省略。因此 try-catch-finally、try-catch、try-finally 这几种组合都是合法的。

（2）catch 块尽量使用更具体的异常子类来捕获异常，能够更详细地说明问题所在。

（3）捕获子类异常的 catch 块要放在捕获超类异常的 catch 块的前面。

（4）可以使用一个 catch 块捕获多种异常，它的异常类型参数应该是这些异常类的超类，但这种方式使程序不能针对具体的异常类型做相应的处理。

（5）如果 try 块抛出的异常没有被 catch 块所捕获，最后会将其传给 JVM，由系统进行异常处理，并终止程序的运行。

4.3.3 异常的多重捕获

一个 try 块后可跟多个 catch 块，一般情况下，各个 catch 块拥有的语句序列不同。但在实际应用中，多个 catch 块拥有相同语句序列的情况并不少见，这些重复的代码使程序变得冗长。

针对这种情况，从 Java 7 开始提供了异常的多重捕获功能，即同一个 catch 块可以捕获多种异常，具体形式为：

catch(Exception1|Exception2|…… e) {
　　　//语句序列
}

在 catch 块的参数列表中指定它能够捕获的各种异常，异常之间用"｜"分隔。多重捕获的形参隐含为 final 类型，不能为其赋值。

【例 4 - 4】　异常的多重捕获示例。

```java
import java.util. * ;
public class App4_4 {
    public static void main(String args[]){
        int i=0,beginIndex,endIndex,a[] = {1,2,3,4,5,6,7,8};
        Scanner sc =new Scanner(System.in);
        System.out.print("请输入数组元素的起止下标:");
        try {
            beginIndex =sc.nextInt();
            endIndex =sc.nextInt();
            for(i=beginIndex; i<= endIndex; i ++ ){
                System. out. println("a["+ i +"]/"+ i +"="+ (a[i]/i));
            }
        }catch(InputMismatchException | ArrayIndexOutOfBoundsException |
            ArithmeticException e) {//异常的多重捕获
            e. printStackTrace();
        }catch(Exception e){
            System.out.println("程序出现异常");
            e. printStackTrace();
        }finally {
            System.out.println("结束!");
        }
    }
}
```

一般情况下，希望针对每一种异常情况给出相应的处理，一个 catch 块捕获一种异常更合理。但是，如果多种异常的处理代码相同或相似，那么使用异常的多重捕获将使代码更简洁。

4.3.4　嵌套的 try-catch-finally 语句

try-catch-finally 语句可以嵌套，一般将内层的 try-catch-finally 语句嵌套在外层 try-catch-finally 语句的 try 块中，其格式为：

```
try {
    ...
    try {
        ...
    } catch {
        ...                  内层 try-catch-finally 语句
    }finally {
        ...
    }
    ...                                                      外层 try-catch-finally 语句
}catch {
    ...
}finally{
    ...
}
```

当内层的 try 块抛出异常，首先由内层的 catch 块进行捕获。如果被内层的 catch 块捕获到并处理，则继续执行内层的 finally 块及后面的其他语句；如果未能被内层的 catch 块捕获到，则跳转至外层 catch 块，如果发现了匹配的 catch 块，就在该 catch 块中处理这一异常。

4.4 声明异常

在前面的例子中，异常的抛出和捕获在同一方法中进行。但在有些情况下，抛出异常的方法并不确切知道该如何处理这些异常，例如当找不到指定的文件时，是终止程序的运行还是新生成一个文件，这需要由该方法的调用者来决定。这种情况下，抛出异常的方法就要进行异常的声明。

二维码4-4
视频讲解25

4.4.1 使用 throws 声明异常

如果一个方法可能抛出异常，但它自己不去捕获，而是希望由它的调用者来捕获这个异常，那么就要在该方法的首部进行异常的声明。

声明异常时，使用关键字 throws 在方法首部加上要抛出的异常列表即可，其格式为：

返回值数据类型　方法名([参数表]) throws 异常列表

异常列表由异常类的类名组成，有多个异常类时，以逗号分隔。

【例 4 - 5】　对图 4 - 1（a）中所示程序进行声明异常处理。

```java
import java.io.*;
public class App4_5{
    public static void main(String[] args) throws IOException {        //声明异常
        int a;
        a=(int)System.in.read();
        System.out.println(a);
    }
}
```

说 明 main()方法可能抛出 IOException 异常，它属于检查型异常，必须进行异常处理，这里采用了声明异常的方式。

【例 4 - 6】 对［例 4 - 2］中的程序采用声明异常的方式。

分 析 声明异常时需要考虑程序可能抛出的多个异常。

```java
import java.util.*;
public class App4_6{
    public static void main(String args[]) throws InputMismatchException,
                        ArrayIndexOutOfBoundsException,ArithmeticException {
        int i = 0,beginIndex,endIndex,a[] = {1,2,3,4,5,6,7,8};
        Scanner sc = new Scanner(System.in);
        System.out.print("请输入数组元素的起止下标:");
        beginIndex=sc.nextInt();
        endIndex=sc.nextInt();
        for(i=beginIndex; i<= endIndex; i++ ){
            System.out.println("a["+ i +"]/"+ i +"="+ (a[i]/i));
        }
    }
}
```

通过在方法首部中添加 throws 子句，使得该方法的调用者明确了该方法可能抛出的异常，从而考虑对这些异常的处理，增强了程序的健壮性。声明异常需要注意的是：

（1）异常列表中的异常必须是该方法内部可能抛出的异常；

（2）异常类名之间没有顺序要求；

（3）运行时异常可以不处理，但检查型异常必须处理，要么捕获、要么声明。

4.4.2 异常处理示例

根据前面的介绍可知，当一个方法可能抛出异常时，可以采用多种方式来处理：

（1）该方法自行捕获异常；

（2）该方法声明异常，由其调用方法来捕获异常；

（3）该方法及其调用方法都声明异常，最后由 JVM 捕获异常。

下面对同一个程序分别使用这 3 种方式进行异常处理。

【例 4 - 7】 对如下程序进行异常处理。

```java
class ExceptionHandle {
    public int calculate(int a, int b){
        int result=0;
        result = a/b;              //0 做除数时会抛出异常
        return result;
    }
}
public class App4_7 {
```

104

```
    public static void main(String[] args){
        ExceptionHandle expHandle=new ExceptionHandle();
        int result=expHandle.calculate(5,0);
        System.out.println(result);
    }
}
```

语句 result=a/b;在执行时，由于 b 的值可能为 0，会抛出 ArithmeticException 异常，下面采用 3 种方式来处理这个异常。

（1）由 calculate()方法来捕获异常。calculate()方法可能抛出异常，直接在该方法中使用 try-catch-finally 语句来捕获异常。主方法无需再考虑异常处理的问题，直接调用该方法即可。

```
class ExceptionHandle1 {
    public int calculate(int a,int b){
        int result=0;
        try {
            result = a/b;                      //0 做除数时会抛出异常
        }catch(ArithmeticException e){
            System.out.println("算术运算异常!");
            e.printStackTrace();
        }
        return result;
    }
}
public class App4_7_1{
    public static void main(String[] args){
        ExceptionHandle1 expHandle = new ExceptionHandle1();
        int result=expHandle. calculate(5,0);
        System.out.println(result);
    }
}
```

（2）calculate()方法声明异常，由主方法来捕获异常。calculate()方法声明异常，主方法调用了 calculate()方法，在主方法中对这个异常进行捕获。将主方法中调用 calculate()方法的语句以及受异常影响的语句放入 try 块中。

```
class ExceptionHandle2 {
    public int calculate(int a,int b) throws ArithmeticException {   //声明异常
        int result=0;
        result=a/b;                                          //0 做除数时会抛出异常
        return result;
    }
}
public class App4_7_2 {
```

```
        public static void main(String[] args) {                          //主方法捕获异常
            ExceptionHandle2 expHandle = new ExceptionHandle2();
            try {
                int result=expHandle. calculate(5,0);                      //调用 calculate()方法
                System. out. println(result);                             //受异常影响
            } catch(ArithmeticException e){
                System.out.println("算术运算异常!");
                e.printStackTrace();
            }
        }
    }
```

（3）calculate()方法声明异常，主方法继续声明异常。calculate()方法和主方法都没有捕获异常，最后将异常对象传给 JVM，由它进行异常处理，终止程序的运行。

```
class ExceptionHandle3 {
    public int calculate(int a,int b) throws ArithmeticException {      //声明异常
        int result=0;
        result=a/b;                                                    //0 做除数时会抛出异常
        return result;
    }
}
public class App4_7_3 {
    public static void main(String[] args) throws ArithmeticException { //声明异常
        ExceptionHandle3 expHandle = new ExceptionHandle3();
        int result=expHandle.calculate(5,0);
        System.out.println(result);
    }
}
```

说 明　以上对同一个程序给出了 3 种不同的异常处理方式，这只是为了说明语法的具体应用。在软件开发中，需要根据实际情况选择合适的异常处理方式。

4.5　Java 异常处理机制及使用原则与建议

4.5.1　Java 异常处理机制

异常处理过程包括异常的抛出和异常的捕获。程序抛出异常时，会生成一个代表该异常的对象，并把它提交给 JVM，这就是异常的抛出过程。抛出异常后，JVM 从生成异常对象的代码开始，沿方法的调用栈逐层回溯来查找与该异常对象相匹配的异常处理代码。首先在抛出异常的方法中查找异常处理代码，也就是与该异常相匹配的 catch 块，如果没找到，则在其调用方法中查找，以此类推，逐级向上查找……如果找到了，就把异常对象传给该方法，执行异常处理代码，这就是异常的捕获。如果一直没有找到异常处理代码，

二维码4-5
视频讲解26

最后 JVM 将捕获它，输出相应的异常信息后，终止程序的运行。

例如，程序中有 4 个方法，ma()方法调用了 mb()方法，mb()方法调用了 mc()方法，mc()方法调用了 md()方法，如图 4-4（a）所示。md()方法可能抛出异常，它声明了这个异常，mc()方法也声明了异常，mb()方法和 ma()方法使用 try-catch 语句来捕获异常。

系统在执行程序时，每执行一个方法，就将该方法的名称放到方法调用堆栈的顶部。首先将 ma()方法放入栈中，再将 mb()、mc()方法放入栈中，在执行 md()方法时，堆栈中就有了 ma、mb、mc 和 md 4 个方法，如图 4-4（b）所示。

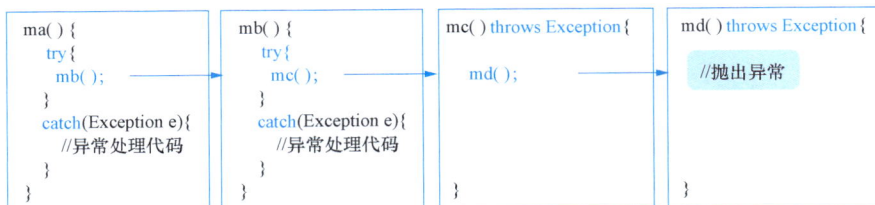

(a) 方法调用示意图

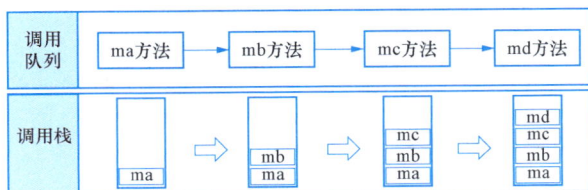

(b) 方法调用堆栈示意图

图 4-4 方法调用

在方法执行过程中抛出异常时，系统将沿着堆栈的顶部向下查找第一个与之匹配的方法。假设 md()方法抛出了异常，生成了一个异常对象，系统首先在 md()方法中查找，但 md()方法只是声明了异常，没有捕获异常的 catch 块，因此，系统将异常对象抛给了 md()方法的调用者——mc()方法。mc()方法同样也是声明了异常，系统继续将异常对象抛给 mb()方法，mb()方法中包含了与异常相匹配的 catch 块，捕获了这个异常，执行异常处理代码，此次异常处理就到此结束了。ma()方法中也包含匹配的 catch 块，但不会被执行，因为抛出的异常对象已经被 mb()方法捕获了。

需要注意的是，方法调用的顺序是 ma()、mb()、mc()、md()，查找异常处理代码的顺序是 md()、mc()、mb()、ma()，与调用顺序相反。

图 4-5 是一个方法逐级调用的示意图。JVM 调用主方法，主方法调用 a()方法，a()方法调用 b()方法……当一个方法抛出异常时，它本身以及它的各个上级调用方法都可以捕获这个异常。只要有一个方法捕获了这个异常，那么异常处理就结束了。

如果所有的方法都选择声明异常，都不去捕获异常，那么最后只能由 JVM 来捕获这个异常，输出相应的异常信息，并终止程序的运行，如图 4-6 所示。但这种做法不提倡，异常应该尽量在程序内部进行处理，而不是抛给 JVM。

图 4-5　方法调用及异常处理示意图 1

图 4-6　方法调用及异常处理示意图 2

4.5.2　异常处理的原则和建议

1. 异常处理不能代替简单的条件判断

异常处理设计的初衷是解决程序运行中的各种意外情况，异常处理需要创建异常对象，从调用栈返回，沿着方法调用链来传播异常以查找异常处理代码，通常需要占用更多的时间和资源，其处理效率比条件判断方式要低得多。因此，那些通过简单判断就能够规避的异常，不应该使用 try-catch 的方式来处理。

例如，在图 4-7（a）的程序段中调用 toString() 方法输出对象 obj 的信息。当 obj 为 null 时会抛出 NullPointerException 异常，这里使用 try-catch 捕获异常，输出异常信息。可以将这段程序改写为图 4-7（b）的形式，首先判断 obj 的值是否为 null，如果不为 null，则输出 obj 的信息，否则输出异常提示信息。

```
try {
    System.out.println(obj.toString());
} catch (NullPointerException e) {
    System.out.println("obj is null");
}
```

```
if (obj != null) {
    System.out.println(obj.toString());
} else {
    System.out.println("obj is null");
}
```

(a) 异常处理方式　　　　　　　　(b) 条件判断方式

图 4-7　异常处理与条件判断两种方式对比

这两种处理方式，运行结果相同，但显然后者更容易理解，效率更高。

2. 运行时异常通常由程序逻辑错误导致，应该首先纠正逻辑错误，而不是进行异常处理

运行时异常多数是由程序设计中的逻辑错误导致，应该首先纠正逻辑错误。改正错误后，不会再抛出异常，也就无需进行异常处理了。

例如，图 4-8（a）中的程序段是输出一个数组元素的值，如果下标 i 超出正常范围，

就会抛出 ArrayIndexOutOfBoundsException 异常，因此使用 try - catch 进行捕获处理。

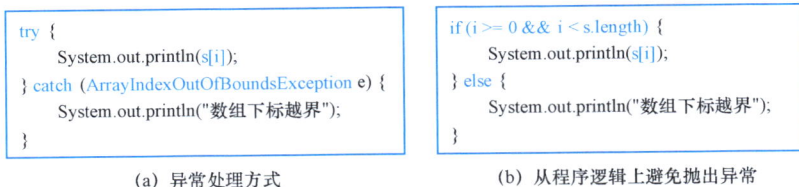

```
try {
    System.out.println(s[i]);
} catch (ArrayIndexOutOfBoundsException e) {
    System.out.println("数组下标越界");
}
```

```
if (i >= 0 && i < s.length) {
    System.out.println(s[i]);
} else {
    System.out.println("数组下标越界");
}
```

(a) 异常处理方式　　　　　　　　　　　　(b) 从程序逻辑上避免抛出异常

图 4 - 8　运行时异常的处理方式对比

实际上，可以先判断 i 的值是否在正常范围内，再决定后续的操作，这样就不会抛出异常，也就无需进行异常处理了，如图 4 - 8（b）所示。

需要说明的是，在 4.3 节、4.4 节中给出的示例程序，有些是对运行时异常进行了捕获或声明，这仅仅是为了讲解方便的考虑，在实际的软件开发中应该首先考虑修改逻辑错误，或者使用条件判断来代替异常处理，当然如果确实需要使用异常处理，也是可以的。

3. 有继承关系的两个类对异常处理的使用有限制

如果子类覆盖了超类中的方法，子类方法只能抛出与超类方法相同的异常或其子类的异常，即不能抛出新的异常。

在阿里巴巴技术团队编写的《Java 开发手册》中给出了关于异常处理的原则和建议，部分内容如下：

（1）捕获异常是为了处理它，不要捕获了却什么都不处理而抛弃之，如果不想处理它，请将该异常抛给它的调用者。

（2）最外层的业务使用者，必须处理异常，将其转化为用户可以理解的内容。

（3）异常捕获时，应该尽可能区分异常类型，做出分门别类的判断，提示给用户。

准确的异常描述比笼统的异常描述更有利于用户做出判断。例如，在用户注册的场景中，可能的错误有用户输入了非法字符、用户名称已存在、设置的密码过于简单等，在程序中应该分类处理，并提示给用户。

更多的关于异常处理的使用指导请参看相关资料。

4.6　人 为 抛 出 异 常

前面介绍的异常处理示例，都是在程序运行过程中，出现意外情况无法正常执行，然后由系统抛出异常对象。但在有些情况下，虽然程序还可以执行，但已经不满足应用问题的要求，这时也应该视作有异常抛出。例如，下面的程序段：

```
int score;
Scanner sc =new Scanner(System.in);
score = sc.nextInt();
System.out.println("成绩是" + score + "分");
```

分析这个程序段可能抛出的异常，由于 score 是 int 类型，如果输入其他类型的数据，就会抛出 InputMismatchException 异常。现在来处理这个异常，进行异常的捕获：

二维码4-6
视频讲解27

```
int score;
Scanner sc =new Scanner(System.in);
try{
    score=sc.nextInt();
    System.out.println("成绩是"+ score + "分");
}catch(InputMismatchException e) {
    System.out.println("输入的数据类型不匹配");
    e. printStackTrace();
}
```

除此以外，还有其他异常吗？当执行语句 score=sc.nextInt(); 时，只要输入的是整数就不会抛出异常，即使输入负整数也是如此。但是对于成绩来说，负数就是错误的数据。此时，对于应用问题而言已经是异常的情况，需要抛出异常，但系统却认为是正常的，不会抛出异常，那么就需要人为抛出异常。人为抛出异常的格式为：

throw 异常对象;

抛出的异常对象一般是 Exception 类或其子类的对象。例如：创建并抛出一个 IOException 对象：

```
IOException e =new IOException();
throw e;
```

或者

```
throw new IOException();
```

第二种形式更简洁，更常用。

【例 4 - 8】 修改输入成绩的代码，当输入的成绩为负数时人为抛出异常。

分析 人为抛出异常时，需要确定抛出哪个异常类的对象，应该找一个与这种情况最相符的异常类。目前的异常是输入的数据不在有效范围内，但在已有的异常类中，并没有完全相符的异常类，因此选择含义相近的 IOException 类。

```
import java.io.IOException;
import java.util. * ;
public class App4_8{
    public static void main(String[] args){
        int score;
        Scanner sc =new Scanner(System.in);
        try {
            score =sc.nextInt();
            if(score<0)
                throw new IOException();              //人为抛出异常
            System.out.println("成绩是"+ score + "分");
        } catch(InputMismatchException e){
            System.out.println("输入的数据类型不匹配!");
            e.printStackTrace();
```

```
        } catch(IOException e){                          //捕获人为抛出的异常
            System.out.println("输入的数据应该大于等于 0!");
            e.printStackTrace();
        } finally {
            System.out.println("程序结束");
        }
    }
}
```

程序运行时，如果输入的成绩是负数，则抛出 IOException 对象。该异常对象虽然是人为抛出的，但是它的处理方式与系统抛出的异常的处理方式相同，可以捕获异常，也可以声明异常。这里增加了一个 catch 块来捕获 IOException 异常，输出异常提示信息。

综上可知，异常可以由系统抛出，也可以根据需要人为抛出，这两种异常的处理方式相同。另外，人为抛出异常时可能找不到与之匹配的标准异常类，这时可以自定义异常类。

4.7 自定义异常类

系统定义的异常类主要用来表示系统可以预见的、较常见的运行问题。应用程序所特有的运行问题需要编程人员根据程序逻辑自行定义异常类，并适时抛出该异常类的对象。用户自定义异常类继承 Throwable 或 Exception 类，也可以根据需要继承 Exception 类的子类。自定义异常类的一般形式为：

```
class MyException   extends  Exception {
    ...
}
```

在自定义异常类中，可以根据需要覆盖超类的方法，也可以增加新的属性和方法，使其能够体现相应的异常信息。由于构造方法不能继承，因此自定义异常类一般需要定义自己的构造方法，在构造方法中可以调用超类（如 Exception 类）的构造方法。

［例 4-8］中，人为抛出异常的类型是 IOException，这与实际的异常情况不是很相符，可以定义一个新的异常类来表示这种异常。异常类的定义为：

二维码4-7
视频讲解28

```
class OutOfRangeException extends Exception {
    OutOfRangeException(){
        super("数值不在正常范围内");      //调用超类 Exception 类的构造方法
    }
}
```

自定义异常类 OutOfRangeException 表示数据不在正常范围内的异常，它继承了 Exception 类，在构造方法中调用了超类的构造方法，异常信息是"数值不在正常范围内"。

由于自定义异常类是编程人员自己定义的异常类，因此系统不会检测并抛出自定义异常类的对象，需要在适当的时候使用 throw 语句来人为抛出。处理这种异常时，可以采用

try - catch - finally 语句来捕获异常，也可以使用 throws 来声明异常。

【例 4 - 9】 自定义异常类示例。对〔例 4 - 8〕中的程序进行修改，当输入的整数不在正常范围内时，抛出 OutOfRangeException 异常。

```java
import java.util.*;
public class App4_9 {
    public static void main(String[] args) {
        int score;
        Scanner sc=new Scanner(System.in);
        try {
            score = sc.nextInt();
            if(score<0)
                throw new OutOfRangeException();    //人为抛出自定义异常
            System.out.println("成绩是"+ score +"分");
        } catch(InputMismatchException e){
            System.out.println("输入的数据类型不匹配");
            e.printStackTrace();
        } catch(OutOfRangeException e){              //捕获自定义异常
            e.printStackTrace();
        } catch(Exception e){
            e.printStackTrace();
        } finally {
            System.out.println("程序结束");
        }
    }
}
```

说 明 程序运行时，如果输入的数据是负数，会抛出自定义异常 OutOfRangeException 对象，需要增加一个 catch 块来捕获这种异常，在 catch 块中调用 printStackTrace () 方法输出异常信息。

为了让程序鲁棒性更强，再增加一个能够捕获所有异常（Exception）的 catch 块。那么这个程序的异常处理就比较完整了。

【例 4 - 10】 自定义异常类示例。定义银行账户类，包含存钱、取钱等方法，若取款额大于余额则抛出异常，取款失败时要输出账户余额以及取款额。

分 析 程序包含 3 个类：账户类、自定义异常类（余额不足）和主类。账户类只有一个成员变量（账户余额），成员方法有存钱、取钱和获取余额。在取钱方法中如果余额不足则人为抛出异常，该方法或者捕获，或者声明，这里选择声明异常。在自定义异常类中要获取账户信息，需要接收账户对象以及取款额，因此要定义两个成员变量。主类中调用账户类的存钱、取钱等方法，调用取钱方法时要检查并捕获异常。

```java
class InsufficientFundsException extends Exception {      //自定义异常类
    private Account account;                              //账号
```

```
        private double dAmount;                              //取款金额
        InsufficientFundsException(){                        //构造方法参数为空
        }
        InsufficientFundsException(Account account,double dAmount){//带参数的构造方法
            this.account=account;
            this.dAmount=dAmount;
        }
        public String getMessage(){                          //覆盖超类的方法
            String str = "账户余额:"+ account. getbalance() + ",  取款额:"+ dAmount +
                    ", 余额不足";
            return str;
        }
}
class Account {                                              //账户类
    private double balance;                                  //账户余额
    public void deposite(double dAmount){                    //存钱
        if(dAmount>0.0)
            balance +=dAmount;
    }
    public void withdrawal(double dAmount) throws InsufficientFundsException {//取钱
        if(balance<dAmount){
            throw new InsufficientFundsException(this,dAmount); //人为抛出异常
        }
        balance = balance-dAmount;
        System.out.println("取款成功! 账户余额为"+ balance);
    }
    public double getbalance() {                             //获取账户余额
        return balance;
    }
}
public class App4_10 {
    public static void main(String args[]){
        try {
            Account account = new Account();                 //创建账户对象
            account.deposite(1000);                          //存钱
            account.withdrawal(2000);                        //取钱
        } catch(InsufficientFundsException e){
            System.out.println(e.getMessage());              //输出异常信息
        }
    }
}
```

程序运行结果为:

账户余额：1000.0，取款额：2000.0，余额不足

本 章 配 套 资 源

二维码4-8
第4章思维
导图

二维码4-9
第4章示例
代码汇总

二维码4-10
第4章习题

第5章

基于Swing的图形用户界面设计

人机交互是人与计算机等设备之间进行信息交换的过程。图形用户界面美观易用，是目前使用最广泛的人机交互方式之一，也是本章将要学习的内容。近年来，人机交互越来越重视交互的自然性，更加符合人的认知习惯，人们可以通过语音、手势、触摸、眼动、脑电等更自然的方式与计算机进行互动。虽然自然人机交互方式已经取得了很多研究成果，为人们的工作和生活提供了便利，为残障人士带来了福音，但尚有许多难题亟待破解，需要我们持续不懈地深入研究与探索。

本章目标

- 掌握创建及设置组件的一般方法；掌握常用布局管理器的特点及适用情况。
- 理解委托事件处理模型，了解常用事件对应的监听器接口、适配器类。
- 能够根据要求编写程序，创建易于交互的图形用户界面。
- 能够应用多种方式进行图形用户界面的事件处理，并根据需要选择恰当的方式。

5.1 Java 图形用户界面基础

二维码5-1
视频讲解29

5.1.1 图形用户界面的组成

图形用户界面（Graphics User Interface，GUI）是用户与应用程序之间进行交互的图形化操作界面，具有直观、便捷、易用的优点，是应用程序不可缺少的组成部分。Java 图形用户界面由组件（Component）构成，包括框架、对话框、面板、标签、按钮、文本框、密码框、单选按钮、复选框等，如图 5-1 所示。

有些组件中可以容纳其他组件，例如框架和对话框，称为容器类组件，简称容器（Container）。有些组件不能容纳其他组件，称为原子组件，简称组件，例如文本框，按钮等。容器分为顶层容器和中间层容器两种。顶层容器不能被包含在其他容器中，如框架，Java 图形用户界面必须包含至少一个顶层容器。

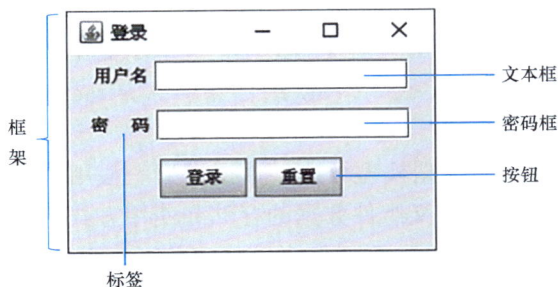

图 5-1 图形用户界面示例

中间层容器可以容纳其他组件，但不能独立存在，需要将其添加到其他容器中，如面板。

Java 语言为图形用户界面的创建提供了强大的支持，基础类库 JFC 是开发 GUI 程序的 API，它包括 AWT、Swing、Java 2D、Drag&Drop 和 Accessibility。下面重点介绍 AWT 和 Swing。

5.1.2　AWT 概述

AWT（Abstract Window ToolKit，抽象窗口工具包）是 Java 早期创建图形用户界面的基本工具，包含组件、容器、布局管理器、图形（Graphics）、字体（Font）、事件处理等。AWT 由 java.awt 包及其子包提供支持，其层次结构如图 5-2 所示。

AWT 提供了一系列的图形界面组件，如 Frame，Panel，Button 等。这些组件都是通过调用本地系统的 GUI 对象来实现的，在不同的平台上可能呈现不同的外观，被称为重量级组件，不符合 Java 语言"平台无关性"的要求，因此 AWT 组件目前较少使用。布局管理器负责安排和管理组件在容器中的位置和大小，AWT 提供了多种布局管理器供使用。事件处理主要负责对发生在组件上的操作做出响应。此外，AWT 还提供图形绘制，以及字体设置等功能。

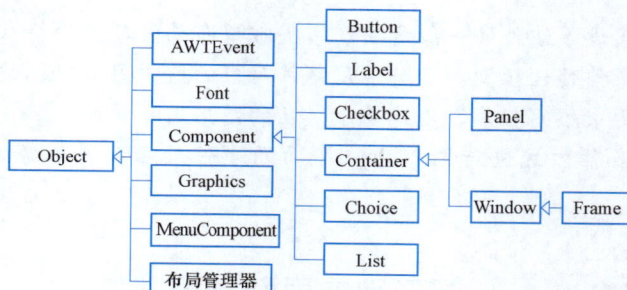

图 5-2　java.awt 包的层次结构

5.1.3　Swing 概述

Swing 对 AWT 进行了改进和扩展，提供了比 AWT 更为丰富的组件，而且这些组件都是用纯 Java 代码实现的，没有调用本地的 GUI 对象，因此采用 Swing 创建的图形用户界面在不同平台上外观一致。Swing 具有以下特点：

（1）Swing 组件类都是 AWT 中的 Component 类的直接或间接子类。AWT 组件在 Swing 中都有对应的组件，在此基础上 Swing 还进行了大幅度的扩充，提供了更丰富、更便于使用的组件。Swing 组件的层次结构如图 5-3 所示，Swing 组件除了 AbstractButton 类之外都以字母 J 开头。

（2）Swing 采用改进的 MVC 模式，将组件与数据模型分离，数据模型一般用来存储组件的状态或数据。这种分离使程序员能够灵活地定义组件数据的存储和使用方式，方便组件之间的数据和状态的共享。尽管 Swing 组件采用了复杂的设计思想，但却很容易使用。

（3）Swing 组件可以呈现多种外观风格，例如在 Windows 系统中可以呈现 Java 本身的风格、Windows 风格或 Unix 系统的 Motif 风格等，可根据用户习惯设定。

Swing 由 javax.swing 包及其子包提供支持，比较常用的包有：

（1）javax.swing：几乎包含了所有的 Swing 组件；

（2）javax.swing.event：包含 Swing 新增的事件类、适配器类和监听器接口；

（3）javax.swing.table：包含表格组件 JTable 的相关类和接口；

（4）javax.swing.tree：包含树组件 JTree 的相关类和接口；

（5）javax.swing.border：包含设置组件边框的类和接口。

Swing 已经成为 Java 最常用的 GUI 技术，不过 Swing 是建立在 AWT 基础上的，依然沿用 AWT 的事件处理机制以及布局管理器等。

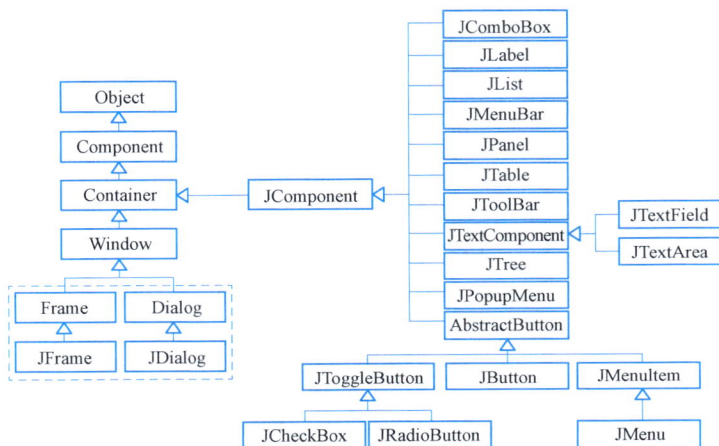

图 5 - 3　Swing 组件的层次结构

5.1.4　创建图形用户界面的步骤

基于 Swing 技术创建图形用户界面程序的具体步骤为：

（1）选择 GUI 的外观风格：可根据需要设置 GUI 的外观风格，模拟各种操作系统的外观和感觉。默认是 Java 提供的跨平台的外观风格。

（2）创建容器和组件：首先创建容器或组件对象，然后进行必要的设置。

（3）设置容器的布局管理器：根据布局要求为容器设置适当的布局管理器。

（4）将组件添加到容器中：简单的界面只需将组件添加到顶层容器中，复杂的界面往往需要将组件添加到中间层容器，再将中间层容器添加到顶层容器中。

（5）事件处理：以上步骤创建了静态的用户界面，如果要响应用户的请求，就需要进行事件处理。

5.2　常用的容器与组件

常用的顶层容器有框架 JFrame 和对话框 JDialog，每个应用程序至少有一个框架窗口。常用的中间层容器有面板 JPanel、滚动面板 JScrollPane、工具栏 JToolBar 等。向容器中添加组件要调用容器的 add() 方法，移除已有的组件要调用容器的 remove() 方法。常

二维码5-2
视频讲解30

用的组件有 JButton、JLabel、JTextField、JRadioButton 和 JCheckBox 等，这些组件一部分在本节介绍，一部分将在后面内容中介绍。组件的成员方法有些是继承而来，但为了阅读方便，这些方法仍然会在组件中介绍。

5.2.1 框架 JFrame

框架（JFrame）是最常用的组件之一，属于顶层容器，用于在 Swing 程序中创建顶层窗口，如图 5-4（a）所示。JFrame 的内部结构较复杂，含若干层，如图 5-4（b）所示。

（1）顶层容器（JFrame）：是一个窗口容器，可加入其他窗口对象。

（2）根面板（RootPane）：位于 JFrame 最内层，供 JFrame 在后台使用。

（3）分层面板（Layered Pane）：加入分层面板的组件可以设置其图层层次，分层面板主要用于管理菜单栏和内容面板，如果没有菜单栏，内容面板会充满整个顶层容器。

（4）内容面板（Content Pane）：是 Container 类的对象，默认布局管理器是 BorderLayout，一般情况下组件都添加到内容面板中。

（5）玻璃面板（Glass Pane）：位于 JFrame 的最上层，完全透明，默认是隐藏的。

其中，根面板、分层面板和玻璃面板一般不直接使用。

(a) JFrame窗口   (b) JFrame内部结构

图 5-4　JFrame 示例及其层次结构示意图

JFrame 类常用的构造方法和成员方法见表 5-1。

表 5-1　　　　　　　　　　JFrame 类常用的构造方法和成员方法

方法原型	说明
public JFrame()	构造方法，创建一个初始不可见的、无标题的框架
public JFrame(String title)	构造方法，创建一个初始不可见的、具有指定标题的框架
public Container getContentPane()	返回框架的内容面板对象
public void setSize(int width, int height)	设置组件的大小，宽为 width，高为 height，单位是像素
public void setVisible(boolean b)	设置框架是否可见，参数 b 为 true 可见，为 false 时隐藏

续表

方法原型	说明
public void setResizable(boolean resizable)	设置框架是否可由用户调整大小
public void setLayout(LayoutManager manager)	设置框架的布局管理器
public void add(Component comp,Object constraints)	将指定的组件添加到容器中
public void remove(Component comp)	从容器中移除指定组件
public void setDefaultCloseOperation(int operation)	设置关闭框架时的操作，参数为 JFrame.EXIT_ON_CLOSE 时退出应用程序
public void setLocationRelativeTo(Component c)	参数 c 为 null 时，框架置于屏幕中央

使用框架 JFrame 时，应注意以下几点：

（1）框架的宽和高默认为 0，需要调用 setSize() 方法设置框架的大小。

（2）框架默认是不可见的，需要调用 setVisible() 方法将其设为可见。

（3）默认情况下，当用户关闭框架时，该框架会隐藏起来，但程序不会终止，如果要终止程序，可调用 setDefaultCloseOperation() 方法进行设置。

【例 5 - 1】　创建框架，显示在屏幕中央，宽 300，高 200，不允许改变大小，关闭框架时程序结束。

```java
import javax.swing. * ;
public class App5_1{
    public static void main(String[] args) throws Exception {
        JFrame frame = new JFrame("第一个 Java 窗口");        //创建框架
        frame.setSize (300,200);                            //设置框架大小
        frame.setResizable(false);                          //设置不能改变框架大小
        frame.setLocationRelativeTo(null);                  //框架居中
        frame.setVisible (true);                            //设置框架可见性
        frame.setDefaultCloseOperation(JFrame.EXIT_ON_CLOSE); //关闭框架程序结束
    }
}
```

程序运行结果如图 5-5 所示。

图 5 - 5　JFrame 示例

119

> 🧑 **提 示**
>
> 框架的创建过程同样适用于其他组件，即首先调用构造方法创建组件对象，然后调用成员方法对组件进行必要的设置。

框架作为容器，可向框架中添加组件。由于向框架添加组件时，是将组件添加到其内容面板中，所以首先要调用 getContentPane()方法获得框架的内容面板，再调用 add()方法添加组件，格式为：

```
frame.getContentPane().add(childComponent);
```

为方便使用，在 Java 5 之后的版本中，可直接对框架添加组件，实际上也是添加到了内容面板中，格式为：

```
frame.add(childComponent);
```

5.2.2　面板 JPanel

面板（JPanel）是中间层容器，可以容纳其他组件，但不能独立存在，必须将其添加到框架或其他容器中。JPanel 类常用的构造方法和成员方法见表 5 - 2。

表 5 - 2　　　　　　　　　　JPanel 类常用的构造方法和成员方法

方法原型	说明
public JPanel()	构造方法，创建具有流式布局管理器的面板
public JPanel(LayoutManager layout)	构造方法，创建具有指定布局管理器的面板
public void setSize(int width, int height)	设置组件的大小，使其宽度为 width，高度为 height，单位是像素
public void setBorder(Border border)	设置组件的边框
public void setBackground(Color bg)	设置组件的背景色
public void setForeground(Color fg)	设置组件的前景色

【例 5 - 2】　创建一个 JPanel 面板，背景色为蓝色，将其添加到 JFrame 框架中。

```
import java.awt.Color;
importjavax.swing. * ;
public class App5_2{
    public static void main(String[] args)throws Exception{
        JFrame frame = new JFrame("JPanel 示例");
        frame.setSize(300,200);
        frame.setLayout(null);                //将 frame 的布局管理器设为 null
        JPanel panel = new JPanel();          //创建面板
        panel.setSize(150,100);               //设置面板的宽和高
        panel.setBackground(Color.BLUE);      //设置面板的背景色
        frame.add(panel);                     //将面板添加到 frame 中
        frame.setVisible(true);
```

```
        frame.setDefaultCloseOperation(JFrame.EXIT_ON_CLOSE);
    }
}
```

程序运行结果如图 5 - 6 所示。

说明 语句 frame.setLayout(null); 将 frame 的布局管理器设为 null，这时可自行设置 frame 中组件的位置和大小。创建面板对象 panel，调用 setSize()方法设置 panel 的宽和高，再将 panel 的背景色设为蓝色，蓝色用 Color 类的静态变量 Color.BLUE 来表示。语句 frame.add(panel)；将面板添加到 frame 中。设置 frame 可见性的语句 frame.setVisible(true); 建议放在添加组件语句的后面，这样在运行程序时，就可以看到所有组件，否则只能看到在语句 frame.setVisible(true); 之前添加的组件，当然通过改变框架大小或者最小化框架再还原就可以看到所有组件了。

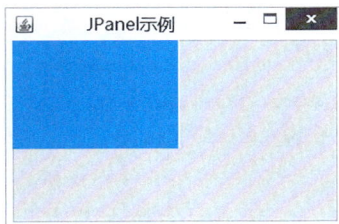

图 5 - 6   JPanel 示例

5.2.3　按钮 JButton

按钮（JButton）是最常用的组件之一，按钮上可以显示文本或图标，JButton 类常用的构造方法见表 5 - 3。

表 5 - 3   JButton 类常用的构造方法

方法原型	说明
public JButton()	创建不带有文本或图标的按钮
public JButton(String text)	创建文本按钮
public JButton(Icon icon)	创建图标按钮
public JButton(String text，Icon icon)	创建带文本和图标的按钮

（1）创建文本按钮。

```
JButton button = new JButton("确定");
```

（2）创建图标按钮。

创建带图标的按钮，需要用到 ImageIcon 类，该类的一个构造方法的原型为：

```
public ImageIcon(String filename)
```

其中的参数 filename 为图像文件名，表示根据指定的文件创建一个 ImageIcon 对象。一般还要设置图标对象的大小，最后以图标对象为参数创建按钮对象。

```
ImageIcon icon =new ImageIcon("pict.jpg");        //创建 ImageIcon 对象
icon.setImage(icon.getImage().getScaledInstance(40,20,Image.SCALE_DEFAULT));
JButton button =new JButton(icon);                //创建图标按钮
```

（3）创建带文本和图标的按钮。

```
JButton button = new JButton("确定",icon);        //创建带文本和图标的按钮
```

【例 5 - 3】 创建两个按钮，分别显示"确定"和"取消"，并添加到框架中。

分析 需要创建一个框架和两个按钮，并将两个按钮添加到框架中去，为了使按钮在框架中显示的效果更好，需要设置框架的布局管理器为流式布局管理器，这样设置之后，将按照添加的顺序来显示按钮，同时按钮的外观是最合适的。关于布局管理器的使用将在下一节详细介绍。

```java
import java.awt.FlowLayout;
import javax.swing. * ;
public class App5_3 {
    public static void main(String[] args) throws Exception {
        JFrame frame=new JFrame("JButton 示例");
        frame. setSize(300,200);
        JButton buttonOK,buttonCancel;                          //声明按钮对象
        buttonOK = new JButton("确定");                         //创建按钮
        buttonCancel = new JButton("取消");
        frame.getContentPane().setLayout(new FlowLayout());    //设为流式布局管理器
        frame.add(buttonOK);                                    //添加按钮到 frame 中
        frame.add(buttonCancel);
        frame.setVisible(true);
        frame.setDefaultCloseOperation(JFrame.EXIT_ON_CLOSE);
    }
}
```

程序运行结果如图 5 - 7 所示。

图 5 - 7　JButton 示例

5.2.4　标签 JLabel

标签（JLabel）一般用来显示文本或图像，JLabel 类常用的构造方法和成员方法见表 5 - 4。

表 5 - 4　　　　　　　　　　　　JLabel 类常用的构造方法和成员方法

方法原型	说明
public JLabel()	构造方法，创建空的标签
public JLabel(String text)	构造方法，创建标签，显示指定文本
public JLabel(Icon image)	构造方法，创建标签，显示指定图标
public void setText(String text)	设置标签要显示的文本
public void setIcon(Icon icon)	设置标签要显示的图标

例如，创建文本标签：

```
JLabel label = new JLabel("确实要删除吗?");
```

创建图标标签时，首先以图像文件名为参数创建 ImageIcon 对象，然后以该对象为参数创建标签。

```
ImageIcon icon = new ImageIcon("pict. jpg");    //创建 ImageIcon 对象
JLabel label = new JLabel(icon);                //创建显示图片的标签
```

5.2.5　文本框 JTextField

文本框（JTextField）是一个单行条形文本区，一般用来接收输入数据，也可以显示结果。JTextField 类常用的构造方法和成员方法见表 5-5。

表 5-5　　　　　　　　　　　　　**JTextField 类常用的构造方法和成员方法**

方法原型	说明
public JTextField()	构造方法，创建空的文本框
public JTextField(int columns)	构造方法，创建具有指定列数的文本框
public JTextField(String text)	构造方法，创建具有初始文本的文本框
public void setText(String s)	设置文本框中的文本
public String getText()	获取文本框中的文本

创建文本框示例如下：

```
JTextField textField1 = new JTextField();           //创建初始为空的文本框
JTextField textField2 = new JTextField(20);         //创建列数为 20 的文本框
JTextField textField3 = new JTextField("请输入姓名");  //创建文本框,显示初始文本
```

5.2.6　密码框 JPasswordField

密码框（JPasswordField）一般用于输入密码，不显示输入的字符本身，用回显符代替。JPasswordField 类是 JTextField 类的子类，其常用的构造方法和成员方法见表 5-6。

表 5-6　　　　　　　　　　　**JPasswordField 类常用的构造方法和成员方法**

方法原型	说明
public JPasswordField()	构造方法，创建空密码框
public JPasswordField(int columns)	构造方法，创建具有指定列数的密码框
public JPasswordField(String text)	构造方法，创建具有初始文本的密码框
public char getEchoChar()	返回密码框的回显字符
public void setEchoChar(char c)	设置密码框的回显字符，默认是 "."
public char[] getPassword()	返回密码框中的文本，返回值是字符数组

注意，获取用户输入的数据（通常是密码）使用 getPassword()方法，其返回值是字符数组，若要将字符数组转换为字符串，可使用 String 类的构造方法：

```
new String(password. getPassword())
```

【例 5 - 4】 创建用户登录窗口，如图 5 - 8 所示。

分 析　界面上包含 7 个组件：一个框架、两个标签、一个文本框、一个密码框和两个按钮。前面的例题程序比较简单，直接在主方法中创建组件。对于比较复杂的界面，最好定义一个界面类，各个组件作为界面类的成员变量，然后在构造方法中创建这些组件并组装成完整的界面。

```java
import java.awt. * ;
import javax.swing. * ;
class LoginGUI {
    //声明各个组件
    private JFrame frame;
    private JLabel labelUserName,labelPassword;
    private JTextField textFieldUserName;
    private JPasswordField passwordField;
    private JButton buttonLogin,buttonReset;
    LoginGUI(String title){                                    //构造方法
        frame = new JFrame(title);                             //创建并设置组件
        frame.setSize(200,150);
        labelUserName = new JLabel("用户名");
        labelPassword =new JLabel("密　码");
        textFieldUserName =new JTextField(10);
        passwordField=new JPasswordField(10);
        buttonLogin =new JButton("登录");
        buttonReset =new JButton("重置");
        frame. getContentPane(). setLayout(new FlowLayout());   //设置布局管理器
        frame. add(labelUserName);                             //添加组件
        frame.add(textFieldUserName);
        frame.add(labelPassword);
        frame.add(passwordField);
        frame.add(buttonLogin);
        frame.add(buttonReset);
        frame.setVisible(true);
        frame.setDefaultCloseOperation(JFrame. EXIT_ON_CLOSE);
    }
}
public class App5_4 {
    public static void main(String[] args){
        new LoginGUI("登录");
    }
}
```

程序运行结果如图 5 - 8 所示。

图 5 - 8 登录窗口

5.2.7 文本区 JTextArea

文本区（JTextArea）也称为多行文本框，可以输入或输出多行文本。JTextArea 类常用的构造方法和成员方法如表 5 - 7 所示。

表 5 - 7　　　　　　　　　**JTextArea 类常用的构造方法和成员方法**

方法原型	说明
public JTextArea()	构造方法，创建一个空的文本区
public JTextArea(int rows, int columns)	构造方法，创建具有指定行数和列数的文本区
public JTextArea(String text)	构造方法，创建文本区，显示指定文本
public void append(String str)	将文本 str 追加到文本区的末尾
public void setText(String s)	设置文本区中的文本
public String getText()	获取文本区中的文本
public void setLineWrap(boolean wrap)	设置文本区的换行策略，wrap 为 true 时自动换行，为 false 时不会自动换行，默认为 false

（1）设置文本区的换行方式。

```
textArea.setLineWrap(true);            //当文本超出文本区的宽度时会自动换行
```

（2）当输入的文本超出文本区的行数或列数时，文本区会自动增加行数或列数，如果不希望这样，可将文本区放入滚动面板，并设置要显示的行数。

以上两点一般同时应用，具体代码为：

```
JTextArea textArea = new JTextArea(5,15);            //创建文本区
textArea.setLineWrap(true);                          //设置成自动换行方式
JScrollPane scrollPane = new JScrollPane(textArea);  //将文本区放入滚动面板
frame.add(scrollPane);                               //将滚动面板添加到框架中
```

这样设置以后，当文本区中的内容超出范围时，会自动出现滚动条，如图 5 - 9 所示。注意，是将滚动面板 scrollPane 添加到容器中，如果将文本区直接添加到容器中（frame.add(textArea);），那么即使输入的内容超出范围，也不会出现滚动条。

5.2.8 其他组件

图 5 - 10 展示了常用的 Swing 组件。部分组件在前文已做介绍，还有一些组件详见扩

展资源5。通常，创建这些组件的步骤相似，首先通过构造方法实例化组件，然后通过调用其成员方法进行必要的设置。

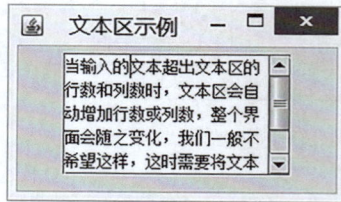

二维码5-3
扩展资源5

图5-9　JTextArea 示例

组件	外观	组件类	组件	外观	组件类
标签	姓名	JLabel	文本区	Java语言是一种面向对象的语言。	JTextArea
文本框		JTextField	列表框	自动化类计算机类电气类能源动力类	JList
密码框	••••••	JPasswordField			
单选按钮	◉男 ○女	JRadioButton	面板		JPanel
复选框	☑文艺 ☑体育	JCheckBox			
组合框	计算机 ▼	JComboBox	表格		JTable
滑动块		JSlider			
微调器	0	JSpinner	树	JTree colors blue	JTree
进度条		JProgressBar			
工具栏	工具栏	JToolBar			
下拉式菜单	文件 编辑 打开 关闭	JMenuBar,Jmenu, JMenuItem	弹出式菜单	剪切 复制 粘贴	JPopupMenu

图5-10　常用组件

二维码5-4
视频讲解31

5.3　布　局　管　理　器

5.3.1　布局管理器概述

所谓布局，就是确定各组件在容器中的大小以及摆放的位置。Java语言为了支持跨平台并实现动态布局，采用布局管理器来管理组件的布局问题，并在容器大小改变时能够动态调整组件的布局。

常用的布局管理器有：

（1）FlowLayout：流式布局管理器，是 JPanel 的缺省布局管理器。

（2）BorderLayout：边界布局管理器，是 JFrame 和 JDialog 的缺省布局管理器。

（3）GridLayout：网格布局管理器。

（4）GridBagLayout：网格组布局管理器。

（5）CardLayout：卡片布局管理器。

容器有缺省的布局管理器。如果需要，可以调用容器的 setLayout()方法设置新的布局管理器。下面分别介绍 FlowLayout、BorderLayout、GridLayout 布局管理器的使用，

126

这 3 个布局管理器类都在 java.awt 包中。

5.3.2　流式布局管理器 FlowLayout

FlowLayout 的布局策略是以最佳尺寸显示组件,并按照组件加入容器的先后顺序从左到右排列组件,一行排满之后自动转入下一行继续排列。每行组件默认居中对齐,组件之间的水平间距和垂直间距默认是 5 个像素,如图 5-11 (a) 所示。

当容器的大小改变时,各组件的大小不变,但相对位置可能改变,如图 5-11 (b) 所示。FlowLayout 类常用的构造方法和成员方法见表 5-8。

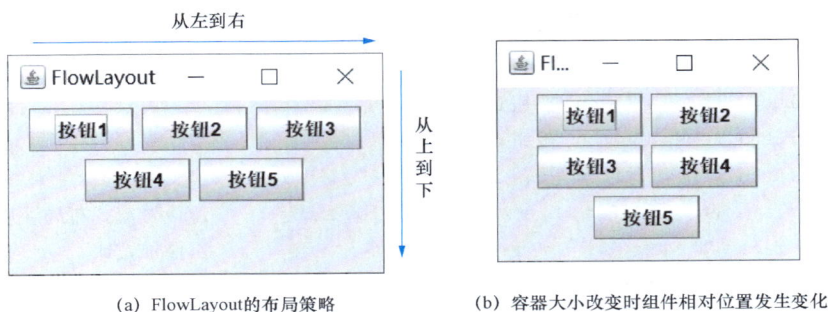

(a) FlowLayout的布局策略　　　　(b) 容器大小改变时组件相对位置发生变化

图 5-11　FlowLayout 布局管理器

表 5-8　　　　　　　　　**FlowLayout 类常用的构造方法和成员方法**

方法原型	说明
public FlowLayout()	构造方法,创建流式布局管理器
public FlowLayout(int align)	构造方法,创建具有指定对齐方式的流式布局管理器,align 的取值包括 FlowLayout. LEFT、FlowLayout.RIGHT、FlowLayout. CEN-TER (默认)
public FlowLayout(int align,int hgap,int vgap)	构造方法,创建流式布局管理器,具有指定的对齐方式以及指定的水平间距和垂直间距
public void setAlignment(int align)	设置对齐方式
public void setHgap(int hgap)	设置组件之间以及组件与容器的边缘之间的水平间距
public void setVgap(int vgap)	设置组件之间以及组件与容器的边缘之间的垂直间距

例如,为框架设置 FlowLayout 布局管理器:

```
FlowLayout flow = new FlowLayout();
frame.setLayout(flow);
```

上面的语句可以简化成:

```
frame.setLayout(new FlowLayout());
```

再如,为框架设置组件左对齐的 FlowLayout 布局管理器:

```
frame.setLayout(new FlowLayout(FlowLayout.LEFT));
```

【例 5 - 5】 流式布局管理器应用示例，创建如图 5 - 11 所示的窗口。

```
import java.awt. * ;
import javax.swing. * ;
class FlowLayoutDemo {
    private JFrame frame;
    private JButton button1,button2,button3,button4,button5;
    public FlowLayoutDemo(String title){
        frame=new JFrame(title);
        frame.setSize(240,150);
        button1=new JButton("按钮 1");
        button2=new JButton("按钮 2");
        button3=new JButton("按钮 3");
        button4=new JButton("按钮 4");
        button5=new JButton("按钮 5");
        frame.getContentPane().setLayout(new FlowLayout());    //设置流式布局管理器
        frame.add(button1);                                     //添加按钮
        frame.add(button2);
        frame.add(button3);
        frame.add(button4);
        frame.add(button5);
        frame.setVisible(true);
        frame.setDefaultCloseOperation(JFrame.EXIT_ON_CLOSE);
    }
}
public class App5_5 {
    public static void main(String[] args) {
        new FlowLayoutDemo("FlowLayout");
    }
}
```

FlowLayout 布局管理器自动采用组件的最佳尺寸，组件比较美观，但改变容器大小时，组件的相对位置会发生变化。

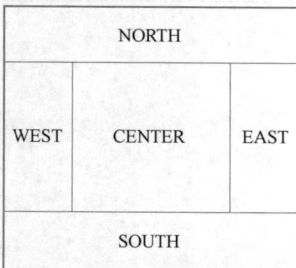

图 5 - 12　BorderLayout 的区域划分

5.3.3　边界布局管理器 BorderLayout

边界布局管理器 BorderLayout 将容器分为 EAST（东区）、WEST（西区）、SOUTH（南区）、NORTH（北区）和 CENTER（中心区）五个区域，如图 5 - 12 所示。这五个区域都可以放置组件，缺省的区域是 CENTER。

将组件放入某个区域后，它自动铺满整个区域，如图 5 - 13（a）所示。若东区、西区、南区或北区未放置组件，这些区域不会保留，如图 5 - 13（b）所示；若中心区未放置组件，中心区依然保留，如图 5 - 13（c）所示。这样一来，边界布局的区

128

域数量可以是 1～5 个，使用起来更加灵活。

(a) 五个区都放置组件   (b) 东区和北区未放置组件   (c) 中心区未放置组件

图 5 - 13   BorderLayout 布局管理器各区域的显示规则

BorderLayout 类常用的构造方法和成员方法见表 5 - 9。

表 5 - 9   **BorderLayout 类常用的构造方法和成员方法**

方法原型	说明
public BorderLayout()	构造方法，创建边界布局管理器，组件之间间距为 0
public BorderLayout(int hgap,int vgap)	构造方法，创建具有指定组件间距的边界布局管理器
public void setHgap(int hgap)	设置组件之间的水平间距
public void setVgap(int vgap)	设置组件之间的垂直间距

向具有 BorderLayout 布局管理器的容器中添加组件时，需指明组件所在的区域，区域用 BorderLayout 类的常量表示，分别是 EAST、WEST、SOUTH、NORTH 和 CEN-TER（默认）。添加组件需调用容器的 add() 方法，如下所示，其中 region 表示区域，component 表示要放入的组件：

```
container.add(region,component);
```

例如，将按钮添加到框架的 WEST 区域中：

```
frame.add(BorderLayout.WEST,new JButton("确定"));
```

将组件添加到中心区时，区域可省：

```
frame.add(new JButton("确定"));
```

【例 5 - 6】 边界布局管理器应用示例，创建如图 5 - 14（a）所示的窗口。

```
import java.awt.*;
import javax.swing.*;
class BorderLayoutDemo {
    private JFrame frame;
    private JButton buttonEAST,buttonWEST,buttonSOUTH,buttonNORTH,buttonCENTER;
    public BorderLayoutDemo(String title){
        frame=new JFrame(title);
        frame.setSize(260,180);
        //设置为边界布局,组件水平间距和垂直间距都为 2 个像素
        frame.getContentPane().setLayout(new BorderLayout(2,2));
```

129

```
            buttonEAST＝new JButton("东区");
            buttonWEST＝new JButton("西区");
            buttonSOUTH＝new JButton("南区");
            buttonNORTH＝new JButton("北区");
            buttonCENTER＝new JButton("中心区");
            //将按钮添加到各个区
            frame.add(BorderLayout.EAST,buttonEAST);
            frame.add(BorderLayout.WEST,buttonWEST);
            frame.add(BorderLayout.SOUTH,buttonSOUTH);
            frame.add(BorderLayout.NORTH,buttonNORTH);
            frame.add(BorderLayout.CENTER,buttonCENTER);
            frame.setVisible(true);
            frame.setDefaultCloseOperation(JFrame.EXIT_ON_CLOSE);
        }
    }
    public class App5_6 {
        public static void main(String[] args){
            new BorderLayoutDemo("BorderLayout");
        }
    }
```

说 明　程序中重新设置了 frame 的布局管理器，将组件的水平间距和垂直间距设为
2 个像素。程序运行结果如图 5 - 14（a）所示，虽然每个按钮的创建方式完全相同，但放
入不同区域后，每个按钮都铺满了它所在的区域，按钮大小变得不同，这与 FlowLayout
总是以最优尺寸显示组件不同。

当容器的大小改变时，各区域和组件的大小会随之变化，如图 5 - 14 所示，变化的规
则是：

（1）EAST 和 WEST 区域的宽度保持不变；

（2）NORTH 和 SOUTH 区域的高度保持不变；

（3）CENTER 区域随容器大小的变化而变化。

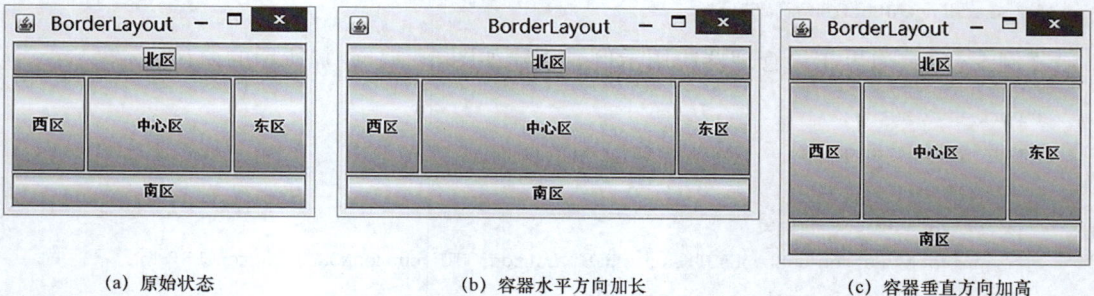

(a) 原始状态　　　　(b) 容器水平方向加长　　　　(c) 容器垂直方向加高

图 5 - 14　BorderLayout 布局管理器的区域变化规则

图 5 - 14 中，当容器的水平方向加长后，东区和西区的宽度不变，其他 3 区宽度增加，
如图 5 - 14（b）所示；当容器的垂直方向加高后，南区和北区高度不变，其他 3 区高度增

加，如图 5-14（c）所示。

BorderLayout 布局管理器适合用于顶层容器，它是框架 JFrame 和对话框 JDialog 的缺省布局管理器，其优点是当容器形状改变时，组件的相对位置不变，但组件外观一般不是最优的。每个区域中至多放置一个组件，若添加了多个组件，最后一个放入的组件将覆盖前面的组件。若要在一个区域中放置多个组件，必须先放入一个中间层容器（如面板），再将这些组件添加到中间层容器中。

> 💡 **提示**
>
> 一般将 BorderLayout 布局管理器与其他布局管理器联合使用，既可以使容器布局更加合理，又使每个组件比较美观。

5.3.4 网格布局管理器 GridLayout

网格布局管理器 GridLayout 将整个容器平均分成若干行、若干列，每个网格的宽和高都相同、只能放置一个组件。将组件放入容器时，按照添加的顺序，从左到右、从上到下顺次放入相应的网格中，如图 5-15 所示。

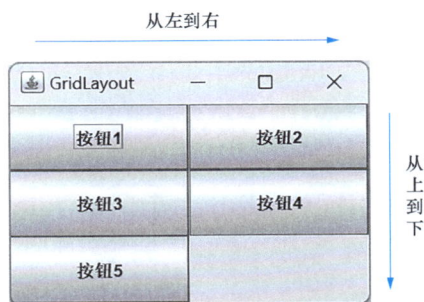

图 5-15　GridLayout 布局管理器

GridLayout 类常用的构造方法和成员方法见表 5-10。

表 5-10　　　　　　　　　GridLayout 类常用的构造方法和成员方法

方法原型	说明
public GridLayout()	构造方法，创建网格布局管理器，只包含一个网格
public GridLayout(int rows，int cols)	构造方法，创建具有指定行数和列数的网格布局管理器
public GridLayout(int rows，int cols，int hgap，int vgap)	构造方法，创建具有指定行数、列数和水平间距、垂直间距的网格布局管理器
public void setHgap(int hgap)	设置组件之间的水平间距
public void setVgap(int vgap)	设置组件之间的垂直间距

【例 5-7】 网格布局管理器应用示例，创建如图 5-15 所示的窗口。

```java
import java.awt.*;
import javax.swing.*;
```

```
class GridLayoutDemo {
    private JFrame frame;
    private JButton button1,button2,button3,button4,button5;
    GridLayoutDemo() {
        frame=new JFrame("GridLayout");
        frame.getContentPane().setLayout(new GridLayout(3,2));//设置网格布局管理器
        button1=new JButton("按钮 1");
        button2=new JButton("按钮 2");
        button3=new JButton("按钮 3");
        button4=new JButton("按钮 4");
        button5=new JButton("按钮 5");
        //添加组件
        frame.add(button1);
        frame.add(button2);
        frame.add(button3);
        frame.add(button4);
        frame.add(button5);
        frame.setSize(260,180);
        frame.setVisible(true);
        frame.setDefaultCloseOperation(JFrame.EXIT_ON_CLOSE);
    }
}
public class App5_7 {
    public static void main(String args[]) {
        new GridLayoutDemo();
    }
}
```

网格布局管理器的特点：

（1）使容器中的各个组件呈网格状分布。

（2）每列网格的宽度相同，等于容器的宽度除以网格的列数。每行网格的高度相同，等于容器的高度除以网格的行数。

（3）各组件的排列方式是从左到右、从上到下，组件放入容器的次序决定了它在容器中的位置。

（4）容器大小改变时，组件的相对位置不变，大小会改变。

（5）若添加的组件数超过设定的网格数，布局管理器会自动增加网格个数，原则是保持行数不变，如图 5-16 所示。

网格布局管理器一般用在窗口的局部区域，常用于按钮组的布局，能够保证所有按钮大小一致、间距相同，当按钮较多时可以创建按钮数组，具体代码为：

```
JFrame frame =new JFrame();
frame.getContentPane().setLayout(new GridLayout(3,2,2,2));      //设置网格布局管理器
String str[] ={"按钮 1","按钮 2","按钮 3","按钮 4","按钮 5"};        //按钮文本存入数组
```

```
JButton button[] =new JButton[str.length];          //创建按钮数组
for(int i=0; i< str.length; i ++ ){                 //循环创建按钮并添加到容器中
     button[i] = new JButton(str[i]);
     frame.add(button[i]);
}
```

(a) 组件数未超出网格数　　　　　(b) 组件数超出网格数

图 5 - 16　GridLayout 布局管理器网格与组件的关系

这段代码稍加完善，运行后的界面如图 5 - 15 所示。这是通用的代码段，当按钮文本变化或者按钮数量增减时，只需要修改 str 数组的初值即可。

5.3.5　布局管理器的应用

前面介绍了三种布局管理器，FlowLayout 以最优尺寸显示各个组件，但组件的相对位置容易改变；BorderLayout 将容器分为相对位置固定的几个区域，适合于顶层容器使用；GridLayout 以行和列的方式排列组件，组件大小一致，整齐划一，适合按钮类组件的布局。

在设计复杂的图形用户界面时，单一布局管理器往往无法满足要求，需要联合使用多种布局管理器。例如，框架本身是边界布局管理器，中心区只能放置一个组件，若想在中心区放置多个组件，需要先将一个面板放入中心区，面板是流式布局管理器，然后将多个组件放入面板中，这就间接地达到了将多个组件放入中心区的目的。在这个过程中，联合使用了边界布局管理器和流式布局管理器。同时，将一个包含了多个组件的面板作为一个整体添加到框架中去，这种容器中再添加容器的做法，称为容器的嵌套。

现以图 5 - 17 （a）中的窗口为例来说明布局过程（不考虑菜单）。根据组件位置和大小的不同，将框架的内容面板分为三部分，需要联合使用布局管理器。具体步骤如下：

（1）首先使用边界布局管理器，将内容面板分为上下两个区域（北区和中心区）。北区中只有一个文本框，直接添加即可。中心区中有多个组件，需要将一个面板（面板 1）添加到中心区，如图 5 - 17 （b）所示。

（2）中心区有多行按钮，按照布局特点的不同分为上下两部分，因此面板 1 不能使用流式布局管理器，需要设置为边界布局管理器，只使用北区和中心区，由于两个区都有多个组件，因此需要各放一个面板（面板 2 和面板 3），如图 5 - 17 （c）所示。

（3）面板 2 采用流式布局管理器。面板 3 中要放置 24 个按钮，且大小相同，设置为网格布局管理器。

(a) 计算器窗口　　　　(b) 内容面板的区域划分　　　　(c) 面板1的区域划分

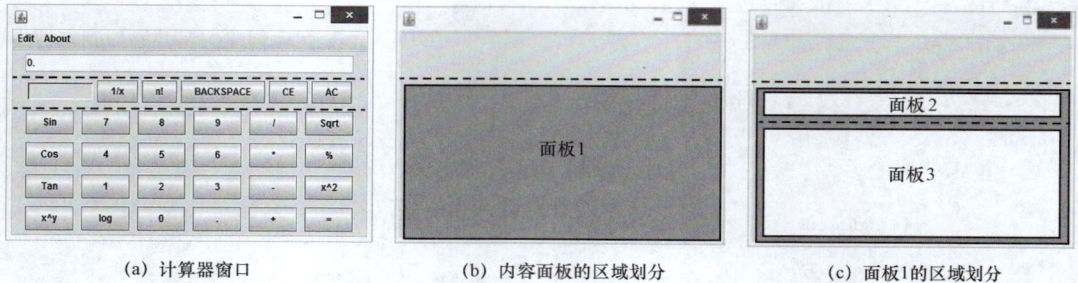

图 5-17　联合使用布局管理器示例

这种联合使用多种布局管理器的方法能够实现较复杂的界面，在这个过程中，面板起到了重要的作用。

需要注意的是，容器拥有布局管理器之后，由它来全权负责安排容器内组件的大小和位置，程序员无法干预，即使调用组件的 setLocation()、setSize()、setBounds() 等方法也不起作用。如果要自行设置组件的大小和位置，则应该取消容器的布局管理器，格式为：

```
container.setLayout(null);
```

此时，需要精确计算组件的大小及位置，并调用组件的 setLocation()、setSize()、setBounds() 等方法进行设置，而且程序在不同的平台下运行效果可能不同，不建议使用。

5.4　事　件　处　理

图形用户界面是用户与程序进行交互的桥梁，用户在界面上的操作实际上是在使用程序的功能。例如，在登录窗口中，单击"登录"按钮，程序就要获取用户名和密码并进行验证；单击"重置"按钮就要清空用户名和密码等。前面章节中创建的图形用户界面都是静态界面，若要实现与用户的交互，就要用到 Java 的事件处理机制。

5.4.1　Java 委托事件模型

当 Java 程序运行时，用户使用鼠标或键盘在图形界面上进行某种操作，如点击按钮或输入数据等，操作系统识别并捕获这些操作，并将这些操作传送给应用程序，应用程序根据操作的类型做出响应，这就是事件处理的基本原理。Java 的事件处理涉及三个要素，分别是：

（1）事件。用户在组件上执行的某种操作，如点击按钮、选中复选框等，就是一个事件。除了鼠标和键盘的操作能够引发事件以外，系统状态的改变也会引发事件，如计时器等。Java 语言定义了事件类来表示不同的事件。当事件发生时，系统会创建一个相应事件类的对象，即事件对象。

（2）事件源。事件源是指事件发生的场所，通常是组件，如被点击的按钮，被选中的菜单项等。

（3）监听器（事件的处理者）。一旦发生了事件，程序就要做出响应，执行某种操作。对事件做出响应的对象就是事件的处理者，称为监听器。

二维码5-5
视频讲解32

134

监听器是事件处理的关键，那么如何确定事件的监听器呢？这就要讲到 Java 的事件处理模型——委托事件模型。由发生事件的组件（事件源）将事件处理权委托给某个对象，这个对象就是事件的监听器，这种事件处理方式称为委托事件模型。同一组件上的不同事件，可以交由不同的监听器处理。委托事件模型将事件源与监听器分离，提高了事件处理的灵活性。

5.4.2 事件类与事件监听器接口

在 java.awt.event 包和 javax.swing.event 包中含有代表不同事件的事件类。每个事件类一般都有一个事件监听器接口与之对应，如 ActionEvent 与 ActionListener。监听器接口中包含一个或多个抽象方法。事件类 MouseEvent 比较特殊，有两个监听器接口与之对应：MouseListener 和 MouseMotionListener。常用的事件类及相应的事件监听器接口见表 5 - 11。

表 5 - 11 常用的事件类及相应的事件监听器接口

事件类	事件监听器接口	事件监听器接口中的方法
ActionEvent	ActionListener	void actionPerformed(ActionEvent e)
ItemEvent	ItemListener	void itemStateChanged(ItemEvent e)
KeyEvent	KeyListener	void keyTyped(KeyEvent e)
		void keyPressed(KeyEvent e)
		void keyReleased(KeyEvent e)
MouseEvent	MouseListener	void mouseClicked(MouseEvent e)
		void mousePressed(MouseEvent e)
		void mouseReleased(MouseEvent e)
		void mouseEntered(MouseEvent e)
		void mouseExited(MouseEvent e)
	MouseMotionListener	void mouseDragged(MouseEvent e)
		void mouseMoved(MouseEvent e)
WindowEvent	WindowListener	void windowOpened(WindowEvent e)
		void windowClosing(WindowEvent e)
		void windowClosed(WindowEvent e)
		void windowIconified(WindowEvent e)
		void windowDeiconified(WindowEvent e)
		void windowActivated(WindowEvent e)
		void windowDeactivated(WindowEvent e)

5.4.3 事件处理过程

为组件确定事件监听器时采用由组件（事件源）进行委托的方式，这一过程称为注册，格式为：

component. addXXXListener(listener);
事件源　　　　监听器接口 监听器对象

监听器对象所属的类称为监听器类，可以由包含事件源的类（即事件源是该类的成员变量）做监听器类，也可以单独定义监听器类，具体如下：

（1）由包含事件源的类（简称本类）做监听器类。注册监听器对象时，用 this 表示本类对象作为监听器对象。例如，button 是 EventDemo 类的成员变量，由 EventDemo 类作为 button 动作事件的监听器类，那么注册的形式为：

```
button.addActionListener(this);
```

（2）单独定义监听器类。例如，button 是 EventDemo 类的成员变量，由另一个类 ButtonEvent 做监听器类，假设 buttonEvent 是该类的对象，那么注册的形式为：

```
button. addActionListener(buttonEvent);
```

注册监听器后，如果要撤销注册，需调用 removeXXXListener()方法，其格式为：

```
component. removeXXXListener(listener);
```

事件监听器类必须具有监听和处理事件的能力，如何做到这一点呢？该类需要实现事件监听器接口，对接口中的所有方法给出具体的方法体，这些方法体就是事件处理代码。例如，监听器类要对 ActionEvent 事件进行监听和处理，就必须实现 ActionListener 接口，实现接口中的 actionPerformed()方法，一旦发生 ActionEvent 事件，就会执行 actionPer-formed()方法中的代码。

组件将事件处理权委托给监听器以后，当用户在组件上执行某种操作时，系统会根据用户的操作生成一个事件对象，然后把事件对象传送给监听器对象，执行监听器对象中相应的成员方法，事件处理过程如图 5-18 所示。

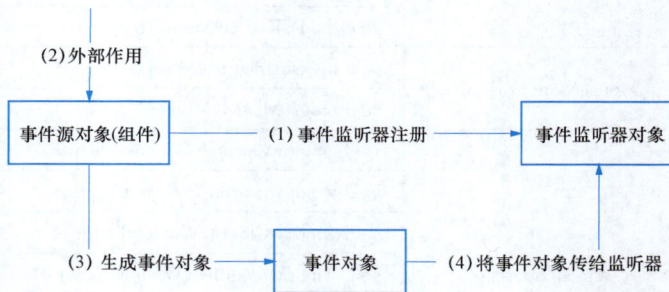

图 5-18　Java 事件处理过程

根据前面讲述的内容，对事件处理的编程步骤总结如下：

（1）确定要处理的事件与事件源；

（2）定义事件监听器类：该类一般要实现与事件类 XXXEvent 对应的 XXXListener 接口，进而实现接口中的全部方法，方法中的代码就是事件处理代码；

（3）监听器注册：调用组件的 addXXXListener()方法注册监听器对象，这时需要实例化监听器对象。

1. 事件处理三要素是什么？
事件、事件源、监听器。
2. 简述事件处理的步骤。
①确定事件与事件源；②定义监听器类；③监听器注册。

　　一个事件源上可能发生多种事件，每种事件可委托给不同的监听器处理。一个监听器可以监听一个事件源上的多种事件，也可以监听多个事件源上的事件。

5.4.4　动作事件 ActionEvent

二维码5-6
视频讲解33

　　ActionEvent 是最常用的一类事件，当用鼠标单击按钮、复选框、单选按钮、菜单，或者在文本框中输入"回车"时都会触发 Action-Event 事件。负责处理 ActionEvent 事件的监听器类要实现 ActionListener 接口，实现接口中的 actionPerformed() 方法，事件处理代码就在这个方法中。监听器注册的形式为：

component.addActionListener(listener);

图 5-19　动作事件示例

【例 5-8】　在窗口中有一个"确定"按钮，单击"确定"按钮后，将窗口的标题改为"单击了确定按钮"，如图 5-19 所示。要求本类做监听器类。

分析　单击按钮触发 ActionEvent 事件，事件源是按钮，监听器类可以是本类，也可以是另外一个类，本例讨论前一种情况。在程序中，EventDemo 类作为监听器类要实现 ActionListener 接口，实现 actionPerformed() 方法，在该方法中将窗口标题改为"单击了确定按钮"。

```
import java.awt. * ;
importjavax.swing. * ;
import java. awt.event. * ;
class EventDemo implements ActionListener {    //监听器类实现 ActionListener 接口
    private JFrame frame;
    private JButton button;
    EventDemo(String title) {
        frame=new JFrame(title);
        frame.setSize(260,150);
        frame.setLayout(new FlowLayout());
        button=new JButton("确定");
        frame.add(button);
        frame.setVisible(true);
        frame.setDefaultCloseOperation(JFrame.EXIT_ON_CLOSE);
```

```
            button.addActionListener(this);              //注册监听器
        }
        public void actionPerformed(ActionEvent e) {     //实现监听器接口中的方法
            frame.setTitle("单击了确定按钮");            //事件处理代码
        }
    }
    public class App5_8 {
        public static void main(String[] args) {
            new EventDemo("动作事件");
        }
    }
```

说 明　在 actionPerformed() 方法中要修改 frame 的标题，由于成员变量 frame 与 actionPerformed() 方法在同一个类中，成员方法可以直接访问成员变量，通过语句 frame.setTitle("单击了确定按钮"); 修改了 frame 的标题。

【例 5-9】　实现 [例 5-8] 的功能，另外定义一个类做监听器类。

分 析　程序包含两个类，EventDemo 类负责创建图形界面，ButtonEvent 类负责事件处理。ButtonEvent 类需实现 ActionListener 接口，实现 actionPerformed() 方法，在该方法中将窗口（frame）的标题改为"单击了确定按钮"。由于 frame 是 EventDemo 类的成员变量，却要在 ButtonEvent 类中修改它的标题，而 ButtonEvent 类是无法直接访问 frame 的。解决的方法是将 EventDemo 对象传入 ButtonEvent 类，通过该对象来设置 frame 的标题。

在两个类之间传递参数，一种思路是在 actionPerformed() 方法中增加一个 EventDemo 类型的形式参数，但在这里却行不通，因为 actionPerformed() 方法是要实现的方法，方法首部不能改变。另一种思路是在 ButtonEvent 类中声明一个 EventDemo 类的对象作为成员变量，然后定义一个带有 EventDemo 类型参数的构造方法，在构造方法中给这个成员变量赋值，从而实现了 EventDemo 对象的传递。最后，在 actionPerformed() 方法中直接引用本类的成员变量实现对窗口标题的设置。

```
import java.awt.*;
import javax.swing.*;
import java.awt.event.*;
class EventDemo {
    private JFrame frame;
    private JButton button;
    EventDemo(String title) {
        frame = new JFrame(title);
        frame.setSize(260,150);
        frame.setLayout(new FlowLayout());
        button = new JButton("确定");
        frame.add(button);
        frame.setVisible(true);
        frame.setDefaultCloseOperation(JFrame.EXIT_ON_CLOSE);
```

```
            button.addActionListener(new ButtonEvent(this));   //注册监听器对象
        }
        JFrame getFrame(){                                      //返回 frame
            return frame;
        }
    }
    class ButtonEvent implements ActionListener {
        EventDemo evd;                                          //声明 EventDemo 类型成员变量
        public ButtonEvent( EventDemo eventDemo){               //构造方法含 EventDemo 类型参数
            this.evd = eventDemo;                               //界面类对象传递
        }
        public void actionPerformed(ActionEvent e){             //实现 actionPerformed()方法
            evd.getFrame().setTitle("单击了确定按钮");          //修改框架 frame 的标题
        }
    }
    public class App5_9 {
        public static void main(String[] args){
            new EventDemo("动作事件");
        }
    }
```

说明　比较［例 5-8］和［例 5-9］中的两个程序，由本类做监听器类实现起来更简单；单独定义监听器类往往需要传递界面类的对象，工作量有所增加，但这种方式将界面代码与事件处理代码进行分离，有利于程序的后期维护。

进行事件处理时，常需要获取事件本身的信息。事件类一般都提供了成员方法，通过调用这些方法能够获取事件的相关信息。ActionEvent 是最常用的一类事件，其常用方法有：

（1）public String getActionCommand()。返回与此动作相关的命令字符串，如按钮上的文本或文本框中的字符串，返回值是字符串。例如，单击"确定"按钮，返回的是字符串"确定"。

（2）public Object getSource()。返回事件源对象，返回值是 Object 类型。例如，单击"确定"按钮，返回的是 button 对象。

【例 5-10】　窗口中有"确定"和"取消"两个按钮。单击"确定"按钮时，窗口标题栏显示"单击了确定按钮"；单击"取消"按钮时，窗口标题栏显示"单击了取消按钮"，如图 5-20 所示。

图 5-20　获取事件源示例

分析　以本类做监听器类，两个按钮都委托本类做事件处理，对应的事件处理代码在同一个 actionPerformed()方法中，因此必须要区分事件源。不同的按钮，执行的操作不同。

139

```java
import java.awt*;
importjavax.swing.*;
import java.awt.event.*;
class EventDemo implements ActionListener {
    private JFrame frame;
    private JButton okButton,cancelButton;
    EventDemo(String title) {
        frame = new JFrame(title);
        frame.setSize(260,150);
        frame.setLayout(new FlowLayout());
        okButton = new JButton("确定");
        cancelButton = new JButton("取消");
        frame.add(okButton);
        frame.add(cancelButton);
        frame.setVisible(true);
        frame.setDefaultCloseOperation(JFrame.EXIT_ON_CLOSE);
        okButton.addActionListener(this);          //注册本类对象作为监听器
        cancelButton.addActionListener(this);       //注册本类对象作为监听器
    }
    public void actionPerformed(ActionEvent e) {     //单击任何按钮,都执行该方法
        if(e.getSource() == okButton)               //事件源是"确定"按钮
            frame.setTitle("单击了确定按钮");
        else                                        //事件源是"取消"按钮
            frame.setTitle("单击了取消按钮");
    }
}
public class App5_10 {
    public static void main(String[] args) {
        new EventDemo("事件处理");
    }
}
```

说明 在 actionPerformed()方法中采用 getSource()方法来判断事件源。实际上，也可以采用 getActionCommand()方法来实现，该方法的返回值是按钮的文本字符串，具体代码为：

```java
if(e.getActionCommand().equals("确定")){
    frame.setTitle("单击了确定按钮");
}else {
    frame.setTitle("单击了取消按钮");
}
```

5.4.5 窗口事件 WindowEvent 与适配器类

WindowEvent 类对应的 WindowListener 接口中包含 7 个方法，分别对应不同操作引

140

发的事件，如表 5‑11 所示。

　　关闭 JFrame 窗口后，默认情况下程序仍然在运行。若要在关闭窗口时终止程序运行，一种方法是调用 setDefaultCloseOperation() 方法，另一种方法是进行窗口事件（WindowEvent）处理。相对而言，第二种方法更灵活。WindowListener 接口包含 7 个方法，若要处理窗口关闭事件，只需实现 windowClosing() 方法即可。但是 Java 语言规定，一个类（非抽象类）实现接口时必须实现接口中的所有方法（可以是空的方法体 {}），具体程序为：

二维码 5‑7
视频讲解 34

```
import javax.swing.*;
import java.awt.event.*;
class WindowEvendDemo {
    public static void main(String[] args) {
        JFrame frame = new JFrame();
        frame.setSize(300,200);
        frame.setVisible(true);
        frame.addWindowListener(new QuitWindow());      //窗口事件注册
    }
}
class QuitWindow implements WindowListener {            //监听器类实现监听器接口
    public void windowClosing(WindowEvent e) {          //关闭窗口时退出程序
        System.exit(0);
    }
    //以下 6 个方法不得不实现,给了空的方法体
    public void windowOpened(WindowEvent e){}
    public void windowClosed(WindowEvent e){}
    public void windowIconified(WindowEvent e){}
    public void windowDeiconified(WindowEvent e){}
    public void windowActivated(WindowEvent e){}
    public void windowDeactivated(WindowEvent e){}
}
```

　　从以上程序看出，当监听器类实现监听器接口时，即使是不需要的方法，也必须一一实现，程序冗长。针对这种情况，Java 提供了与监听器接口对应的一个类，称为适配器类。适配器类实现了监听器接口，将接口中的方法都实现为空方法，使这些方法不再是抽象方法。WindowAdapter 类的定义为：

```
public abstract class WindowAdapter implements WindwoListener {
    public void windowClosing(WindowEvent e){}
    public void windowClosed(WindowEvent e){}
    public void windowOpened(WindowEvent e){}
    public void windowActivated(WindowEvent e){}
    public void windowDeactivated(WindowEvent e){}
    public void windowIconified(WindowEvent e){}
```

```
         public void windowDeiconified(WindowEvent e){}
    }
```

这样一来，定义监听器类时既可以实现监听器接口，又可以继承适配器类。继承适配器类时，由于适配器类中的方法不是抽象方法，因此只需要重写必要的方法即可。

【例5-11】 继承适配器类进行窗口的关闭事件处理。要求关闭窗口时，停止程序的运行。

```
import javax.swing.*;
import java.awt.event.*;
public class App5_11 {
    public static void main(String[] args) {
        JFrame frame = new JFrame();
        frame.setSize(300,200);
        frame.setVisible(true);
        frame.addWindowListener(new QuitWindow());   //监听器注册
    }
}
class QuitWindow extends WindowAdapter {              //监听器类,继承适配器类
    public void WindowClosing(WindowEvent e) {        //只需重写必要的方法
        System.exit(0);
    }
}
```

由程序看出，采用继承适配器类的方式定义监听器类，只需要重写必要的方法，程序更简洁、清晰。但由于Java语言是单继承，当监听器类需要处理多种事件，或者必须继承其他超类时，这种方式就行不通了。适配器类的定义实际上是一种设计模式（适配器模式）的具体应用，关于适配器模式的详细介绍可参考相关资料。

5.4.6　使用内部类与匿名类进行事件处理

虽然适配器类为监听器类的定义带来了便利，但也限制了监听器类不能再继承其他类。这时，可以采用内部类来解决这一问题。由于内部类可以直接访问外部类的成员，故使用内部类做监听器类时，可以直接对外部类中的组件进行设置，使用更方便。关于内部类的详细介绍参见第3章。

【例5-12】 使用内部类作为监听器类，实现［例5-10］中的功能。

```
import java.awt.*;
import javax.swing.*;
import java.awt.event.*;
class EventDemo {
    private JFrame frame;
    private JButton okButton,cancelButton;
    EventDemo(String title) {
        frame=new JFrame(title);
        frame.setSize(260,150);
```

二维码5-8
视频讲解35

```
                frame.setLayout(new FlowLayout());
                okButton = new JButton("确定");
                cancelButton = new JButton("取消");
                frame.add(okButton);
                frame.add(cancelButton);
                frame.setVisible(true);
                frame.setDefaultCloseOperation(JFrame. EXIT_ON_CLOSE);
                ButtonEvent buttonEvent = new ButtonEvent();               //创建内部类对象
                okButton. addActionListener(buttonEvent);                  //内部类对象注册为监听器
                cancelButton. addActionListener(buttonEvent);              //内部类对象注册为监听器
        }
        class ButtonEvent implements ActionListener {                      //内部类做监听器类
                public void actionPerformed(ActionEvent e) {
                        if(e. getSource() == okButton)                      //事件源是"确定"按钮
                            frame.setTitle("单击了确定按钮");                 //直接访问 frame
                        else                                               //事件源是"取消"按钮
                            frame.setTitle("单击了取消按钮");                 //直接访问 frame
                }
        }
}
public class App5_12 {
        public static void main(String[] args){
                new EventDemo("事件处理");
        }
}
```

说　明　内部类的定义与一般类的定义类似,在外部类中创建内部类的对象同创建其他类的对象形式相同。

如果在程序中只创建内部类的一个对象,并且该内部类需要继承一个类或实现一个接口时,可将内部类定义成匿名类。匿名类作为事件监听器类时,将匿名类的定义、对象的创建以及监听器的注册合并成一条语句。关于匿名类的详细介绍,参见第 3 章。

【例 5 - 13】　使用匿名类作为监听器类,实现［例 5 - 10］中的功能。

```
import java.awt. * ;
import javax.swing. * ;
import java.awt.event. * ;
class EventDemo {
        private JFrame frame;
        private JButton okButton,cancelButton;
        EventDemo(String title){
                frame = new JFrame(title);
                frame.setSize(260,150);
                frame.setLayout(new FlowLayout());
                okButton = new JButton("确定");
```

```
        cancelButton=new JButton("取消");
        frame.add(okButton);
        frame.add(cancelButton);
        frame.setVisible(true);
        frame.setDefaultCloseOperation(JFrame.EXIT_ON_CLOSE);
        //定义匿名类进行"确定"按钮的事件处理
        okButton.addActionListener(new ActionListener() {
            public void actionPerformed(ActionEvent e) {
                frame.setTitle("单击了确定按钮");
            }
        });
        //定义匿名类进行"取消"按钮的事件处理
        cancelButton.addActionListener(new ActionListener() {
            public void actionPerformed(ActionEvent e) {
                frame. setTitle("单击了取消按钮");
            }
        });
    }
}
public class App5_13 {
    public static void main(String[] args){
        new EventDemo("事件响应");
    }
}
```

说 明 程序中有两个按钮需要做事件处理，为每个按钮定义一个匿名类做监听器类，匿名类实现了 ActionListener 接口，实现了 actionPerformed()方法。

［例 5-12］中利用内部类做监听器类，创建了该类的一个对象，将其作为两个按钮的动作事件监听器。在本例中，由于匿名类对象创建之后只能使用一次，因此每个按钮都需要单独定义一个匿名类。

5.4.7　lambda 表达式与事件处理

lambda 表达式是 Java 8 中新增的特性，用于简化匿名类的写法，允许使用更简洁的代码来创建只有一个抽象方法的接口的实例，增强了 Java 语言的表达能力。

二维码5-9
视频讲解36

5.4.7.1　函数式接口

lambda 表达式与函数式接口紧密相关。函数式接口（Functional Interface）是指仅包含一个抽象方法的接口，例如 ActionListener 接口就属于函数式接口。一个函数式接口的定义如下：

```
interface MyInterface{
    int add(int x, int y);
}
```

MyInterface 接口中只包含一个 add() 方法。现在定义一个匿名类来实现 MyInterface 接口，实现接口中的 add() 方法，然后创建该匿名类的一个实例，具体代码如下：

```java
MyInterface mi = new MyInterface() {
    public int add( int x, int y) {
        return x + y;
    }
};
```

在这条语句中，赋值运算符右侧的部分，很多内容都可以由 Java 编译器根据上下文推断出来，因此可以简化为以下形式：

```java
MyInterface mi = (x,y) -> x + y;
```

其中，赋值运算符右侧的"(x,y) -> x + y"，就是一个 lambda 表达式。这两种形式是等价的，也就是说 lambda 表达式将匿名类的定义、抽象方法的实现、实例的创建融为一体。

实际上，lambda 表达式主要用于简化匿名类的使用，将能够由编译器推断出来的部分省略。

5.4.7.2 lambda 表达式

1. lambda 表达式的定义

lambda 表达式的形式为：

(参数列表) -> {方法体}

其中，"->"是运算符，称为 lambda 运算符。它将 lambda 表达式分为两部分，左侧的参数列表是方法的形参，右侧是方法体，也称为 lambda 体。例如：

```java
(int x, int y) -> {
    System.out.println(x);
    System.out.println(y);
    return x+y;
}
```

这个 lambda 表达式有两个参数，参数类型都为 int。当 Java 编译器能够从上下文推断出参数的类型时，可以省略参数的类型，例如：

```java
(x,y) -> {
    System.out.println(x);
    System.out.println(y);
    return x + y;
}
```

当参数列表中只有一个参数时，圆括号可以省略，例如：

```java
x -> {
    System.out.println(x);
    return x++ ;
}
```

但是当参数列表为空时，圆括号不能省略，例如：

```
() -> {
    System.out.println("Hello World!");
}
```

当方法体只包含一条语句时，可以省略方法体的{}，如果这条语句是 return 语句时，可以省略关键字 return 和末尾的分号。例如：

```
(x,y) -> x + y
```

2. lambda 表达式的应用

任何一个可以接受函数式接口实例的地方，都可以使用 lambda 表达式。可以这样理解，lambda 表达式将类（实现了接口的匿名类）的定义、对接口中抽象方法的实现、实例的创建融为一体。例如：

```
MyInterface mi = (x,y) -> x + y;
```

赋值运算符右侧应该是 MyInterface 接口的一个实例，这里使用了 lambda 表达式，它其实涵盖了多项内容：定义匿名类来实现 MyInterface 接口、实现接口中的 add()方法以及实例的创建。由于根据 MyInterface 接口中的 add()方法的参数类型可以推断出 lambda 表达式中的参数类型，因此省略了参数类型。另外，方法体中只有一条语句"return x+y;"，将其简化为"x+y"。执行这条语句时，会创建一个 MyInterface 接口的实例赋给 mi，这个实例拥有已经实现的 add()方法。

💡 **思 考**

lambda 表达式与函数式接口有什么关系？

【例 5 - 14】 函数式接口与 lambda 表达式应用示例。

```
interface MyInterface {                              //函数式接口
    int add( int x,int y);
}
public class App5_14 {
    public static void main(String[] args) {
        MyInterface mi = (x,y) ->x + y;              //lambda 表达式,实现了 add()方法
        System.out.println(mi.add(1,2));             //调用 add()方法
    }
}
```

程序运行结果为：

```
3
```

🏆 **提 示**

从形式上看，lambda 表达式更像是一个简化的成员方法，只保留了方法的参数和方法体。

5.4.7.3 使用 lambda 表达式进行事件处理

如果事件监听器接口是函数式接口，就可以应用 lambda 表达式进行事件处理。

【例 5 - 15】 使用 lambda 表达式进行事件处理示例，实现〔例 5 - 10〕中的功能。

```java
import java.awt. * ;
import javax.swing. * ;
import java.awt.event. * ;
class EventDemo {
    private JFrame frame;
    private JButton okButton,cancelButton;
    EventDemo(String title) {
        frame = new JFrame(title);
        frame.setSize(260,150);
        frame.setLayout(new FlowLayout());
        okButton = new JButton("确定");
        cancelButton = new JButton("取消");
        frame.add(okButton);
        frame.add(cancelButton);
        frame.setVisible(true);
        frame.setDefaultCloseOperation(JFrame. EXIT_ON_CLOSE);
        //使用匿名类进行"确定"按钮的事件处理
        okButton.addActionListener(new ActionListener() {
            public void actionPerformed(ActionEvent e) {
                frame.setTitle("单击了确定按钮");
            }
        });
        //使用 lambda 表达式进行"取消"按钮的事件处理
        cancelButton.addActionListener(e ->frame.setTitle("单击了取消按钮"));
    }
}
public class App5_15 {
    public static void main(String[] args) {
        new EventDemo("事件处理");
    }
}
```

说明 程序中，"确定"按钮的事件处理仍然使用匿名类，"取消"按钮的事件处理应用了 lambda 表达式。lambda 表达式将监听器类的定义、actionPerformed()方法的实现以及监听器对象的创建融为一体。这两种方式的实现效果等价，但使用 lambda 表达式后省略了编译器能够推断出来的内容，从而突出了重要的事件处理代码，使程序更加简洁。

lambda 表达式的功能强大，有兴趣的读者请参阅相关资料。

本 章 配 套 资 源

二维码5-10
第5章思维
导图

二维码5-11
第5章示例
代码汇总

二维码5-12
第5章习题

二维码5-13
第5章扩展
资源汇总

第6章

输入/输出流

Java 语言主要通过流技术来处理数据输入/输出。在 Java 中，输入/输出的应用范围广泛，不仅包括键盘输入和屏幕输出，还涵盖了文件读写、内存数据操作及网络数据传输等。虽然这些不同类型的输入/输出涉及多种设备，实现方法也不尽相同，但 Java 通过将这些操作统一抽象为流（Stream），使用统一的处理方式，极大简化了输入/输出程序的设计难度。

本章目标

- 理解流的基本概念，了解流的分类以及 I/O 类体系。
- 掌握流的基本操作，包括流的创建、数据的输入/输出、流的关闭。
- 理解实体流和装饰流的关系，掌握装饰流的创建、数据的输入/输出、流的关闭。
- 能够应用文件流访问文件数据，涉及文件字节流和文件字符流的应用。
- 能够应用缓冲流提高数据读写效率；应用数据流简化基本数据类型的读写；应用对象流实现对象的序列化和反序列化。

6.1 流 的 概 念

流是一个很形象的概念，当程序需要读取数据时，会创建一个与数据源相连的流，数据源可以是文件、内存或网络连接。同样，当程序需要输出数据时，便会创建一个通向目的地的流。可以想象数据好像在这其中"流"动一样，如图 6-1 所示。简而言之，流是一个有顺序的、有起点和终点的数据集合。

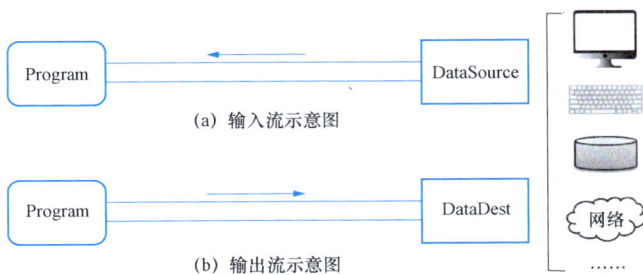

二维码6-1
视频讲解37

(a) 输入流示意图

(b) 输出流示意图

网络

......

图 6-1 输入流与输出流示意图

流具有方向性，以当前程序为基准，从外部流向程序的数据序列视为输入流，而从程序流向外部的数据序列视为输出流，如图 6-1 所示。输入流专门用于输入数据，不能用于输出；同样地，输出流仅用于输出数据，不支持输入。

根据数据的组织形式不同，流可以分为字节流和字符流两种，字节流中的数据是未经加工的原始二进制数据，数据处理的基本单位是字节；字符流中的数据经过了编码处理，以 16 位的 Unicode 字符为单位进行处理。综合这两种分类方式，流可以分为四种类型：字节输入流、字节输出流、字符输入流和字符输出流。

Java 通过类来表示各种类型的流，流的核心操作包括读数据（通过输入流）和写数据（通过输出流）。为此，代表不同流的类均包含了读（read）数据或写（write）数据的方法。

使用流进行数据输入的具体步骤为：

（1）创建输入流对象：与输入设备（如键盘或文件）建立连接；

（2）读取数据：调用输入流的 read() 方法读取数据；

（3）关闭输入流：完成数据读取后，关闭流以释放占用的系统资源。

使用流进行数据输出的具体步骤为：

（1）创建输出流对象：与输出设备（如显示器或文件）建立连接；

（2）输出数据：调用输出流的 write() 方法输出数据；

（3）关闭输出流：完成数据输出后，关闭流以释放占用的系统资源。

流式输入/输出的显著特点在于，数据的输入和输出均按照数据序列的顺序执行。每次读写操作都是处理序列中剩余部分的首个数据项，而无法随意定位到序列中的某个特定位置，这种方式体现了流的线性或顺序性特征。

6.2 I/O 类体系

为了支持对各类输入/输出设备的操作，Java 在 java.io 包中提供了一系列基于流的 I/O 类。其中，4 个抽象类尤为关键：InputStream、OutputStream、Reader 和 Writer，它们作为各种类型流的超类，分别代表字节输入流、字节输出流、字符输入流和字符输出流。

二维码6-2
视频讲解38

6.2.1 字节输入流

部分字节输入流类如图 6-2 所示，InputStream 是所有字节输入流类的超类，FileInputStream、ObjectInputStream、BufferedInputStream、DataInput-Stream 等都是它的子类，将在后面详细介绍。

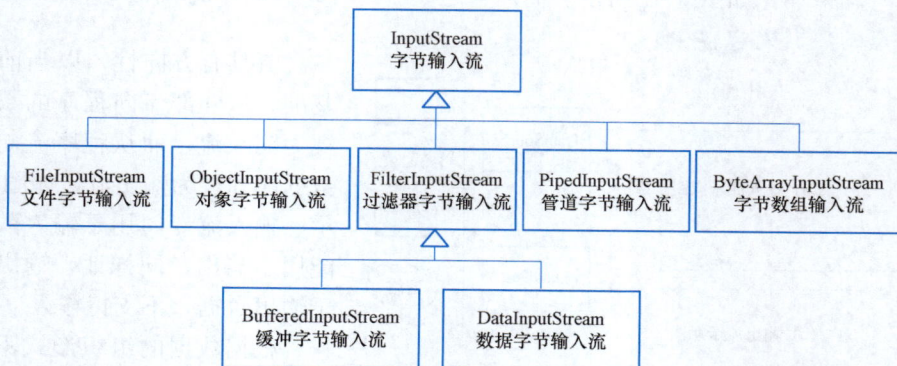

图 6-2 字节输入流类的层次结构

InputStream 类的常用方法见表 6 - 1。

表 6 - 1　　　　　　　　　　　　　　InputStream 类的常用方法

方法原型	说明
public abstract int read() throws IOException	从输入流中读取一个字节，返回值是 0～255 范围内的整数，如果已经到达流末尾，则返回 - 1
public int read(byte[] b) throws IOException	从输入流中读取若干个（以数组长度为准）字节存入数组 b 中，到达流末尾则结束，返回值是实际读取的字节数
public int read(byte[] b,int off,int len) throws IOException	从输入流中读取 len 个字节存入数组 b 中，存入的位置从下标 off 开始，到达流末尾则结束，返回值是实际读取的字节数
public long skip(long n) throws IOException	在输入流中跳过 n 个字节，返回实际跳过的字节数
public int available() throws IOException	返回在不发生阻塞的情况下，输入流中可读的字节数
public void close() throws IOException	关闭流，释放相关的系统资源
public void mark(int readlimit)	在输入流的当前位置放置一个标记，用于实现重复读入。标记类似于书签，可以方便地回到原来读过的位置继续向后读取，readlimit 表示可重复读取的最大字节数
public void reset() throws IOException	将输入流重新定位到最后一次调用 mark() 方法时的位置
public boolean markSupported()	测试输入流是否支持 mark() 和 reset() 方法

read() 方法是输入流的核心方法。无参数的 read() 方法用于从流中读取单个字节，如果要读取流中的所有数据，可以通过循环逐字节读取。若需一次读取多个字节，可以调用其他 read() 方法。

流中的数据是从前向后顺序排列的，读取时也要顺序读取。如果遇到不需要的数据，可以调用 skip() 方法跳过这些数据，再读取后续的数据。若需要重复读取流中的特定部分数据，可以在适当的位置通过调用 mark() 方法设置标记。随后，通过 reset() 方法可以返回到标记的位置，重新读取这部分数据。

需要注意的是，如果数据无法正确读取或输入流已经关闭，read() 方法将抛出 IOException 异常，需要进行异常处理。另外，InputStream 类是抽象类，因此无法直接实例化。在实际编程中，我们通过使用 InputStream 类的子类来实现与外部设备的连接。

6.2.2　字节输出流

部分字节输出流类如图 6 - 3 所示，OutputStream 类是所有字节输出流类的超类，它的子类包括 FileOutputStream、ObjectOutputStream、BufferedOutputStream、DataOutputStream 等，将在后面详细介绍。

OutputStream 类的常用方法见表 6 - 2。write() 方法是字节输出流的核心方法，表 6 - 2 中列出了 3 个 write() 方法，适用于不同的情况。虽然 write(int b) 方法的参数是整型，但实际输出的是整数的最后一个字节。由于在字节输出流中，write() 方法只能输出字节或字节数组，因此在输出其他类型数据时需要进行类型转换。

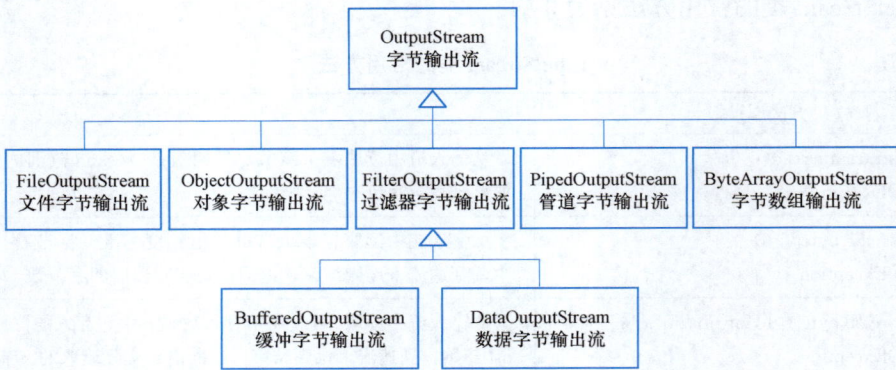

图 6-3　字节输出流类的层次结构

表 6-2　　　　　　　　　　　　**OutputStream 类的常用方法**

方法原型	说明
public abstract void write(int b) throws IOException	输出整数 b 的最后一个字节
public void write(byte[] b) throws IOException	输出数组 b 的所有字节
public void write(byte[] b,int off,int len) throws IOException	输出数组 b 中从下标 off（包含）开始的 len 个字节
public void close() throws IOException	关闭流，释放相关的系统资源
public void flush() throws IOException	强制输出缓冲区中的数据

在完成流的操作后，应调用 close() 方法关闭流并释放占用的系统资源。另外，为提高输出效率，通常会使用缓冲区来临时存储输出数据。当缓冲区满时会自动将数据输出到外部设备。关闭流时，即使缓冲区中的数据没有满也会被强制输出。如果不打算关闭流，但需要强制输出缓冲区中的数据，则可以调用 flush() 方法。

需要注意，这些方法都声明了异常，调用时要考虑异常处理。

6.2.3　字符输入流

字符输入流是对字节输入流的扩展和升级，主要区别在于字符流以 16 位的 Unicode 字符为单位进行数据处理，适合用于处理文本数据。部分字符输入流类如图 6-4 所示，

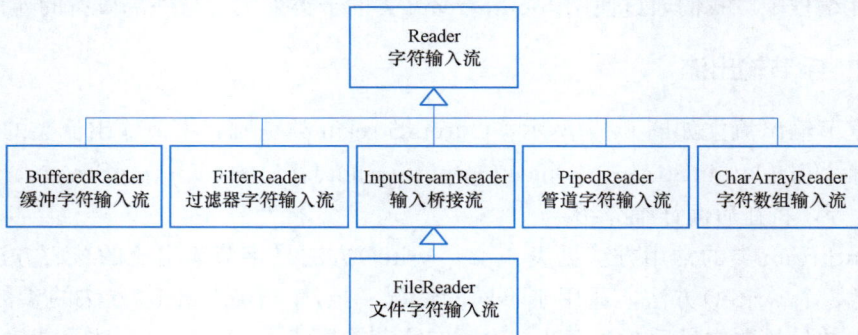

图 6-4　字符输入流类的层次结构

Reader 类是所有字符输入流类的超类，它的子类包括 BufferedReader、FileReader 等，将在后面详细介绍。

Reader 是一个抽象类，它为字符流处理提供了一系列统一的接口。Reader 类中的很多方法与 InputStream 类中的方法类似，只是其参数类型变成了字符或字符数组，详见表 6 - 3。

表 6 - 3　　　　　　　　　　Reader 类的常用方法

方法原型	说明
public int read() throws IOException	从输入流中读取一个字符，若已到流的末尾，返回 -1
public int read(char[]cbuf) throws IOException	从输入流中读取若干个（以数组长度为准）字符存入数组，返回读取的字符数，若已到流的末尾，返回 -1
public abstract int read(char[]cbuf,int off,int len) throws IOException	从输入流中读取 len 个字符存入数组，存入的位置从下标 off 开始，到达流末尾则读取结束，返回值是实际读取的字符数
public long skip(long n) throws IOException	在输入流中跳过 n 个字符，返回实际跳过的字符数
public boolean ready() throws IOException	输入字符流是否可读
public void mark(int readAheadLimit) throws IOException	标记流中的当前位置
public void reset() throws IOException	将读取位置恢复到标记处
public abstract void close() throws IOException	关闭流，释放相关的系统资源

6.2.4　字符输出流

字符输出流是对字节输出流的扩展和升级，主要区别在于字符流以 16 位的 Unicode 字符为单位进行数据处理，适合用于处理文本数据。部分字符输出流类如图 6 - 5 所示，Writer 类是所有字符输出流类的超类，它的子类包括 BufferedWriter、FileWriter 等，将在后面详细介绍。

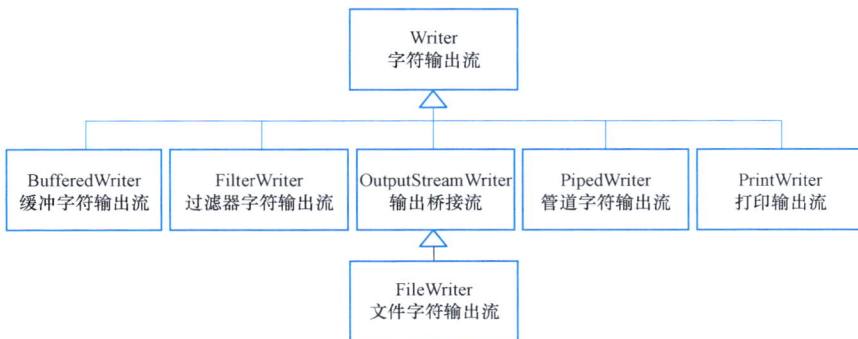

图 6 - 5　字符输出流类的层次结构

Writer 是一个抽象类，它为字符流处理提供了一系列统一的接口。Writer 类中的很多方法和 OutputStream 类中的方法类似，只是其参数类型变成了字符或字符数组。同时，增加了一些新的方法，详见表 6 - 4。

表 6 - 4   **Writer 类的常用方法**

方法原型	说明
public void write(int c) throws IOException	输出一个字符
public void write(char[] cbuf) throws IOException	输出字符数组中的数据
public abstract void write(char[] cbuf,int off,int len) throws IOException	输出字符数组 cbuf 中自下标 off 开始的 len 个连续字符
public void write(String str) throws IOException	输出字符串
public void write(String str，int off，int len) throws IOException	输出字符串 str 中从索引 off（包含）开始的 len 个连续字符
public abstract void flush() throws IOException	刷新输出流，强制输出缓冲区中的数据
public abstract void close() throws IOException	关闭流，释放相关的系统资源

6.3 文 件 流

文件读写是最常用的输入/输出操作之一。文件通过路径和文件名来标识，其中路径指的是文件所处的目录，如"D:\Program\IO\FileDemo. java"，其中"D:\Program\IO\"是路径，"FileDemo. java" 是文件名。

"D:\Program\IO\"是一个从盘符"D:\"开始的路径，这种写法称为绝对路径，绝对路径写起来比较长。假设当前的工作目录是"D:\Program\"，那么这个文件就可以简写为"IO\FileDemo. java"，将绝对路径中跟当前目录相同的部分省略了，这种路径的写法称为相对路径。相对路径是相对于当前目录的路径，使用起来更为简洁、灵活。

二维码6-3
视频讲解39

在程序中书写文件路径时，由于 "\" 是特殊字符，文件路径中的 "\" 要改写成 "\\"或 "/"，例如 "D:\\Program\\IO\\FileDemo. java"或 "D:/Program/IO/FileDemo. java"。

6.3.1 File 类

在 java.io 包中提供了一个专门的类——File 类。File 类的对象既可以表示文件，也可以表示目录（路径）。File 类的构造方法如表 6 - 5 所示。

表 6 - 5   **File 类的构造方法**

方法原型	说明
public File(File parent，String child)	根据 File 对象和字符串创建 File 实例
public File(String pathName)	根据名称字符串创建 File 实例
public File(String parent，String child)	根据两个字符串创建 File 实例
public File(URI uri)	使用给定的统一资源定位符来创建 File 实例

例如：

```
File f1 =new File("D:\\Java");
File f2 =new File(f1,"FileExample.java");
File f3 =new File("D:\\Java\\FileExample.java");
File f4 =new File("D:\\Java","FileExample.java");
File f5 =new File("Data1.txt");
```

这里的 f1～f5 都是 File 对象，f1 代表目录，f2～f5 代表文件。f2、f3、f4 代表同一个文件"D:\Java\FileExample. java"。f1～f4 创建时使用了绝对路径，f5 使用了相对路径。

File 类中包含许多成员方法，如表 6-6 所示，这些方法使得操作文件和目录非常方便。

表 6-6   File 类的常用成员方法

方法原型	说明
public boolean exists()	判断文件或目录是否存在，存在返回 true，否则返回 false
public boolean isFile()	判断是否为文件，是文件返回 true，否则返回 false
public boolean isDirectory()	判断是否为目录，是目录返回 true，否则返回 false
public String getName()	返回文件或目录的名称，该名称是名称序列中的最后一个名称 如 d:\test\data. txt,返回的是 data. txt
public String getAbsolutePath()	返回文件的绝对路径（包含文件名），如 d:\test\data. txt
public long length()	如果是文件，返回文件的长度（字节数）；如果是目录，返回值不确定
public boolean createNewFile() throws IOException	创建新文件，创建成功返回 true，否则返回 false；若文件已存在，返回 false；该方法只能创建文件，不能创建目录；有可能抛出 IOException 异常
public boolean delete()	删除当前文件或目录，删除成功返回 true，否则返回 false。如果是目录，则目录必须为空时才能删除
public String[] list()	返回目录下所有的文件和目录名称

【例 6-1】 File 类示例。

```
import java.io.File;
public class App6_1 {
    public static void main(String[] args) {
        File folder = new File("D:\\test");            //创建 File 对象,代表一个目录
        System.out.println("目录下的文件和子目录有:");
        String[] fileName =folder.list();            //获得目录下的文件和子目录
        for(int i=0; i<fileName.length; i ++ ){
            System.out.println(fileName[i]);
        }
        File file =new File(folder,"data. txt");            //创建 File 对象,代表一个文件
```

```
            if(!file.exists()){                                    //若文件不存在,则创建文件
                try {
                    System.out.println(file.getName() + "文件不存在,正在创建文件...");
                    file.createNewFile();
                    System.out.println("文件创建成功!");
                } catch(Exception e) {
                    e.printStackTrace();
                }
            }
            System.out.println("文件的绝对路径:" + file.getAbsolutePath());
            System.out.println("文件的长度:" + file.length());
        }
    }
```

程序运行结果为：

```
目录下的文件和子目录有:
课件
filecopy.java
data.txt 文件不存在,正在创建文件...
文件创建成功!
文件的绝对路径:D:\test\data.txt
文件的长度:0
```

File 类支持丰富的文件操作功能。但是，它不能读写文件内容，这需要使用文件流。

6.3.2　文件字节流

二维码6-4
视频讲解40

文件流分为文件字节流和文件字符流两类，这两类流分别处理字节数据和字符数据，适用于不同类型的文件操作。具体包括文件字节输入流类 FileInputStream、文件字节输出流类 FileOutputStream、文件字符输入流类 FileReader、文件字符输出流类 FileWriter。本小节介绍文件字节流的使用，文件字符流将在下一小节详细阐述。

6.3.2.1　文件字节输入流 FileInputStream 类

FileInputStream 类继承了 InputStream 类，是进行文件读操作最基本的类，它的作用是将文件中的数据读入内存。FileInputStream 类的构造方法见表 6-7，其他常用方法与InputStream 类相同，参看表 6-1，这里不再赘述。

表 6-7　　　　　　　　　　　　　　　FileInputStream 类的构造方法

方法原型	说明
public FileInputStream(File file) throws FileNotFoundException	使用 File 对象创建文件输入流对象，文件打开失败时抛出异常
public FileInputStream(String fileName) throws FileNotFoundException	使用文件名创建文件输入流对象，文件打开失败时抛出异常

156

使用 FileInputStream 读取文件内容的具体步骤如下，示意图如图 6-6 所示。

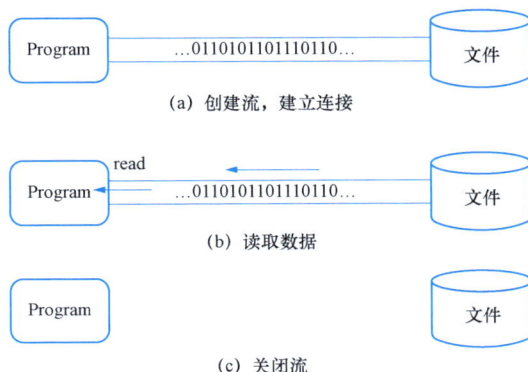

(a) 创建流，建立连接

(b) 读取数据

(c) 关闭流

图 6-6 读取文件数据示意图

（1）创建 FileInputStream 流对象，建立文件连接，相当于打开文件，代码为：

```
FileInputStream fis =new FileInputStream("D:\\test\\data.txt");        //创建流对象
```

或者，

```
File myFile =new File("D:\\test\\data.txt");                          //创建 File 对象
FileInputStream fis =new FileInputStream(myFile);                     //创建流对象
```

注意，创建流时可能抛出异常，需要进行异常处理。

（2）调用 read()方法读取流中的数据，read()方法有如下多种形式，根据需要选用。

```
public int read()
public int read(byte b[])
public int read(byte[] b,int off,int len)
```

（3）读取完毕后，要关闭流。

```
fis.close();
```

【例 6-2】 文件字节输入流应用示例，从文本文件中读取数据并显示在屏幕上。

```java
import java.io.*;
public class App6_2 {
    public static void main(String[] args) {
        try {
            File file =new File("D:\\test\\data.txt");        //创建 File 对象
            FileInputStream fis =new FileInputStream(file);   //创建输入流对象
            int n;
            while((n=fis.read())! =-1){                        //循环读取数据
                System.out.print((char)n);                    //显示数据
            }
            fis.close();                                      //关闭流
        } catch(FileNotFoundException fnfe){                   //捕获异常
```

```
                System.out.println("文件打开失败。");
        } catch(IOException ioe){                                        //捕获异常
                System.out.println("文件读取异常。");
        }
    }
}
```

说明 在程序中，使用 read()方法每次读取一个字节，方法返回值为 int 类型，强制转换为 char 类型后显示在屏幕上。循环读取全部数据，循环条件为 read()方法的返回值不为 - 1。在创建流和读取数据时可能抛出 FileNotFoundException 和 IOException 异常，使用 try-catch 语句捕获异常。

文件中的数据以及程序运行结果如图 6 - 7 所示，可以看到汉字显示不正确，这是因为一个汉字占两个字节，程序中每次读取一个字节并显示，因此会出现乱码现象。

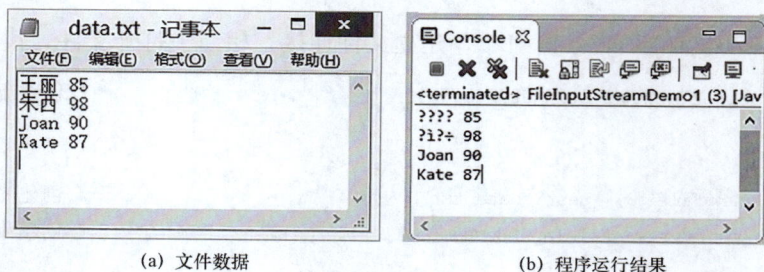

(a) 文件数据   (b) 程序运行结果

图 6 - 7　文件数据与程序运行结果（一）

读取数据时，可以读取单个字节，也可以读取多个字节存入字节数组。修改［例 6 - 2］中的程序，一次读取全部数据存入字节数组。修改后的读取数据的代码为：

```
byte[] buf =new byte[(int)(file. length())];  //定义字节数组，以文件长度作为数组的长度
fis.read(buf);                                //一次读取全部数据存入字节数组
String str =new String(buf);                  //将字节数组转换为字符串
System.out.println(str);                      //显示文件数据
```

除了这两种读取数据的方式外，还可以采用分块读取的方式，即一次读取固定长度的数据，多次读取，到达文件末尾时结束，读取数据的代码具体为：

```
int n =1024,count;
byte[] buf =new byte[n];                       //定义字节数组，数组长度为 n
while((count=fis.read(buf))! =-1){             //读取数据存入数组
    System.out.print(new String(buf,0,count)); //将字节数组转换为字符串后输出
}
```

其中，while 循环条件是（count=fis. read(buf))!=-1，执行 read()方法时，一次读取1024 个字节的数据存入 buf 数组，read()方法的返回值是实际读取到的字节数，到达文件末尾时返回值为—1。

6.3.2.2　文件字节输出流 FileOutputStream 类

FileOutputStream 类继承了 OutputStream 类，是进行文件写操作的最基本的类。

FileOutputStream 类的构造方法如表 6-8 所示，其他常用方法与 OutputStream 类相同，参看表 6-2，这里不再赘述。

表 6-8 FileOutputStream 类的构造方法

方法原型	说明
public FileOutputStream(File file) throws FileNotFoundException	使用 File 对象创建文件输出流对象，文件打开失败时抛出异常
public FileOutputStream(File file，boolean append) throws FileNotFoundException	使用 File 对象创建文件输出流对象，参数 append 指定是否追加文件内容，true 为追加方式，false 为覆盖方式
public FileOutputStream(String fileName) throws FileNotFoundException	使用文件名创建文件输出流对象
public FileOutputStream(String fileName,boolean append) throws FileNotFoundException	使用文件名创建文件输出流对象，参数 append 指定是否追加文件内容

创建 FileOutputStream 类的对象时，如果文件不存在，系统会自动创建该文件，但是当文件路径中包含不存在的目录时创建失败、抛出异常。

使用 FileOutputStream 类将数据输出到文件的步骤如下，示意图如图 6-8 所示。

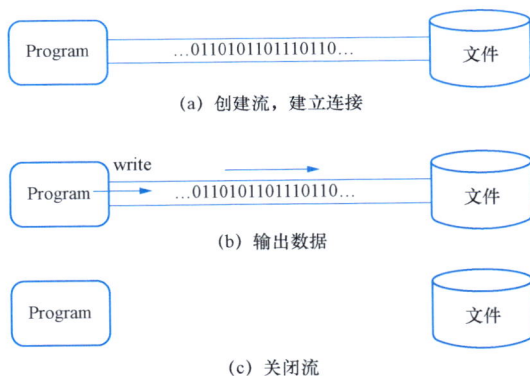

(a) 创建流，建立连接

(b) 输出数据

(c) 关闭流

图 6-8 将数据输出到文件示意图

（1）创建 FileOutputStream 流对象，建立文件连接。将数据写入文件时，有覆盖和追加两种方式，默认是覆盖方式。覆盖是指清除文件原有数据，写入新数据；追加是指保留文件原有数据，在原有数据末尾写入新数据。

创建输出流的代码为：

```
File myFile = new File("D:\\test\\data.txt");
FileOutputStream fos = new FileOutputStream(myFile);        //覆盖方式
```

或者，

```
FileOutputStream fos = new FileOutputStream(myFile,true);//追加方式
```

注意，创建输出流对象时可能抛出异常，需要进行异常处理。

（2）调用 write()方法将数据输出到文件，write()方法有如下多种形式，根据需要选用。

```
public void write(int b);
public void write(byte b[]):
public void write(byte b[],int off,int len);
```

（3）读取完毕后要关闭流。

```
fos. close();
```

【例 6 - 3】 文件字节输出流应用示例。从键盘输入一串字符，将这些字符输出到文件。

```
import java.io. * ;
import java.util. * ;
public class App6_3 {
    public static void main(String args[]) {
        try {
            //创建文件字节输出流对象
            FileOutputStream fos = new FileOutputStream("Output. txt");
            System.out.print("请输入一行字符：");
            Scanner sc =new Scanner(System. in);
            String s =sc. nextLine();                //输入一行字符
            byte buffer[] =s. getBytes();            //将字符串转换为字节数组
            fos.write(buffer);                       //将字节数组输出到文件
            fos.close();                             //关闭输出流
            System. out. println("已保存到文件 Output. txt!");
        }catch(FileNotFoundException fnfe){
            System. out. println("文件打开失败。");
        }catch(IOException ioe){
            System. out. println("文件输出异常。");
        }
    }
}
```

程序运行结果为：

请输入一行字符：*This is a book.*
已保存到文件 Output.txt!

打开文件 Output.txt，其中的内容为：

This is a book.

说 明 程序中，将输入的一串字符写入文件时，由于使用的是字节流，因此先将字符串转换为字节数组后再写入文件。程序运行之前，Output. txt 文件并不存在，创建

160

FileOutputStream 对象时，会自动创建该文件，并接受后续的数据写入。

若要向文件中追加写入数据，创建流对象时要指定数据写入方式为追加方式，如下所示：

```
FileOutputStream fos = new FileOutputStream(file,true);
```

【例 6-4】 应用文件字节流实现文件的复制。

分析 文件复制是将源文件的内容完整地复制到目的文件。这一过程涉及从源文件读取数据，然后将这些数据写入目的文件。这就要求建立两个流：一个输入流连接源文件，一个输出流连接到目的文件，如图 6-9 所示。

图 6-9　文件复制示意图

```java
import java.io.*;
public class App6_4 {
    public static void main(String[] args) throws FileNotFoundException,IOException {
        File sourceFile=new File("src.txt");                      //源文件对象
        File destFile=new File("dest.txt");                       //目的文件对象
        FileInputStream fis =new FileInputStream(sourceFile);     //创建源文件输入流
        FileOutputStream fos =new FileOutputStream(destFile);     //创建目的文件输出流
        System.out.println("开始复制文件...");
        byte[] buf =new byte[1024];                               //创建字节数组
        int count;
        while((count=fis.read(buf))!=-1){                         //读取源文件数据
            fos.write(buf,0,count);                               //输出到目的文件中
        }
        System.out.println("文件复制成功!");
        fis.close();                                              //关闭输入流
        fos.close();                                              //关闭输出流
    }
}
```

说明 程序运行时，如果目的文件不存在，会自动创建新文件，并将数据写入，如果目的文件存在，则直接覆盖原有内容。为了便于说明，本例对文件访问中可能抛出的异常采用了声明异常的方式，读者可进一步完善。

6.3.3　文件字符流

FileInputStream 和 FileOutputStream 为字节流，读写汉字可能出现乱码。FileReader 和 FileWriter 为字符流，可直接操作 Unicode 字符，在读写汉字时不会出现乱码，使用起来更为方便。

二维码6-5
视频讲解41

6.3.3.1 文件字符输入流 FileReader 类

FileReader 类是 Reader 类和 InputStreamReader 类的子类。FileReader 类的构造方法见表 6-9，其他常用方法与 Reader 类相同，参看表 6-3，这里不再赘述。

表 6-9　　　　　　　　　　　　　　　FileReader 类的构造方法

方法原型	说明
public FileReader(File file) throws FileNotFoundException	使用 File 对象创建文件输入流对象，文件打开失败时抛出异常
public FileReader(String fileName) throws FileNotFoundException	使用文件名创建文件输入流对象，文件打开失败时抛出异常

【例 6-5】 文件字符输入流应用示例。将［例 6-2］改用字符流实现，从文本文件中读取数据并显示在屏幕上。

```java
import java.io.*;
public class App6_5 {
    public static void main(String[] args){
        try {
            File file = new File("D:\\test\\data.txt");      //创建 File 对象
            FileReader fr = new FileReader(file);            //创建字符流对象
            int n;
            while((n = fr.read())! = -1){                    //循环读取数据
                System.out.print((char)n);                   //显示数据
            }
            fr.close();                                      //关闭流
        }catch(FileNotFoundException fnfe) {
            System.out.println("文件打开失败。");
        }catch(IOException ioe) {
            System.out.println("文件输入异常。");
        }
    }
}
```

说 明 在程序中，调用 read()方法逐个字符读取数据，该方法的返回值为 int 类型，强制转换为 char 类型后赋给变量 ch。由于采用了字符流，解决了汉字乱码的问题，文件数据及程序运行结果如图 6-10 所示。

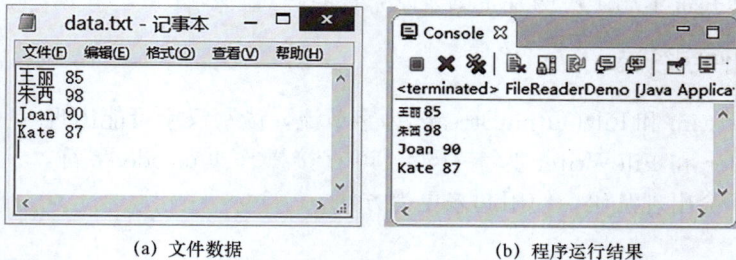

(a) 文件数据　　　　　　　　(b) 程序运行结果

图 6-10　文件数据与程序运行结果（二）

6.3.3.2 文件字符输出流 FileWriter 类

FileWriter 类是 Writer 类和 OutputStreamWriter 类的子类，其构造方法如表 6 - 10 所示，其他常用方法与 Writer 类相同，参看表 6 - 4，这里不再赘述。

表 6 - 10　　　　　　　　　　　　FileWriter 类的构造方法

方法原型	说明
public FileWriter(File file) throws IOException	使用 File 对象创建文件输出流对象，文件打开失败时抛出异常
public FileWriter(File file, boolean append) throws IOException	使用 File 对象创建文件输出流对象，参数 append 指定是否为追加方式，true 为追加，false 为覆盖
public FileWriter(String fileName) throws IOException	使用文件名创建文件输出流对象
public FileWriter(String filename, boolean append) throws IOException	使用文件名创建文件输出流对象，参数 append 指定是否为追加方式，true 为追加，false 为覆盖

【例 6 - 6】 文件字符输出流应用示例。输入多个字符串，以"♯"结束，将这些字符串写入文件中，要求一个字符串占一行。

分析 FileWriter 类包含了用于输出字符串的 write() 方法，直接调用即可。另外，为了使每个字符串占一行，在写入字符串后需要追加一个"回车"换行符。不同的操作系统使用不同的"回车"换行符，为了使程序更通用，可以调用 System 类的 getProperty("line.separator") 方法来动态获取当前操作系统的"回车"换行符。

```java
import java.io.*;
import java.util.*;
public class App6_6 {
    public staticvoid main(String args[]) {
        try {
            FileWriter fw = new FileWriter("Output.txt");          //创建输出流
            Scanner sc = new Scanner(System.in);
            String ch = System.getProperty("line.separator");      //获取换行符
            String s;
            System.out.println("请输入多行字符,以♯结束:");
            while(true) {
                s = sc.nextLine();                                 //输入一行字符
                if(s.equals("♯")) {                                //判断是否是"♯"
                    break;
                }else {
                    fw.write(s);                                   //输出字符串
                    fw.write(ch);                                  //输出"回车"换行符
                }
            }
            fw.close();                                            //关闭输出流
            System.out.println("已保存到 Output.txt!");
```

```
            }catch(FileNotFoundException fnfe){
                System.out.println("文件打开失败。");
            }catch(IOException ioe){
                System.out.println("文件输出异常。");
            }
        }
    }
```

程序运行结果为：

请输入多行字符，以＃结束：
Java 语言是面向对象的语言
Java 语言具有跨平台性
＃
已保存到 Output.txt!

打开文件 Output.txt，其中的内容为：

Java 语言是面向对象的语言
Java 语言具有跨平台性

6.3.4　文件对话框

在前面的例子中，要操作的文件是预先确定的，将文件名直接写在了代码中。为了增强程序的灵活性和通用性，可以在执行程序时再确定要操作的文件，首先输入文件名，再以文件名为参数创建流对象，代码为：

```
Scanner sc = new Scanner(System.in);
String filename = sc.nextLine();              //输入文件名
FileWriter fw = new FileWriter(fileName);     //以文件名为参数创建流对象
```

这种通过控制台输入文件名的方式虽然提高了程序的灵活性，但也容易出错。使用图形用户界面中的文件对话框让用户选择文件会更加便利，如图 6-11 所示。

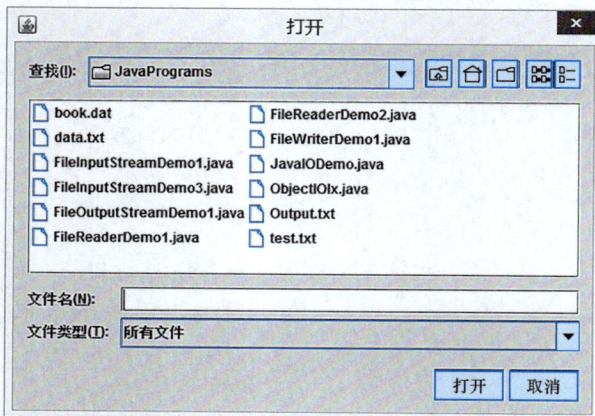

二维码6-6
扩展资源6

图 6-11　文件选择对话框

在 javax.swing 包中提供了 JFileChooser 类，类中包含创建文件对话框的方法，使用方便。详细介绍参见扩展资源 6。

6.4　实体流和装饰流

除了按照流的方向和数据组织形式对流进行分类外，还可以按照流是否直接连接数据源（例如文件）将流分为实体流和装饰流两类。

实体流能够直接连接数据源，独立使用就可以实现对数据源的读写，如文件流。装饰流不能直接连接数据源，不能独立使用，必须在其他流（实体流或其他装饰流）的基础上使用，常用的有缓冲流、数据流和对象流等。例如访问文件，可以只使用文件流来实现，也可以在文件流的基础上配合使用装饰流来实现，如图 6 - 12 所示。

这就像家里的自来水管，如果水质不够理想，可以在水管末端加上过滤管道，如果水温太低，可以再加上一段加热管道，这样就可以用到既洁净又温度适宜的水了。这里面就包含了三段管道，其中自来水管是基础，可看作是实体流，过滤管道和加热管道都是在水管基础上发挥作用的，属于装饰流。

由于装饰流是在其他流的基础上创建的，这种创建流的方式称作流的嵌套。需要强调的是，在流的嵌套中，各个流的性质必须相同，也就是流的组织形式（字节/字符）、流的方向（输入/输出）都要一致。装饰流不改变实体流中的数据内容，只是对实体流做了一些功能上的增强，例如提高读写的速度或者提供更多的读写方式等。装饰流实际上是一种设计模式（装饰模式）的具体应用，通过装饰模式来扩展流的功能，使用灵活方便。关于装饰模式的详细介绍参见扩展资源 7。

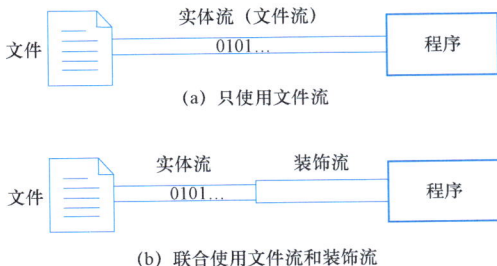

(a) 只使用文件流

(b) 联合使用文件流和装饰流

图 6 - 12　实体流与装饰流

需要注意的是，有了装饰流之后，程序将调用装饰流的成员方法来读写数据。下面分别以缓冲流、数据流、对象流为例，详细介绍装饰流的使用。

6.5　缓　冲　流

在实际的软件开发中，除了基本的输入/输出功能的实现，还需要考虑读写效率的问题，缓冲流通过减少对外存的读写次数，能够有效提升数据的输入/输出效率。当输入数据时，将数据以块为单位读入缓冲区，这样，后续的读操作可以直接从缓冲区获取数据；同理，当输出数

165

据时，先将数据写入缓冲区，当缓冲区中的数据满了以后，才将缓冲区中的数据整体输出。

缓冲流包括缓冲字节流（BufferedInputStream 和 BufferedOutputStream）与缓冲字符流（BufferedReader 和 BufferedWriter）。

6.5.1 缓冲字节流

1. 缓冲字节输入流 BufferedInputStream 类

BufferedInputStream 类是 InputStream 类的子类，其常用方法参见表 6 - 1。缓冲流必须在其他流的基础上使用，因此在其构造方法中，有一个参数是字节输入流对象，见表 6 -11。

表 6 - 11   BufferedInputStream 类的构造方法

方法原型	说明
public BufferedInputStream(InputStream in)	创建具有默认大小缓冲区的缓冲字节输入流
public BufferedInputStream(InputStream in, int size)	创建具有指定缓冲区大小的缓冲字节输入流

例如，在文件流基础上使用缓冲流实现文件数据的读取，创建流的代码为：

```
FileInputStream inOne = new FileInputStream("data.txt");        //创建文件流
BufferedInputStream inTwo = new BufferedInputStream(inOne);      //创建缓冲流
```

实际上，流创建好之后，数据的读取都是通过缓冲流来进行，文件流对象名一般不再使用，因此，可将上面两条语句合并起来：

```
BufferedInputStream in = new BufferedInputStream(new FileInputStream ("data.txt"));
```

2. 缓冲字节输出流 BufferedOutputStream 类

BufferedOutputStream 类是 OutputStream 类的一个子类，其常用方法可参见表 6 - 2，在它的构造方法中，有一个参数是字节输出流对象，见表 6 -12。

表 6 - 12   BufferedOutputStream 类的构造方法

方法原型	说明
public BufferedOutputStream(OutputStream out)	创建具有默认大小缓冲区的缓冲字节输出流
public BufferedOutputStream(OutputStream out, int size)	创建具有指定大小缓冲区的缓冲字节输出流

例如，在文件流基础上使用缓冲流将数据写入文件，创建流的代码为：

```
FileOutputStream outOne = new FileOutputStream("data.txt");        //创建文件流
BufferedOutputStream outTwo = new BufferedOutputStream( outOne);  //创建缓冲流
```

或者，合二为一：

```
BufferedOutputStream out = new BufferedOutputStream (new FileOutputStream("data.txt"));
```

【例 6 - 7】 采用缓冲流实现文件的复制。

166

分析 文件的复制是从源文件读取数据，再将这些数据写入目的文件。读写文件必须使用文件流，加上缓冲流可以提高读写的效率。

```java
import java.io.*;
public class App6_7 {
    public static void main(String[] args) throws FileNotFoundException,IOException {
        File sourceFile = new File("src.txt");            //源文件对象
        File destFile = new File("dest.txt");             //目的文件对象
        //创建源文件缓冲输入流
        BufferedInputStream bis = new BufferedInputStream(
                                    new FileInputStream(sourceFile));
        //创建目的文件缓冲输出流
        BufferedOutputStream bos = new BufferedOutputStream(
                                    new FileOutputStream(destFile));
        System.out.println("开始复制文件...");
        byte[] buf = new byte[1024];                       //创建字节数组
        int i;
        while((i = bis.read(buf))! = -1){                  //从输入流中读取数据
            bos.write(buf,0,i);                            //写入输出流中
        }
        System.out.println("文件复制成功!");
        bis.close();                                       //关闭输入流
        bos.close();                                       //关闭输出流
    }
}
```

6.5.2 缓冲字符流

1. 缓冲字符输入流 BufferedReader 类

BufferedReader 类是 Reader 类的子类，其构造方法见表 6-13，它的常用方法可参见表 6-3。此外，还增加了读取一行字符的方法 readLine()，见表 6-13。

表 6-13   **BufferedReader 类的构造方法和新增方法**

方法原型	说明
public BufferedReader(Reader in)	构造方法，创建具有默认大小缓冲区的缓冲字符输入流
public BufferedReader(Reader in, int size)	构造方法，创建具有指定大小缓冲区的缓冲字符输入流
public String readLine() throws IOException	从缓冲输入流中读取一行字符，以字符串的形式返回（不包括"回车"符），如果已到达流末尾，则返回 null

2. 缓冲字符输出流 BufferedWriter 类

BufferedWriter 类是 Writer 类的一个子类，其常用方法可参见表 6-4。此外，类中增加了 newLine()方法用于输出一个行分隔符，见表 6-14。不同的平台下，行分隔符并不相同。在 Windows 平台下，假设 bw 是一个缓冲字符输出流对象，则 bw.write("\r\n");与

bw.newLine();等价。

表 6 - 14　　　　　　　**BufferedWriter 类的构造方法和新增的常用方法**

方法原型	说明
public BufferedWriter(Writer out)	构造方法，创建具有默认大小缓冲区的缓冲字符输出流
public BufferedWriter(Writer out，int size)	构造方法，创建具有指定大小缓冲区的缓冲字符输出流
public void newLine() throws IOException	向缓冲输出流中写入一个行分隔符

【例 6 - 8】　缓冲流应用示例。从键盘上输入若干个字符串写入文件，一个字符串占一行，然后再从文件中逐行读取字符串并显示出来。

分析　将字符串写入文件时，需要在每个字符串末尾加上行分隔符。

```
import java.io. * ;
import java.util.Scanner;
public class App6_8 {
    public static void main(String[] args) throws FileNotFoundException,IOException {
        File file = new File("data. txt");
        //创建缓冲输出流
        BufferedWriter bw = new BufferedWriter(new FileWriter(file));
        Scanner scanner = new Scanner(System.in);
        String s;
        System.out.println("请输入字符串,以＃结束:");
        while(!(((s = scanner.nextLine()).equals("＃")))){    //输入字符串
            bw.write(s);                                       //写入文件
            bw.newLine();                                      //写入行分隔符
        }
        bw.close();                                            //关闭流
        //创建缓冲输入流
        BufferedReader br =new BufferedReader(new FileReader(file));
        String str;
        System.out.println("文件中的内容为：");
        while((str = br. readLine())! = null){                 //逐行读取数据
            System.out.println(str);
        }
        br.close();
    }
}
```

程序运行结果为：

请输入字符串,以# 结束:
Java 语言是一门面向对象的语言
学习 Java 语言需要多编程多实践
#

文件中的内容为:

Java 语言是一门面向对象的语言
学习 Java 语言需要多编程多实践

6.6 数 据 流

请思考一个问题,如果要将整数 123456 写入文件,应该如何实现呢? 尝试使用文件字节输出流,调用 write() 方法来输出这个整数,代码如下:

```
FileOutputStream fos = new FileOutputStream("temp.dat");
fos.write(123456);
```

这种方法显然行不通,因为 FileOutputStream 的 write() 方法只能输出整数的一个字节,其他字节都舍掉了。为了能正确输出,可将整数拆分成多个字节再输出到文件,或者将整数转换为字符串,再使用文件字符流写入文件。但是,这两种方式在输出数据和读取数据时都要进行类型转换,步骤烦琐。实际上,这种情况可以使用数据流。

数据流专门用于读写基本数据类型的数据(整型、实型、布尔型等),包括数据输入流 DataInputStream 和数据输出流 DataOutputStream。使用数据流需要注意的是:

二维码6-10
视频讲解44

(1) 数据流属于装饰流,不能独立使用。

(2) 使用 DataOutputStream 输出的数据,要使用 DataInputStream 读取,这两个类必须配合使用,否则会发生数据错误。这是由于使用 DataOutputStream 输出数据时,除了数据以外,还加上了特定的格式信息。

(3) 读取数据时,数据的类型和顺序必须与输出数据时的类型和顺序保持一致。

由于数据输入流和数据输出流必须配合使用,因此,下面首先介绍数据输出流。

6.6.1 数据输出流 DataOutputStream 类

DataOutputStream 类继承了 FilterOutputStream 类和 OutputStream 类,实现了 DataOutput 接口,除了包含输出字节或字节数组的 write() 方法以外,还增加了一系列的 writeXxx() 方法来输出各种类型的数据,见表 6-15。

表 6-15 **DataOutputStream 类的常用方法**

方法原型	说明
public DataOutputStream(OutputStream out)	构造方法
public final void writeBoolean(boolean v) throws IOException	输出 boolean 型数据
public final void writeByte(int v) throws IOException	输出 byte 型数据
public final void writeChar(int v) throws IOException	输出 char 型数据
public final void writeInt(int v) throws IOException	输出 int 型数据
public final void writeLong() throws IOException	输出 long 型数据

方法原型	说明
public final void writeFloat(float v) throws IOException	输出 float 型数据
public final void writeDouble(double v) throws IOException	输出 double 型数据
public final void writeUTF(String str) throws IOException	输出 UTF 格式的字符串

使用数据输出流 DataOutputStream，将数据输出到文件中，具体步骤为：

（1）创建文件流和数据流，代码为：

```
FileOutputStream fos = new FileOutputStream("test.dat");    //创建文件流
DataOutputStream dos = new DataOutputStream(fos);           //创建数据流
```

可以合并成一条语句：

```
DataOutputStream dos = new DataOutputStream(new FileOutputStream("test.dat"));
```

（2）调用 writeXxx() 方法将数据输出到文件中

```
dos.writeChar('A');                                         //输出字符
dos.writeInt(1234);                                         //输出整数
dos.writeDouble(90.56);                                     //输出实数
dos.writeUTF("ABC");                                        //输出字符串
```

输出数据的具体过程是，首先由 DataOutputStream 将原始数据值转换为字节序列，再通过 FileOutputStream 将字节序列输出到文件中。

Q&A 如何应用数据流将整数 123456 写入文件呢？

代码如下：

```
DataOutputStream dos = new DataOutputStream(new FileOutputStream("test.dat"));
dos.writeInt(123456);
```

6.6.2 数据输入流 DataInputStream 类

DataInputStream 类继承了 FilterInputStream 类和 InputStream 类，实现了 DataInput 接口，除了包含读取一个字节或若干字节的 read() 方法以外，还增加了一系列的 readXxx() 方法来读取各种类型的数据，见表 6-16。

表 6-16　　　　　　　　　　　**DataInputStream 类的常用方法**

方法原型	说明
public DataInputStream(InputStream in)	构造方法
public final boolean readBoolean() throws IOException	读取 boolean 型数据
public final byte readByte() throws IOException	读取 byte 型数据
public final char readChar() throws IOException	读取 char 型数据

方法原型	说明
public final int readInt() throws IOException	读取 int 型数据
public final long readLong() throws IOException	读取 long 型数据
public final float readFloat() throws IOException	读取 float 型数据
public final double readDouble() throws IOException	读取 double 型数据
public final String readUTF() throws IOException	读取 UTF 格式的字符串

使用数据输入流 DataInputStream 从文件中读取数据，具体步骤为：

（1）创建文件流和数据流，代码为：

```
FileInputStream fis =new FileInputStream("test.data");        //创建文件流
DataInputStream dis =new DataInputStream(fis);                //创建数据流
```

可以合并成一条语句：

```
DataInputStream dis =new DataInputStream(new FileInputStream(inFile));
```

（2）调用 readXxx()方法从文件中读取数据。

```
char c = dis.readChar();        //读取字符
int i = dis.readInt();          //读取整数
double d = dis.readDouble();    //读取实数
String s = dis.readUTF();       //读取字符串
```

需要注意，读取数据的顺序必须与之前输出数据的顺序一致。

【例 6 - 9】 数据流应用示例。学生类包括姓名、院系、年龄和平均成绩四个成员变量。输入 3 个学生的信息，采用数据流将学生信息存入文件。再从文件中读取出来，显示在屏幕上。

分析 定义学生类，包含 4 个成员变量。在主方法中输入学生数据，将这些数据逐项写入文件中。一个学生有 4 项数据，需要写 4 次，不同类型的数据要调用不同的方法。从文件中读取数据时，必须按照写入的顺序逐项读出来，不同类型的数据调用不同的方法。

```
import java.io. * ;
import java.util. * ;
class Student{
    private String name;
    private String department;
    private int age;
    private double score;
    Student(String name,String department,int age,double score) {      //构造方法
        this.name=name;
        this.department=department;
        this.age=age;
        this.score=score;
```

171

```
        }
        String getName(){
            return name;
        }
        String getDepartment(){
            return department;
        }
        int getAge(){
            return age;
        }
        double getScore(){
            return score;
        }
    }
    public class App6_9 {
        public static void main(String args[]){
            Student[] stu=new Student[3];
            Scanner sc=new Scanner(System. in);
            DataInputStream dis=null;
            DataOutputStream dos=null;
            try {
                //创建文件输出流、缓冲输出流和数据输出流
                dos=new DataOutputStream(new BufferedOutputStream(
                                            new FileOutputStream("student. txt")));
                System.out.println("请输入学生的姓名、院系、年龄、成绩:");
                for( int i=0; i<3; i++ ){
                    //输入学生数据,创建 Student 对象,将学生数据写入流中
                    stu[i] =new Student(sc. next(),sc. next(),sc. nextInt(),sc. nextDouble());
                    dos.writeUTF(stu[i]. getName());        //将姓名写入流中
                    dos.writeUTF(stu[i]. getDepartment());  //将院系写入流中
                    dos.writeInt(stu[i]. getAge());         //将年龄写入流中
                    dos.writeDouble(stu[i]. getScore());    //将成绩写入流中
                }
                dos.close();                                //关闭流
            }catch(FileNotFoundException e) {
                System.out.print("文件打开失败");
            }catch(IOException e) {
                System.out.print("文件写入错误");
            }
            try {
                //创建文件输入流、缓冲输入流和数据输入流
                dis=new DataInputStream(new BufferedInputStream(
                                            new FileInputStream("student.txt")));
```

```
                //从流中读取数据,注意读取数据的顺序必须与之前写入的顺序一致。
                System.out.println("文件中的内容:");
                for(int i=0; i<3; i ++ ){
                    System.out.print(dis.readUTF() + "  ");        //读取姓名并显示
                    System.out.print(dis.readUTF() + "  ");        //读取院系并显示
                    System.out.print(dis.readInt() + "  ");        //读取年龄并显示
                    System.out.println(dis.readDouble());          //读取成绩并显示
                }
                dis.close();                                        //关闭流
            }catch(FileNotFoundException e) {
                System.out.print("文件打开失败");
            }catch(IOException e) {
                System.out.print("文件读取错误");
            }
        }
}
```

程序运行结果为:

请输入学生的姓名、院系、年龄、成绩:
王丽 计算机系 19 98
李强 机械工程系 18 75
江汉 建筑工程系 20 87

文件中的内容:

王丽 计算机系 19 98.0
李强 机械工程系 18 75.0
江汉 建筑工程系 20 87.0

说　明　程序中综合应用了3种流,首先创建了文件流,然后以文件流为参数创建了缓冲流来提高文件读写效率,再以缓冲流为参数创建了数据流以方便各种数据类型的读写。

6.7　对象流与对象序列化

内存中的对象会在程序运行结束时被清除,如果以后还要使用这个对象,就要将其保存起来。[例6-9]使用数据流将Student对象的各个成员变量写入文件,在需要的时候再读取进来。这种将一个完整的对象拆分成多项数据分别写入文件的方式固然可行,但是比较烦琐,而且当成员变量是对象类型时会更复杂。实际上,Java提供了ObjectInputStream类和ObjectOutputStream类来支持对象的输入和输出,称为对象流。

6.7.1　对象序列化与Serializable接口

对象序列化是将对象转换为易于存储和传输的字节序列的过程,需

二维码6-11
视频讲解45

173

要时再将对象重构出来，称为反序列化，对象反序列化是将字节序列恢复为原来的对象的过程。若要对象能够序列化，它所属的类要实现 Serializable 接口。Serializable 接口是一个空接口，不包含任何方法，实现这个接口只是一个标志，表示该类的对象可以序列化。Serializable 接口在 java.io 包中，其定义为：

```
public interface Serializable {
    //什么都没有
}
```

一个类实现 Serializable 接口时，除了在类的首部加上"implements Serializable"外，类体不需要做任何改变，类的定义为：

```
class MyClass implements Serializable {
    //这里没有任何变化
}
```

这样一来，该类的对象就可以序列化了。注意，对象序列化时，不保存对象的 transient 变量（临时变量）和 static 变量（静态变量）。

6.7.2 对象流

对象的序列化（输出）和反序列化（输入）通过对象流来实现，对象流属于装饰流。与数据流类似，对象输入流（ObjectInputStream 类）和对象输出流（ObjectOutputStream 类）必须配合使用，下面首先介绍对象输出流。

6.7.2.1 对象输出流 ObjectOutputStream 类

ObjectOutputStream 类继承了 OutputStream 类，实现了 ObjectOutput 等接口。除了输出字节和字节数组的方法之外，还新增了很多方法，包括输出对象的方法、输出各种基本数据类型的方法以及输出字符串的方法等，见表 6-17。

表 6-17　　　　　ObjectOutputStream 类的构造方法和常用方法

方法原型	说明
public ObjectOutputStream(OutputStream out) throws IOException	构造方法
public final void writeObject(Object obj) throws IOException	输出对象
public void writeBoolean(boolean v) throws IOException	输出 boolean 型数据
public void writeByte(int v) throws IOException	输出 byte 型数据
public void writeChar(int v) throws IOException	输出 char 型数据
public void writeInt(int v) throws IOException	输出 int 型数据
public void writeLong(long v) throws IOException	输出 long 型数据
public void writeFloat(float v) throws IOException	输出 float 型数据
public void writeDouble(double v) throws IOException	输出 double 型数据
public void writeUTF(String str) throws IOException	输出 UTF 格式的字符串

例如，使用对象流将对象和基本类型数据写入文件，代码为：

```
FileOutputStream fos=new FileOutputStream("data.txt");    //创建文件流
```

```
ObjectOutputStream oos =new ObjectOutputStream(fos);        //创建对象流
oos.writeObject(new Date());                               //将 Date 对象写入文件
oos.writeInt(123);                                         //将整数写入文件
oos.close();                                               //关闭对象流
```

【例 6 - 10】 对象输出流应用示例。学生类包括姓名、院系、年龄和平均成绩 4 个成员变量。输入若干个学生的信息，采用对象流将学生信息存入文件。

分析 Student 类的定义同前，包含 4 个成员变量和 1 个构造方法，为了能够进行序列化，Student 类要实现 Serializable 接口。在主方法中输入学生数据，创建学生对象，然后将该对象写入文件。而如果使用数据流的话，4 个成员变量需要写 4 次，这是对象流比数据流优越的地方。为了以后读取方便，将对象写入文件之前，可以先将对象的数量写入文件。

```
import java.io. * ;
import java.util. * ;
class Student implements Serializable {              //实现 Serializable 接口
    private String name;
    private String department;
    private int age;
    private double score;
    Student(String name,String department,int age,double score) {
        this.name=name;
        this.department=department;
        this.age=age;
        this.score=score;
    }
    void print() {
        System. out. println(name + "\t" + department + "\t" + age + "\t" + score);
    }
}
public class App6_10{
    public static void main(String[] args) {
        ObjectOutputStream oos;
        int count;
        Scanner sc=new Scanner(System.in);
        try {//创建文件流和对象流
            oos=new ObjectOutputStream(new FileOutputStream("student. txt"));
            System.out.println("请输入学生的人数:");
            count = sc.nextInt();                    //输入学生的人数
            oos.writeInt(count);                     //将学生数写入文件
            Student[] stu =new Student[count];       //创建学生数组
            System.out.println("请输入学生的姓名、院系、年龄、成绩");
            for(int i=0; i<count; i ++ ){
                stu[i] =new Student(sc.next(),sc.next(),sc.nextInt(),sc.nextDouble());
```

```
                    oos.writeObject(stu[i]);              //将 Student 对象写入文件
                }
                oos.close();                              //关闭流
        } catch(FileNotFoundException e){
                System.out.print("文件打开失败");
        } catch(IOException e){
                System.out.print("文件写入错误");
        }
    }
}
```

程序运行结果为：

请输入学生的姓名、院系、年龄、成绩：
王丽 计算机系 19 98
李强 机械工程系 18 75
江汉 建筑工程系 20 87

6.7.2.2 对象输入流 ObjectInputStream 类

ObjectIntputStream 类继承了 InputStream 类，实现了 ObjectInput 等接口，除了基本的读取一个字节和若干字节的 read() 方法以外，还新增了很多方法，包括读取对象的方法、读取各种基本数据类型的方法以及读取字符串的方法等，见表 6‑18。

表 6‑18   ObjectIntputStream 类的常用方法

方法原型	说明
public ObjectInputStream(InputStream in) throws IOException	构造方法
public final Object readObject() throws IOException，ClassNotFoundException	读取对象
public boolean readBoolean() throws IOException	读取 boolean 型数据
public byte readByte() throws IOException	读取 byte 型数据
public char readChar() throws IOException	读取 char 型数据
public int readInt() throws IOException	读取 int 型数据
public long readLong() throws IOException	读取 long 型数据
public float readFloat() throws IOException	读取 float 型数据
public double readDouble() throws IOException	读取 double 型数据
public String readUTF() throws IOException	读取 UTF 格式的字符串

需要注意的是，从对象流中读取对象时，返回值是 Object 类型，需要做类型转换。
通过对象流从文件中读取数据时，读取的顺序要与之前写入的顺序一致，代码为：

```
FileInputStream fis =new FileInputStream("data.txt");   //创建文件流
ObjectInputStream ois =new ObjectInputStream(fis);      //创建对象流
Date date =(Date)ois.readObject();                      //读取对象并转换为 Date 类型
int i =ois.readInt();                                   //读取整数
```

【例6-11】 对象输入流应用示例。从文件中读取 Student 对象并显示在屏幕上。

分析 读取数据时，首先读取对象数量，然后再逐个读取 Student 对象。Student 类的定义与［例6-10］相同，这里省略。

```java
import java.io. * ;
import java.util. * ;
public class App6_11 {
    public static void main(String[] args){
        int count;
        ObjectInputStream ois;
        try {//创建文件流和对象流
            ois=new ObjectInputStream(new FileInputStream("student.txt"));
            count=ois.readInt();                    //读取学生数
            Student[] stu=new Student[count];       //创建 Student 数组
            for( int i=0; i<count; i ++ ){
                stu[i] =(Student)ois. readObject(); //读取 Student 对象
                stu[i]. print();                    //输出学生数据
            }
            ois.close();
        }catch(FileNotFoundException e){
            System. out. print("文件打开失败");
        }catch(IOException e){
            System. out. print("文件读取错误");
        }catch(ClassNotFoundException e){
            e. printStackTrace();
        }
    }
}
```

程序运行结果为：

王丽 计算机系 19 98.0
李强 机械工程系 18 75.0
江汉 建筑工程系 20 87.0

💡 思 考
   如何实现对象的复制，使得这两个对象完全独立？即一个对象的改变不影响另一个对象。

对象序列化后存放到磁盘上或者在网络上传输，都可能存在安全问题。一些敏感数据，如证件号码、密码等如果不希望被序列化，那么只需在声明这些成员变量时加上 transient 关键字即可，例如：

```java
transient String password;
```

这样一来，在对象序列化时，这些成员变量的值不会被保存；反序列化时，这些成员变量被赋予默认值。

6.7.3 Externalizable 接口

如果一个类实现了 Serializable 接口，那么在其对象序列化时，除了 transient 变量和 static 变量外，其他成员变量都要被序列化。如果希望只序列化部分成员变量，或者增加其他数据项时，就要通过实现 Externalizable 接口来进行。也就是说，实现 Externalizable 接口可以控制对象的读写。

Externalizable 接口在 java.io 包中，它继承了 Serializable 接口。接口中有两个方法 writeExternal() 和 readExternal()，如表 6-19 所示。

表 6-19   Externalizable 接口中的方法

方法原型	说明
void writeExternal(ObjectOutput out) throws IOException	输出对象
void readExternal(ObjectInput in) throws IOException，ClassNotFoundException	输入对象

实现 Externalizable 接口的类必须实现 writeExternal() 和 readExternal() 方法，同时必须拥有一个公有的无参构造方法，在反序列化时要调用它。

如果一个类实现了 Externalizable 接口，那么当采用 ObjectOutputStream 流输出对象时，会自动调用 writeExternal() 方法，按照方法规定的逻辑保存对象数据。当采用 ObjectInputStream 流输入对象时，会自动调用 readExternal() 方法。

【例 6-12】 使用 Externalizable 接口控制对象的读/写。

```
import java.io. * ;
import java.util.Date;
class Student implements Externalizable {
    private String name;
    private String department;
    private int age;
    private double score;
    Student(String n,String d,int a,double s) {
        name=n;
        department=d;
        age=a;
        score=s;
    }
    public Student(){                          //公有的无参构造方法
    }
    void print() {
        System. out. println(name + "\t" + department + "\t" + age + "\t" + score);
    }
```

```java
        //当序列化对象时,writeExternal()方法被自动调用
        public void writeExternal(ObjectOutput out) throws IOException {
                Date date=new Date();
                out.writeObject(date);                  //输出非自身的变量
                out.writeObject(name);                  //输出成员变量
                out.writeDouble(score);                 //输出成员变量
        }
        //当反序列化对象时,readExternal()方法被自动调用
        public void readExternal(ObjectInput in) throws IOException,ClassNotFoundException {
                Date date=(Date)in.readObject();        //读取非自身的变量
                System. out. println(date);
                this. name=(String)in.readObject();     //读取成员变量
                this. score=in. readDouble();           //读取成员变量
        }
}
public class App6_12 {
        public static void main(String[] args)
                        throws FileNotFoundException,IOException,ClassNotFoundException {
                System. out. println("开始序列化");
                //创建对象输出流,将对象输出到文件
                ObjectOutputStream oos =new ObjectOutputStream(
                                        new FileOutputStream("student. txt"));
                //将 Student 对象写入文件,会自动调用 writeExternal()方法
                oos. writeObject(new Student("王聪","计算机系",20,90));
                oos. writeObject(new Student("李瑞","中文系",19,85));
                oos.close();
                System. out. println("开始反序列化");
                //创建对象输入流
                ObjectInputStream ois =new ObjectInputStream(new FileInputStream("student. txt"));
                //从对象流中读取对象,会自动调用 readExternal()方法
                Student stu1=(Student)ois.readObject();
                Student stu2=(Student)ois.readObject();
                ois.close();
                stu1.print();
                stu2.print();
        }
}
```

程序运行结果为:

```
开始序列化
开始反序列化
Fri Mar 29 7:05:19 CST 2024
```

```
Fri Mar 29 7:05:19 CST 2024
王聪    null    0    90.0
李瑞    null    0    85.0
```

说明　在 writeExternal()方法中定义要输出的数据，首先输出当前的日期时间，然后输出成员变量 name 和 score 的值（未输出 department 和 age）。在 readExternal()方法中规定要读取的数据，这些数据与 writeExternal()方法中的输出数据一一对应。首先读取日期时间，然后读取 name 和 score。readObject()方法的返回值是 Object 类型，要进行类型转换。

在主方法中，创建对象输出流，然后创建两个 Student 对象并调用 writeObject()方法将这两个对象输出到文件中。执行 writeObject()方法时会自动调用 writeExternal()方法，将日期时间、name 和 score 写入文件。然后创建对象输入流，调用 readObject()方法从文件中读取两个 Student 对象，读取时会自动调用 readExternal()方法，根据 readExternal()方法的逻辑首先读取日期时间，然后读取 name 和 score。

从程序运行结果看出，实现 Externalizable 接口能够自主定制对象序列化过程，可以有选择地输出成员变量，也可以输出非对象自身的数据。之前我们对敏感数据采用的方法是不输出，这并不能解决根本问题，如果这些数据必须要保存的话，可以在 writeExternal()和 readExternal()方法中增加加密和解密功能，既保存了数据，又能保证安全性，这也是 Externalizable 接口的便利之处。

6.8　流　的　关　闭

6.8.1　在 finally 块中关闭流

在完成了流的操作后，就要调用 close()方法关闭流，释放系统资源。在前面的例子中，流的声明、创建以及关闭都在 try 块中进行，如果在执行 try 块时抛出了异常，那么流的关闭语句可能得不到执行。一种更好的方式是在 finally 块中关闭流，这样，无论是否抛出异常，流都会被关闭。采用这种方式时，需要注意以下几点：

（1）close()方法可能抛出异常，需要进行异常处理。

（2）流对象的声明不能放在 try 块内，否则在 finally 块中无法访问该对象。

（3）如果流对象是局部变量，应该初始化为 null。

（4）由于流对象的创建可能会失败，因此在关闭流之前，应该判断流对象是否为 null，如果不为 null 再去关闭。

二维码6-13
视频讲解47

【例 6-13】　在 finally 块中关闭流示例。

```
import java.io.*;
public class App6_13 {
    public static void main(String[] args) {
        BufferedReader br =null;                        //流的声明和初始化,放在 try 块前
        try {
            File file=new File("data.txt");
```

```
                        br=new BufferedReader(new FileReader(file));    //创建缓冲输入流
                        String str;
                        System. out. println("文件中的内容为:");
                        while((str=br. readLine())!=null) {                //逐行读取数据
                            System.out.println(str);
                        }
                } catch(IOException ioe) {
                        System.out.println(ioe.toString());
                } finally {                                            //在 finally 块中关闭流
                        if(br!=null) {                                //判断 br 是否不为 null
                            try {                                    //异常处理
                                br.close();                          //关闭流
                            } catch(IOException ioe){
                                ioe.toString();
                            }
                        }
                }
        }
}
```

程序运行结果为:

文件中的内容为:
Java 语言是一门面向对象的语言
学习 Java 语言需要多编程多实践

6.8.2　自动关闭流

将关闭流的代码放在 finally 块中，虽然能解决流的关闭问题，但代码较冗长。从 Java
7 开始，提供了 try-with-resources 语句来实现资源的自动关闭，具体形式为:

```
try（资源的声明与创建）{
    //使用资源
} catch（ExceptionType e）{
    …
} finally {
    …
}
```

关于 try-with-resources 语句的说明如下:

（1）将资源对象的声明和创建都置于 try 后面的小括号里，如有多个资源，用分号
隔开。

（2）在 try 后小括号内创建的资源对象在 try 块结束时会自动释放，不需要显式调用
close()方法。也就是说，我们只管创建资源，而不用考虑资源的关闭问题。

（3）在 try 后小括号内创建的资源对象是 try 块的局部变量，作用域只限于 try 块

内部。

（4）与普通的 try 块相同，后面可以有 catch 块和 finally 块。

（5）这种方式只能用于那些实现了 java.lang.AutoCloseable 接口的资源。所有基于流的 I/O 类都实现了这个接口，因此能够使用 try-with-resources 语句来解决流的关闭问题。

【例 6 - 14】 自动关闭流示例。将［例 6 - 13］中的程序修改为自动关闭流的形式。

```java
import java.io. * ;
public class App6_14 {
    public static void main(String[] args) {
        File file=new File("data. txt");
        //在 try()内声明和创建流
        try(BufferedReader br=new BufferedReader(new FileReader(file))){
            String str;
            System. out. println("文件中的内容为:");
            while((str =br. readLine())!=null){          //逐行读取数据
                System. out. println(str);
            }
        }catch(IOException ioe){
            System.out.println(ioe. toString());
        }
    }
}
```

与显式关闭流的方式相比，try-with-resources 语句更简洁、更健壮，建议在 Java 7 以上的版本中使用这种方式。try-with-resources 语句不仅可以用于流的操作，也可以应用到数据库编程和网络编程中所涉及的资源，只要资源实现了 AutoCloseable 接口即可。

本 章 配 套 资 源

二维码6-14
第6章思维
导图

二维码6-15
第6章示例
代码汇总

二维码6-16
第6章习题

二维码6-17
第6章扩展
资源汇总

第7章

数 据 库 编 程

在现代软件开发过程中，数据库的使用几乎成为一个不可或缺的部分。Java 语言为数据库应用编程提供了丰富的类库支持。在本章中，将介绍 Java 数据库连接应用编程接口 JDBC 的相关概念，结构化查询语言 SQL，以及使用 JDBC 技术开发数据库应用程序的基本方法和过程。

本章目标

- 了解数据库基本概念及 SQL 语句，掌握使用 JDBC 技术访问数据库的基本方法和过程。
- 能够开发具有一定规模的数据库应用程序。
- 恪守职业道德准则，防范诸如 SQL 注入等安全问题。

7.1 数据库概念及 SQL 语句

7.1.1 数据库基本概念

如果想把表 7-1 所示的课程表中的信息存储下来，一种方法是将这些信息存储到一个文本文件中，如图 7-1（a）所示。但是，后续当需要通过 Java 程序读取这些信息时，却并不方便。比如，要查询周三第 2 节的课程内容。假如，课程的地点信息存储在另一个独立的文件中〔见图 7-1（b）〕，那么当想获得这个课程更详细的信息时，如周三第 2 节上什么课，在哪里上，就需要更为复杂的处理才能实现。

二维码7-1
视频讲解48

表 7-1　　　　　　　　　　课　程　表

课程名称	上课时间	上课地点
数据库原理	周一 1 周三 4 周四 3 周五 2	教 1 楼 502
Java 语言	周一 2 周二 1 周四 4 周五 3	教 3 楼 301
离散数学	周一 3 周三 2 周三 1 周五 4	教 1 楼 108

续表

课程名称	上课时间	上课地点
软件工程	周一 4 周二 3 周三 2 周四 1	教 2 楼 104
数据结构	周二 4 周三 3 周四 2 周五 1	教 2 楼 203

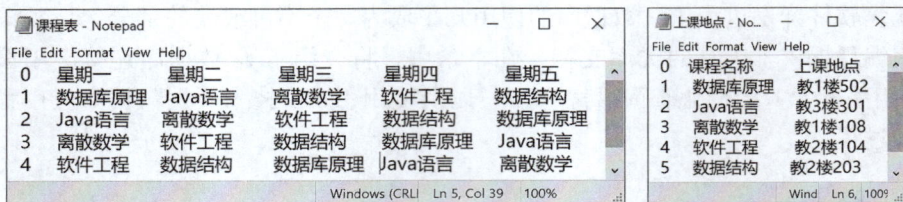

(a) 课程表

(b) 上课地点表

图 7-1　文本文件形式的课程表

　　数据库技术的应用使得存储、检索和处理相互关联的结构化数据变得更为便捷和高效。数据库（DataBase）就像日常生活中存放东西的仓库一样，可以分门别类地组织、存储和管理各类数据，是存放数据的仓库，是长期储存在计算机内的、有组织的、可共享的、大量数据的集合，是一个电子化的数据文件柜。那么，如何才能访问这些存储在计算机中的电子化数据文件集呢？这就需要通过数据库管理系统（DataBase Management System，DBMS）来访问数据库。DBMS 是位于用户与操作系统之间的一层数据管理软件，用于科学地组织和存储数据、高效地获取和维护数据。它是计算机的基础软件，是一个大型的、复杂的软件系统。通过 DBMS 用户能方便地定义和操纵数据，并保证数据的安全性、完整性、多用户对数据的并发使用及发生故障后的系统恢复等。

　　关系数据库（Relational DataBase）是建立在关系模型基础上的数据库。关系模型是目前应用最广泛的数据库类型，其核心概念是用行和列构成的表格来呈现数据的逻辑结构，使得数据在这些数据表中变得既直观又易于管理。每张表都是一个数据项的集合。其中，表格的每一行代表一个数据实体，称为元组或记录；而每一列则定义了一个数据特征，被称作属性或字段。当一个或多个字段联合起来能够唯一确定表中的一条记录时，则称此字段或字段组为主键，也叫主关键字（primary key）。表结构详细记录了表的所有字段、字段的类型、主键等信息，如图 7-2 所示。一个数据库通常包含多个这样的表，每个表都有一个名字标识（如"学生表""成绩表"）用以明确区分和引用数据库中的不同数据集。

　　图 7-2 中给出的学生基本信息表包括 6 个字段，分别是学号、姓名、性别、出生日期、系别和学分绩点，其中主键是学号。表中包含 4 条记录，每一条记录对应一名学生的基本信息。

　　数据库、数据表之间的关系如图 7-3 所示。开发数据库应用程序，首先需要创建一个专门的数据库，以便整合和管理相关的数据集。比如，要建立一个教务管理系统，首先应该创建一个专为该系统设计的教务管理数据库。接下来，根据系统需求，在该数据库内创

图 7-2　学生基本信息表示意图

建必要的数据表（如学生选课表、学生信息表等）。建表就是要创建表结构，就像 C 语言中要声明一个结构体类型一样，需要说明它有哪些数据成员，每个成员叫什么名字，对应哪种数据类型。然后才可以用这种类型去声明变量，给变量赋值或进行其他操作。在创建好数据表后，就可以对表进行各种操作，去添加、修改或删除记录。

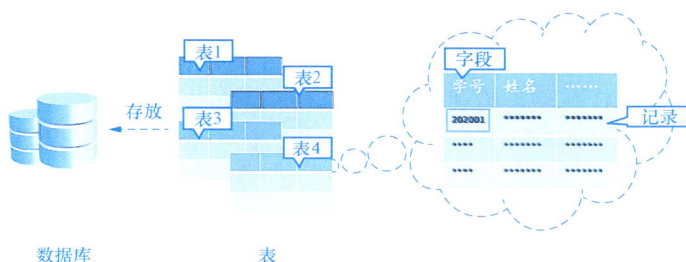

图 7-3　数据库、数据表关系示意图

7.1.2　MySQL 数据库管理系统

常用的关系型数据库管理系统有甲骨文公司旗下的 Oracle 和 MySQL、微软的 SQL server，以及人大金仓、神州通用、华为 GaussDB 等国内产品。不同的数据库管理系统操作方法可能不同。在本章中，将以关系型数据库管理系统 MySQL 为例，介绍建立数据库和数据表的过程以及通过 Java 语言访问数据库中数据的方法。

MySQL 由瑞典的 MySQL AB 公司开发，现在为 Oracle 旗下产品，因其体积小，运行速度快，开源免费，可移植性强，并为多种编程语言提供了 API，已成为最广泛使用的关系型数据库管理系统之一。

MySQL 的数据对象包括：库、表、视图、存储过程和函数，在本章中，仅介绍 MySQL 的库和表，并不涉及 MySQL 中的复杂数据对象，比如视图、存储过程和函数。

"库"对应于 MySQL 数据对象中的 Database/Schema；"表"对应于 MySQL 数据对象中的 Table，即数据表。表 7-2 给出了 MySQL 中的一些常用数据类型。

表 7-2　　　　　　　　　　　　MySQL 的常用数据类型

数据类型	含义	范围
CHAR（m）	长度为 m 的定长字符串	m（0～255）
VARCHAR（m）	最大长度为 m 的变长字符串	m（0～65535）

续表

数据类型	含义	范围
INT，INTEGER(m)	整数，m表示数值显示的宽度	4字节
SMALLINT(m)	短整数	2字节
DECIMAL(m, d)	m为所占位数（精度，范围1~65），d为小数点后面有d位数字（标度，范围0~30）	变化
DOUBLE(m, d)	双精度浮点数	8字节
FLOAT(m, d)	单精度浮点数	4字节
DATE	日期，含年、月、日，格式为YYYY-MM-DD	3字节

关于 MySQL 的相关操作参见扩展资源 8。

二维码7-2
扩展资源8

7.1.3　结构化查询语言（SQL）

在 Java 数据库应用程序中，若要访问数据库中的数据，只能通过执行 SQL 语句来实现。SQL 是 Structured Query Language（结构化查询语言）的缩写，它是关系数据库的标准查询语言，用于查询、更新和管理关系数据库。SQL 语言结构简洁，功能强大，简单易学。自 IBM 于1981 年推出以来，SQL 语言得到了广泛的应用。几乎所有主流的关系数据库管理系统都支持 SQL 作为查询语言。数据库应用程序可以通过 SQL 语句与数据库进行通信，而不需要用户去指定底层数据的存放方法，以及具体的数据存放方式。

SQL 集数据定义语言（Data Definition Language，DDL），数据操纵语言（Data Manipulation Language，DML），数据控制语言（Data Control Language，DCL）功能于一体，完成核心功能只用了 10 个动词（数据定义：CREATE，DROP，ALTER；数据操纵：SELECT，IN-SERT，UPDATE，DELETE；数据控制：GRANT，DENY，RE-VOKE）。DDL 是 SQL 语言中负责数据结构定义与数据库对象定义的语言。DML 负责实现对数据库的基本操作，包括对表中数据的查询、插入、删除和修改。DCL 用来设置或者更改数据库用户或角色及其权限。

二维码7-3
视频讲解49

7.1.4　常用 SQL 语句

限于篇幅，本节只介绍最常用的数据操纵 DML 语言。DML 语言包括数据查询（SE-LECT）和数据更新（INSERT、UPDATE、DELETE）两大类操作。

7.1.4.1　数据查询

数据查询是指把数据库中的数据根据用户的需要提取出来，所提取的数据称为结果集。SQL 查询使用 SELECT 语句。例如：

```
SELECT sid,sname,sex,birth,dept,gpa
FROM stu_info
WHERE sex = '男'
```

该查询是要从一个创建好的"stu_info"表中，查找所有性别为男的学生信息，这些信息包括 sid（学号）、sname（姓名）、sex（性别）、birth（出生日期）、dept（所在院系）以及 gpa（学分绩点），其中学号是主键。

通过 SELECT 子句可以选择表中的若干列；通过 WHERE 子句可以选择表中的若干满足条件的记录；FROM 子句指定了从哪个表中查询这些记录。

具体而言，SELECT 语句的一般格式：

SELECT［ALL｜DISTINCT］<目标列表达式>［，<目标列表达式>］…
FROM<表名或视图名>［，<表名或视图名>］…
［WHERE<条件表达式>］
［GROUP BY<列名>［ HAVING <条件表达式>］］
［ORDER BY<列名>［ ASC｜DESC ］］

功能：返回指定表中满足查询条件的记录。

说 明　SELECT 语句由多个子句组成。其中，SELECT 子句指定要显示的字段；FROM 子句指定查询对象，为表或视图；WHERE 子句指定查询条件；GROUP BY 子句对查询结果按指定字段的值进行分组，列值相等的记录为一组；HAVING 子句筛选出满足指定条件的组；ORDER BY 子句对查询结果按指定列值的升序或降序排列。WHERE、GROUP BY、HAVING、ORDER BY 子句都可以缺省。

在本书中仅介绍单表查询的情况。单表查询是指查询仅涉及一个表，是最简单的查询操作。

（1）选择表中的若干列。即选出要查询的字段，有两种方式：

1）在 SELECT 关键字后面列出相关字段名称；

2）将<目标列表达式>指定为 * ，这时列出的是所有字段。

例如，查询全体学生信息，以下两种方式等价：

```
SELECT sid,sname,sex,birth,dept,gpa
FROM stu_info
```

或

```
SELECT *
FROM stu_info
```

（2）选择表中的若干记录。查询满足条件的记录可通过 WHERE 子句实现。WHERE 查询条件及运算符参见表 7 - 3。

表 7 - 3　　　　　　　　　　　　　　　**WHERE 查询条件及运算符**

查询条件	运算符
比较	= ,> ,< ,>= ,<= ,!= ,<> ,!> (不大于),!< (不小于);NOT+ 上述比较运算符
确定范围	BETWEEN AND，NOT BETWEEN AND
确定集合	IN，NOT IN
字符匹配	LIKE，NOT LIKE
空值	IS NULL，IS NOT NULL
逻辑运算	AND，OR，NOT

7.1.4.2　数据更新

数据更新包括插入数据、修改数据、删除数据3种操作。

（1）插入数据。

格式：INSERT　INTO <表名>[(<字段列1>[，<字段列2>…)]
　　　　　VALUES（<常量1>[，<常量2>]　…　　　　　）

功能：将新记录插入到指定表末尾，其中新记录的字段列1的值为常量1，字段列2的值为常量2，以此类推。

　说　明　VALUES子句提供的值必须与INTO子句匹配，包括值的个数和值的类型；INTO子句中的字段列的顺序可与表定义中的顺序不一致；INTO子句可以指定部分字段列，对于没有指定的字段列，新记录将在这些列上取空值。（注意：如果在表定义的时候，说明了NOT NULL的字段不能取空值，否则会出错）；如果INTO子句没有指定任何字段列名，则新记录必须在每个字段列上都有值，且VALUES子句中列出的值的顺序与表定义时字段列的顺序要一致。

例如，将一个新的学生信息（sid：2024129011；sname：陈冬；sex：男；birth：2006/11/21；dept：计算机；gpa：3.5）的信息插入到stu_info表中。

```
INSERT INTO stu_info(sid,sname,sex,birth,dept,gpa)
VALUES('2024129011','陈冬','男','2006/11/21','计算机',3.5)
```

（2）修改数据。

格式：UPDATE　<表名>
　　　　SET<列名>＝<表达式>[，<列名>＝<表达式>]…
　　　　[WHERE<条件>]

功能：修改指定表中满足WHERE子句条件的记录中指定列的值。

　说　明　SET子句指定要修改的列，以及修改后的取值；WHERE子句指定要修改的记录需要满足的条件，缺省时表示要修改表中的所有记录。

将学号为"2024129011"的学生的性别改为'女'

```
UPDATE stu_info
SET sex = '女'
WHERE sid = '2024129011'
```

（3）删除数据。

格式：DELETE　FROM　<表名>
　　　　[WHERE<条件>]

功能：删除指定表中满足WHERE子句条件的记录。

　说　明　WHERE子句指定删除需满足的条件，缺省时表示要删除全部记录。

删除学号为2024129011的学生记录。

```
DELETE FROM stu_info
WHERE sid = '2024129011'
```

除了上述数据操纵DML语言中的查询、增加、修改、删除语句外，SQL语言中的

DDL 语句、DCL 语句都可以直接运行在 MySQL 中（或其他关系数据库中）。Java 的数据库访问技术可以向不同的关系数据库传送 SQL 语句，在 7.2 节中将具体介绍 Java 访问数据库技术。

7.2　Java 访问数据库技术

Java 语言通过 JDBC 为应用程序提供统一接口来访问和操纵各种数据库。JDBC 是应用程序与数据库进行通信的中介，应用程序通过 JDBC API 可以向数据库传送 SQL 语句并获取 SQL 语句执行的结果。

7.2.1　JDBC 概述

Java 访问数据库的标准 API 称为 JDBC，它是 Java 语言中用来规范客户端程序如何访问数据库的应用程序接口，"JDBC"是一个注册术语，并不是首字母的缩写词，但常被认为表示 Java 数据库连接（Java Database Connectivity）。JDBC 由一组用 Java 语言编写的类与接口组成，这些类和接口包含在 java.sql 和 javax.sql 两个包中。使用 JDBC 技术使

二维码7-4
视频讲解50

得程序能够将 SQL 语句传送给几乎任何一种数据库管理系统。通过执行 SQL 语句可以对数据库中的数据进行添加、删除、修改操作，还可以获取查询结果。

如何利用 Java 来开发数据库应用程序呢？最初，Java 开发人员曾希望通过扩展 Java，直接用"纯"Java 语言与任何数据库管理系统通信。但是，很快他们发现这是一项无法完成的任务。因为业界存在许多不同的数据库，而且它们使用的协议也各不相同。一方面，Java 开发人员希望只需了解 Java 访问数据库的一般架构，就可以访问不同的数据库，而不用去关注不同数据库各自的访问协议及底层实现细节。另一方面，数据库提供商和数据库工具开发商也希望能够自主提供底层的驱动程序，这样更有利于他们不断优化更新各自的数据库驱动程序，从而提升性能和兼容性。既然结构化查询语言 SQL 是关系数据库的业界标准，如果 Java 能够基于这种标准语言，提供一套使用 SQL 访问关系型数据库的一般架构，再由不同的数据库提供商对架构协议中的这些接口提供各自的具体实现，这样就可以通过不同的驱动程序连接到特定的数据库上了。因此，Java 就提供了这样的一个访问数据库的标准 API，称为 JDBC。

JDBC API 就是一个 Java 接口和类的集合，这些接口和类中定义了使用 SQL 访问关系数据库的一般架构。数据库提供商或驱动程序开发商为这些接口提供具体的实现。比如，访问 MySQL 数据库就需要使用 MySQL 提供的 JDBC 驱动程序文件，而访问 Oracle 数据库就需要使用 Oracle 提供的 JDBC 驱动程序文件。将实现了数据库访问接口协议的类文件聚合起来形成 Java 归档文件，也就是 jar 文件，即形成所谓的驱动程序文件。

图 7-4 展示了 Java 应用程序、JDBC API、JDBC 驱动程序和数据库之间的关系。JDBC 中定义了数据库通信架构中的接口和类，驱动程序开发商为这些接口提供具体实现。Java 开发者只需要遵守 Java 语言的相关约定，通过 JDBC 这个统一的接口，就可以开发独立于数据库管理系统的 Java 应用程序。

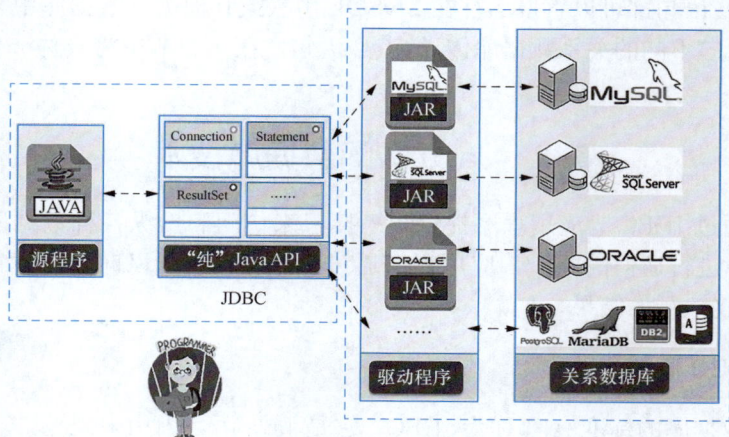

图 7-4　Java 数据库连接方式

7.2.2　在 Eclipse 中导入数据库驱动程序文件

二维码7-5
扩展资源9

在使用 Eclipse 或 MyEclipse 进行 Java 程序开发时，经常需要引入第三方 jar 文件以拓展项目的功能。在实现数据库连接和访问操作时，必须使用对应的数据库驱动程序文件（即 jar 文件）。为此，开发者首先需要下载与 JDK 及数据库版本相匹配的相应版本的驱动程序文件。例如，当需要连接 MySQL 时，就需要下载 MySQL 的驱动程序，它通常封装在一个以 mysql-connector-java 为前缀命名的，后接版本号的 jar 文件中。下载适当版本的驱动程序文件后，便可以将其导入到Eclipse中的 Java 项目里，为后续的数据库连接和操作做好准备。

本节以 MySQL 数据库驱动程序 jar 文件为例来说明导入过程（导入其他 jar 文件的过程也是如此）。导入的方法有多种。扩展资源 9 中介绍了其中的一种导入方式。

7.2.3　数据库的连接与访问

在 JDBC 中，所有的核心驱动程序接口都定义在 JDBC API 中，例如 Connection 接口、Statement 接口、ResultSet 接口等，这些接口的实现由不同的数据库厂商提供。数据库驱动程序实际上就是提供了这些接口的实现类，程序中加载数据库驱动程序的过程就是在为这些接口指定实现类。管理这些驱动程序的工作由 Java 的 DriverManage 类完成，它负责将 JDBC 声明的接口映射到数据库驱动提供的实现类上。当开发者在编写 Java 数据库应用程序时，只要加载了数据库驱动程序就可以直接使用接口中提供的各种方法，无须手动实现这些接口。

JDBC 相关的 API 主要在两个包中，一个是 java.sql 包。在这个包中，提供了大部分 JDBC 操作的类和接口，这些操作包括：建立与驱动程序的连接，创建和执行 SQL 查询等。另一个是 javax.sql 包。这个包为扩展包，引入了一些进阶特性，是对 java.sql 包的补充。比如，该包对连接池技术提供支持，增加了分布式的事务处理机制等。使用 JDBC 开发数据库应用程序涉及的几个常用接口和类，见表 7-4。

表 7 - 4   **JDBC API 中的常用接口或类**

接口或类	说明
DriverManager	此类用于加载和卸载各种驱动程序并建立与数据库的连接
DataSource（javax. sql 包中）	此接口为 DriverManager 的替代项，是建立数据库连接的首选方法
Connection	此接口表示与特定数据库的连接
PreparedStatement	此接口用于执行预编译的 SQL 语句
Statement	此接口用于执行 SQL 语句
ResultSet	此接口表示查询得到的数据结果集

7.2.3.1　通过 DriverManager 类连接数据库

JDBC 的主要功能包括：创建与数据库的连接、发送 SQL 语句到关系型数据库中、处理数据并返回结果。应用 JDBC 开发数据库应用一般包括的步骤如下。

1. 建立数据库连接

数据库连接的建立包括两个步骤：首先加载相应数据库的 JDBC 驱动程序，然后建立连接。

（1）加载 JDBC 驱动程序。在建立与特定数据库的连接之前，首先需要加载相应的数据库驱动程序，这一过程可以借助 Java 反射机制实现，具体操作是通过调用 Class. forName()方法来显式加载，其方法原型为：

二维码7-6
视频讲解51

```
public static Class<?> forName(String ClassName)throws ClassNotFoundException
```

二维码7-7
扩展资源10

Class. forName()方法是 Class 类（在 java. lang 包中）的静态方法，作用是返回与带有指定字符串名的类或接口相关联的 Class 对象。参数 ClassName 表示需要加载的 JDBC 驱动程序的类名。该方法会抛出 ClassNotFoundException 异常，这类异常有可能是驱动程序类名书写不正确或其他原因导致的，必须进行处理。调用 Class 类的静态方法 for-Name()方法，来向其传递要加载的数据库驱动的类名，以反射方式加载并初始化 JDBC 驱动。反射可以比喻为，在类未加载的情况下，通过获取该类的 Class 字节码文件对象来剖析和使用 Class 类中的方法。更多反射机制相关内容参见扩展资源 10。

表 7 - 5 列出了常用数据库的 JDBC 驱动程序类。以 MySQL 为例，需要下载所需版本的数据驱动包，然后通过 Class. forName("com.cj.mysql.jdbc.Driver"); 语句加载 MySQL JDBC 驱动。有关 jar 包的导入参见 7.2.2 节。

类似地，其他关系数据库管理系统的数据库驱动 jar 文件，需要先在其官方网站下载，这些 jar 文件会随着数据库管理系统及 JDK 版本的升级做相应的升级变化。

表 7 - 5   **JDBC 常见驱动程序类**

数据库	驱动程序类
MySQL	com. mysql. cj. jdbc. Driver（MySQL 8. 0）
Oracle	oracle. jdbc. driver. OracleDriver

数据库	驱动程序类
sqLite	org. sqlite. JDBC
SQL Server	com. microsoft. sqlserver. jdbc. SQLServerDriver

（2）**提供 JDBC 连接的 URL**。驱动加载好之后，就可以连接指定的数据库了。在连接时，需要指定要连接的数据库资源的地址，也就是 JDBC URL，以及被访问的数据库的用户名称和密码。JDBC URL 用于标识一个被注册的驱动程序，驱动程序管理器通过数据库资源地址（JDBC URL）选择正确的驱动程序及特定的数据源，从而建立与指定数据库的连接。

在 JDBC 中，连接数据库的 JDBC URL 遵循一定的格式，它定义了连接数据库时的协议、子协议和数据源标识，格式为：

协议：子协议：数据源标识

"协议"在 JDBC 中总是以"jdbc"开始；"子协议"用于指定数据库驱动的类型，通常是数据库管理系统的名称（以小写形式表示）；"数据源标识"用于标记数据库位置的详细信息，如计算机名、IP 地址、服务监听的端口号以及数据库的具体名称等。表 7-6 列出了常用数据库的 URL。

表 7-6   **JDBC 常用 URL**

数据库	URL 模式
MySQL	jdbc:mysql://hostname:port/dbname
Oracle	jdbc:oracle:thin:@hostname:port:oracleDBSID
SQLite	jdbc:sqlite://DatabasePath
SQL Server	jdbc:sqlserver://hostname:port;DatabaseName=dbname
Access	jdbc:Access:///DatabasePath

表 7-6 中，DatabasePath 为数据库所在路径，hostname 为数据库所在的主机名，port 为数据库监听连接请求的端口号，dbname 或 oracleDBSID 为具体的数据库。

例如：String url＝"jdbc:mysql://localhost:3306/test";

                                  计算机名 端口号数据库名

（3）**建立数据库连接**。要建立与数据库的连接，需要向 DriverManager 类请求获得 Connection 对象，该对象代表一个数据库的连接，就好比连接程序和数据库的一个通信缆道。调用 DriverManager 类的静态方法 getConnection()能够获得 Connection 对象，并通过它建立起 JDBC 驱动程序与指定数据库 URL 的连接。getConnection()方法的原型为：

```
public static Connection getConnection(String url,String username,String password)throws SQLException
```

其中，参数 username 和 password 为所连接数据源的用户名和密码。getConnection()方法会抛出 SQLException 异常，必须进行处理。

建立数据库连接的具体语句为：

```
Connection conn = DriverManager. getConnection(url,username,password);
```

【例 7 - 1】 数据库连接示例。

该例以 MySQL 为例，连接到名为 "test" 的数据库上。

```
import java.sql. * ;
public class App7_1{
    static final String JDBC_DRIVER = "com.mysql.cj.jdbc.Driver";
    static final String URL = "jdbc:mysql://localhost:3306/test?serverTimezone = UTC";
    static final String USER = "root";
    static final String PASSWORD = "password";
    public static void main(String[] args)throws ClassNotFoundException,SQLException{
        Class.forName(JDBC_DRIVER);
        Connection conn = DriverManager. getConnection(URL,USER,PASSWORD);
        if(conn! = null){
            System.out.println("连接成功!" + conn);
            conn.close();
        }
    }
}
```

说 明　［例 7 - 1］是一个建立数据库连接的示例，整合了之前讨论的各个步骤。这包括设置驱动程序类名、数据库资源地址、用户名和密码，通过反射机制加载驱动程序，创建连接对象，并最终关闭连接。其中，字符串 URL 中存放了数据库资源地址。需要特别注意的是，对于使用 MySQL 8.0 及以上版本的驱动包时，必须在 URL 的字符串中加入时区设置（例如 serverTimezone＝UTC），以避免时区不匹配导致的问题。比如，数据库的日志文件中是需要记录操作时间的，如果没有正确设置默认时区，在连接时就会报错。localhost 代表数据库服务器位于本地计算机上，而远程数据库服务器则可以通过其 IP 地址来访问；localhost 冒号后的数字代表服务器的端口号，通常 MySQL 的默认端口号为 "3306"；上例中的 "test" 为所连接的数据库名称。ClassNotFoundException 和 SQLException 是数据库访问中两种最常见的异常类型。ClassNotFoundException 可能在加载驱动的 Class. forName()方法中抛出。SQLException 是访问数据库的相关方法所声明的异常类型，它可以提供数据库访问的错误信息。这两种异常都是检查型异常，应予以捕获和处理。捕获异常后，可以根据需要进行相应的处理或将错误信息转换成用户可以理解的提示。运行这段代码后，控制台将显示连接对象的具体信息（一个具体的 Connection 实例对象）。

2. 执行 SQL 语句

（1）创建 Statement 语句对象。Statement 接口是 Java 执行数据库操作的一个重要接口，用于在已经建立数据库连接的基础上，向数据库发送要执行的 SQL 语句。如果把一个 Connection 对象想象成是一条连接程序和数据库的通信缆道，那么 Statement 对象或它的子类对象可以看作是一辆缆车，它为数据库传输 SQL 语句，并把其运行结果返回给程序。创建 Statement 对象需要调用 Connection 连接对象的 createStatement() 方法，具体语句为：

```
Statement stmt = conn. createStatement();
```

其中，conn 对象已经在上一步中创建。

（2）执行 SQL 语句。创建 Statement 对象后，就可以调用 Statement 接口的成员方法来执行 SQL 语句，Statement 接口的常用方法见表 7-7。

表 7-7   **Statement 接口的常用方法**

方法原型	说明
ResultSet executeQuery(String sql) throws SQLException	执行 SQL 查询语句，并将结果封装在结果集 ResultSet 对象中返回
int executeUpdate(String sql) throws SQLException	执行 SQL 更新语句或数据定义语句。返回值是受影响的记录行数
boolean execute(Stringsql) throws SQLException	执行给定的 SQL 语句，并返回一个布尔值，以指示执行的结果是否是 ResultSet 对象。如果第一个结果是 ResultSet 对象，则为 true；如果是更新计数或没有结果，则为 false
public void close() throws SQLException	释放 Statement 对象，关闭相应资源

可以调用 Statement 接口的不同的成员方法来执行不同类型的 SQL 语句。比如，调用 executeQuery() 方法来执行 SQL 查询语句：

```
String sql = "SELECT sid,sname,birth FROM stu_info";
ResultSet rs = stmt.executeQuery(sql);
```

在上述代码中，参数 sql 是以字符串形式表示的 SQL 语句。返回结果被封装在结果集 ResultSet 对象中带回，以便后用。

3. 处理结果集

结果集是一个 ResultSet 对象，用来保存 SQL 查询语句（SELECT）的返回结果。结果集类似于数据表，也以行、列的形式表现。每次执行 SQL 语句时，都会用新的结果覆盖结果集。当 Statement 对象关闭时，相关的 ResultSet 对象会自动关闭。

通过 ResultSet 对象的游标（见图 7-5）来访问结果集中的数据，游标指向结果集的某一行，称之为当前行。通常采用循环结构控制游标依次指向结果集中的每条记录。ResultSet 接口的 next() 方法用于将游标移动到下一条记录，并作为新的可操作的当前记录，因此，通过移动游标就可以访问结果集中的所有内容。需要注意的是，游标的最初位置位于第一条记录之前，需要调用 next() 方法才会使游标移动到第 1 条记录。另外，如果游标的位置已经到达结果集的末尾，则该方法返回 false，否则为 true。next() 方法可能抛出 SQLException 异常。

在游标定位到结果集中的某一记录后，就可以读取该行的数据。不同的 SQL 数据类型需要使用不同的读取方法，以实现 SQL 数据类型与 Java 数据类型的转换。MySQL 中各种常用的数据类型可以使用的读取方法见表 7-8。

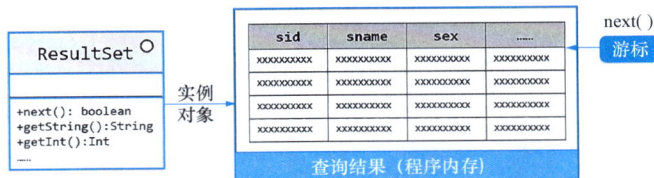

图 7 - 5　ResultSet 结果集示意图

表 7 - 8　　　　　　　　　　各种常用数据类型与结果集方法对应表

MySQL 数据类型	Java 数据类型	ResultSet 接口的对应读取方法
CHAR，VARCHAR	java. lang. String	getString()/getObject()/…
INT，INTEGER，SMALLINT	java. lang. Integer	getInt()/getShort()/getObject()/getString()/…
DOUBLE	java. lang. Double	getDouble()/getObject()/getString()/…
FLOAT	java. lang. Float	getFloat()/getObject()/getString()/…
DECIMAL	java. math. BigDecimal	getBigDecimal()/getObject()/getString()/…
DATE	java. sql. Date	getDate()/getObject()/getString()/…
TIME	java. sql.Time	getTime()/getObject()/getString()/…

　　读取结果集的数据时，需要确定读取哪个字段的内容，字段可以用字段名，也可以用字段的序号来标识，读取结果集数据的示例代码为：

```
ResultSet rs = stmt.executeQuery("SELECT * FROM stu_info");
while(rs.next()){               //采用循环结构依次访问各个记录
    String id = rs. getString("sid");   //用字段名"sid"来确定读取学号字段
    String name = rs. getString(2);    //用序号"2"来确定读取姓名字段,序号从 1 开始
    ……                        //读取其他字段
}
```

　　通过 Statement 对象 stmt 执行设定的查询数据库的语句，生成 ResultSet 对象 rs，它具有指向其当前记录的游标。最初，游标被置于结果集的第一条记录之前，通过 rs. next()方法将游标移动到下一条记录。当到达结果集的末尾时，rs. next()方法返回 false，因此，可以在while 循环中使用它来迭代结果集。

4. 关闭数据库连接

　　在数据库所有操作都完成后，要将数据库访问过程中建立的各个对象按顺序关闭，以释放系统资源。关闭顺序和声明顺序相反：①关闭 ResultSet 结果集对象；②关闭 Statement 语句对象；③关闭 Connection 连接对象。为了防止各个对象被重复关闭或者各个对象未创建成功就去关闭的现象出现，在关闭前应先判断对象是否为 null，只有不为 null 时才需要关闭。

```
try{
    if(rs!=null)
        rs.close();                //关闭 ResultSet 结果集对象
    if(stmt!=null)
```

```
        stmt.close();                        //关闭 Statement 语句对象
    if(conn!=null)
        conn.close();                        //关闭 JDBC 与数据库的连接
}catch(SQLException e){
    e.printStackTrace();
}
```

处理完查询后，最好马上关闭 Resultset 对象，尽管 Statement 对象关闭时会自动关闭 Resultset 对象，但主动关闭 Resultset 对象的好处是可以及时释放内存。同样的，Connection 对象关闭时，Statement 对象也会自动关闭，但也存在内存占用问题，因此建议采用上述办法依次关闭数据库访问过程中建立的各个对象。

此外，Java 7 后的 Connection、Statement、ResultSet、PreparedStatement 接口都实现了自动释放资源接口 AutoCloseable，因此也可以使用 try - with - resources 结构来自动关闭数据库资源。具体为，在 try 关键字后面的括号中初始化数据库访问所需的资源，待使用完毕后，Java 将自动关闭它们。

【例 7 - 2】 查询 stu _ info（sid，sname，sex，birth，dept，gpa）表中的所有记录，并将查询结果输出到控制台。

分析 首先通过 Connection 对象建立数据库连接，然后通过 Statement 对象执行 SQL 查询语句，最后通过循环来处理 ResultSet 查询结果集对象的每条记录。本例使用 try - with - resources 语句来创建及关闭资源。

```java
import java.sql.*;
public class App7_2 {
    static final String JDBC_DRIVER = "com. mysql. cj. jdbc. Driver";
    static final String URL = "jdbc:mysql://localhost:3306/test?serverTimezone = UTC";
    static final String USER = "root";
    static final String PASSWORD = "password";
    public static void main(String[] args){
        try {
            Class. forName(JDBC_DRIVER);
            String query = "SELECT * FROM stu_info";
            try(Connection conn = DriverManager. getConnection(URL,USER,PASSWORD);
                Statement stmt = conn. createStatement();
                ResultSet rs = stmt. executeQuery(query)) {
                while(rs. next()){
                    String id = rs. getString("sid");   //获取当前记录"sid"字段的内容
                    String name = rs. getString(2);   //获取第 2 列（即 sname）对应内容
                    System.out.println("学号:"+ id +" 姓名:"+ name);
                }
            }catch(SQLException e){
                System.out.println("数据库访问操作失败!");
            }
        }catch(ClassNotFoundException e1){
```

```
            System.out.println("驱动程序加载失败!");
        }
    }
}
```

程序运行结果为:

学号:2024129001 姓名:张清玫

学号:2024129002 姓名:李想

学号:2024130001 姓名:刘逸

学号:2024130002 姓名:王晨

通常情况下,通过 JDBC 连接数据库的时候,不会将数据库相关配置在代码中写死(硬编码),因为一旦数据库资源有所改动,就要重新打包部署到服务器或者替换相关的.class 文件,这样会非常不灵活。因此,一般会采取读取配置文件的方式来加载数据库相关配置。那么,再有改动时,只需修改配置文件就可以了。可以将数据库连接的配置信息(如 URL、用户名、密码)放入一个配置文件中,比如一个.properties 文件。这样做可以避免在代码中硬编码这些信息,提高代码的安全性和灵活性。java.util 包中的 Properties 类可以用于读取配置文件信息。更多使用 Properties 类的相关内容参见扩展资源 11。

7.2.3.2　通过 DataSource 接口建立连接

除使用 DriverManager 类来进行数据库的连接管理之外,Java 还提供了另外一种连接数据库的方式,即通过 DataSource 接口来建立连接。

在 JDBC™ 4.3 规范文档中提到,JDBC 2.0 中引入的 DataSource 接口是获取数据源连接的首选方法,其性能和扩展性更好。DataSource 接口在 javax.sql 包中,它只声明了 getConnection() 和 getConnection(String username,String password)两个重载方法,但未给出实现。DataSource 接口的实现通常由数据库厂商或第三方应用服务开发商提供,开发者可以直接使用它们。这些常用的开源实现类提供了一些连接的特性,比如连接超时设置、ResultSet 最大阈值等。

二维码7-8 扩展资源11

在简单的数据库应用场景中,使用 DriverManager 类建立连接是一种可行的方法,这些应用对数据库的访问不是很频繁。那么,就可以在需要访问数据库时,新创建一个连接,用完后再把它关闭。然而,对于更复杂的应用,这种方法由于频繁地建立和关闭连接而导致性能显著下降。想象一下,如果一家咖啡店每当顾客到来时才雇佣服务员,顾客离开后就解雇服务员,那么每次顾客再次到来或有新顾客时都需要重新进行雇佣和解雇的过程。这种做法不仅成本高昂,而且在现实生活中几乎不可行。通常咖啡店会固定雇佣若干服务员,以便在顾客到访时随时提供服务,并在顾客离开后待命,准备迎接下一位顾客。

二维码7-9 视频讲解52

类似地,在软件开发中,通过预先创建和维护一组数据库连接,并在应用程序需要时从中分配连接,然后在使用完毕后将连接归还而不是关闭,可以实现效率提升,这就是资源池技术。用于数据库访问的资源池技术就是数据库连接池。连接池本质上是一个存储数据库连接的容器,它允许连接的复用,减少了物理连接的建立次数。

当应用程序需要访问数据库时，可以直接从池中获取一个空闲的 Connection 连接对象。使用完毕后，连接不是被关闭，而是被归还到"池"中，恢复到一个可再次使用的状态。在 Web 开发和多客户端应用程序中，连接池技术被广泛采用。它使得较少数量的物理数据库连接可以被多个客户端共享，仅在连接池中没有可用连接时才创建新的物理连接。这既减少了创建和关闭连接的频繁操作，也优化了资源分配，从而显著提高了系统的性能和资源利用率。

DataSource 接口提供了用以实现连接池服务的规范。不过，JDBC 本身并不提供具体实现，通常，这个实现是由第三方数据库驱动供应商或者连接池库提供的。开发中往往直接使用常用的开源实现，比如 Druid、HikariCP、Poxool、BoneCP、Apache DBCP 等。

Q&A 连接池的作用是什么？

> 连接池中的数据库连接会不断的被应用程序重复利用，省去了大量重复性的建立连接的开销，大大提高对数据库操作的效率。

接下来，以基于常用开源实现 Druid 完成数据库连接为例，介绍 Java 语言如何通过 DataSource 接口来建立数据库连接。Druid 是 Alibaba 的一个开源 JDBC 组件库，包含数据库连接池、SQL 解析器等组件。其中，DruidDataSource 类实现了 DataSource 接口，可以直接使用。DruidDataSource 的相关配置属性列表等信息，可以通过访问 Druid 的 GitHub 官方仓库来了解。同时，还需要下载相应版本的依赖包，如 1.1.22 版本的 jar 包（druid-1.1.22.jar）并导入 Eclipse 中。

［例 7-3］是一个简单的 JDBC DataSource 数据库连接示例。使用 MySQL 和 Druid-DataSource 开源实现类，来获得数据库连接。

【例 7-3】 DataSource 数据库连接示例。

```java
import java.sql.*;
import javax.sql.DataSource;
import com.alibaba.druid.pool.DruidDataSource;
public class App7_3{
    public static DataSource getDataSource(String driverClassName,
                                String url,String username,String password){
        DruidDataSource dataSource = new DruidDataSource();
        dataSource.setDriverClassName(driverClassName);
        dataSource.setUrl(url);
        dataSource.setUsername(username);
        dataSource.setPassword(password);
        dataSource.setMaxActive(10);        //最大活动连接数
        dataSource.setInitialSize(5);       //初始连接数
        dataSource.setMinIdle(2);           //最小闲置连接数
        return dataSource;
    }
    public static void main(String[] args){
```

```
String JDBC_DRIVER = "com.mysql.cj.jdbc. Driver";
String URL = "jdbc:mysql://localhost:3306/test?serverTimezone = UTC";
String USER = "root";
String PSD = "password";
DataSource dataSource = getDataSource(JDBC_DRIVER ,URL,USER,PSD);
Connection conn = null;
try{
        conn = dataSource.getConnection();
        System.out.println("连接成功!" + conn);
}catch(SQLException e){
        e.printStackTrace();
}
    }
}
```

说　明　除了要导入 java. sql 包的相关类和接口外，还要导入 javax. sql 包中的 Data-
Source 接口，以及实现了 DataSource 接口的 DruidDataSource。在 App7 - 3 类中，自定义
一个静态方法 getDataSource()，这个方法可以返回一个 DataSource 对象，调用此方法时
需要指明驱动程序的类名、数据库资源地址，用户名和密码。创建 DruidDataSource 对象，
调用相关 setXxx()方法进行各项配置，通常需要配置 DriverClassName、Url、Username、
Password，MaxActive 等项。前四项为驱动程序类名、数据库资源地址、用户名和密码，
后面几项是针对连接池的配置，MaxActive 通常是需要指定的，它代表最大活动连接数，
其他几项可根据需要来确定是否要在部署 DataSource 对象时初始化。

在主方法中测试连接。首先给定连接时需要的字符串的内容，它们分别是驱动程序的
类名、数据库资源地址，用户名和密码，然后调用返回值为 DataSource 对象的自定义方
法 getDataSource()来得到一个 DataSource 对象，再调用 getConnection()方法就可以实现
连接了。获取连接之后，接着创建 stmt 对象就可以访问数据库了。

7.2.4　预处理语句接口 PreparedStatement

JDBC 提供了一些高级的特性，如：预编译语句、存储过程、事务等。本节将介绍预
编译语句的使用。在数据库应用开发中，有时 SQL 语句不能预先定义，需要根据用户输
入的数据来拼接成 SQL 语句。

例如：用户登录的实现。用户从键盘输入用户名和密码，程序获取用户输入后，查询
数据库中的 user 表，判断其是否为合法用户。查询用户信息的 SQL 语句为：

```
String sql = "SELECT * FROM user WHERE username = '" + suser + "' AND password = '" + spwd  + "'";
```

假如用户输入的用户名为：Zhanghua，密码为：123。那么拼接后的 ssql 就为：

```
String sql = "SELECT * FROM user WHERE username = 'Zhanghua' AND password = '123'";
```

尽管这种做法能够实现用户登录，但无论是可读性还是可维护性都较差。除此之外，
还存在潜在的安全性问题——SQL 注入，这是比较常见的网络攻击方式之一，通过添加
额外的 SQL 语句来实现一些非法的操作，比如执行非授权的任意查询，从而进一步得到

相应的数据信息。仍以用户登录为例，若用户在输入密码时，输入了"'OR'1'='1'"，那么这条 SQL 语句将变为：

```
SELECT * FROM user   WHERE username = ' * * * * ' AND password = ' 'OR '1' = '1'
```

WHERE 条件中的"＊＊＊＊"代表用户输入的任意信息。由于用户恶意加入"'OR'1'='1'"，使得 WHERE 后的条件限定变为永真条件（'1'='1'永真）而失去意义。

在开发应用软件时，需要特别注意各种安全性问题。作为计算机专业人员，绝不能利用自己的专业知识去从事危害公众利益的活动，同时，应该力争开发的软件产品符合最高的专业标准，并致力于促进与公众利益一致的专业诚信与声誉。

SQL 注入的问题，可以通过 PreparedStatement 接口来解决。PreparedStatement 接口继承了 Statement 语句接口。它的接口原型为：

```
public interface PreparedStatement extends Statement
```

作为 Statement 的子接口，PreparedStatement 接口除了继承 Statement 接口的所有功能外，还重载了 execute()、executeQuery()和 executeUpdate()3 种方法，使之不再需要参数。PreparedStatement 接口的常用方法见表 7-9。

表 7-9 　　　　　　　　　　　PreparedStatement 接口的常用方法

方法原型	说明
public ResultSet executeQuery() throws SQLException	执行 SQL 查询语句，并将结果封装在结果集对象 ResultSet 中返回
public int executeUpdate() throws SQLException	执行 SQL 更新语句或 DDL 语句。返回值是受影响的记录行数
public boolean execute() throws SQLException	执行 SQL 语句。返回值表示 SQL 语句执行成功与否
public void setInt(int parameterIndex, int x)throws SQLException	将指定的参数设置为给定的 Java int 值。当驱动程序将其发送到数据库时，将其转换为 SQL INTEGER 值
public void setFloat(int parameterIndex, float x)throws SQLException	将指定的参数设置为给定的 Java float 值。当驱动程序将其发送到数据库时，将其转换为 SQL REAL 值
public void setString(int parameterIndex, String x)throws SQLException	将指定的参数设置为给定的 Java String 值。在将其发送到数据库时，驱动程序将其转换为 SQL VARCHAR 或 LONGVARCHAR 值（取决于参数的大小相对于驱动程序对 VARCHAR 值的限制）
public void setDate(int parameterIndex, Date x)throws SQLException	使用 JVM 的默认时区将指定的参数设置为给定的 java.sql.Date 值。驱动程序在将其发送到数据库时将其转换为 SQL DATE 值
public void setTime(int parameterIndex, Time x)throws SQLException	将指定的参数设置为给定的 java.sql.Time 值。当驱动程序将其发送到数据库时，将其转换为 SQL TIME 值
public void setObject(int parameterIndex, Object x)throws SQLException	使用给定对象设置指定参数的值

二维码7-10 视频讲解53

　　与 Statement 对象不同，在创建 PreparedStatement 对象时需要指定 SQL 语句，并预先进行编译。即预编译语句中的 SQL 语句不再采用拼接方式，而是采用占位符 "?" 的方式书写 SQL 语句，可以很好地解决 SQL 注入问题。

　　预编译语句 PreparedStatement 支持带有参数的 SQL 语句，可以对同一条 SQL 语句进行参数替换从而实现多次使用。由于 PreparedStatement 对象已预编译过，所以其执行速度快于 Statement 对象，效率更高。因此，对于那些执行多次的 SQL 语句最好通过 PreparedStatement 对象来执行以提高效率。

　　具体步骤为：

　　（1）创建预编译语句。使用 Connection 接口的 prepared Statement() 方法创建 PreparedStatement 对象，例如：

```
PreparedStatement ssql = myConn. prepareStatement("SELECT * FROM user WHERE username =? AND password = ?");
```

　　myConn 为事先建立好的 Connection 对象，这条 SELECT 语句有两个 "?" 用作参数的占位符，它们分别表示要查询的 user 表中的一条记录的 username 和 password 的值。

> 📖 **提示**
>
> • 占位符只能替换值类型，不能替换表名、字段名或者其他关键词。

　　（2）设置预编译语句的参数值。若 SQL 语句中含有参数，则在执行语句前需要给定参数的值。PreparedStatement 接口提供了一系列 setXxx() 方法来完成此操作（参见表 7-8），其中的 "Xxx" 是参数的数据类型。所有的 SQL 数据类型都有一个相应的 setXxx() 方法：

```
public void setXxx(int paramIndex,Xxx value)throws SQLException
```

　　paramIndex 代表参数的位置，顺序从 1 开始，value 代表对应的值。例如：

```
pstmt.setString(1,"Zhanghua");
pstmt.setString(2,"123");
```

　　前面的预编译语句中用两个占位符代替了 username 和 password，它们的字段类型都为 String 类型，所以需使用 setString() 方法来替换为具体的值，如 pstmt.setString(1," Zhanghua")；中 1 代表替换的是第 1 个占位符，值为 "Zhanghua"。

　　（3）执行预编译语句。给定参数的值以后，可以调用 executeUpdate() 方法执行对表数据的增加、删除、修改等更新语句，或者调用 executeQuery() 方法执行查询语句；也可以调用 execute() 方法执行各种 SQL 语句。

　　PreparedStatement 接口中的 executeUpdate() 方法和 executeQuery() 方法与定义在 Statement 接口中的同名方法类似，只是它们没有参数，因为在创建 PreparedStatement 对象时，已经在 prepareStatement() 方法中指定了 SQL 语句。例如：

```
pstmt.executeUpdate();
```

```
pstmt.executeQuery();
```

PreparedStatement 接口的另一个好处是，预处理过的 SQL 语句可以重复使用，不仅方便，而且效率更高。大多数数据库管理系统的 SQL 语句的执行流程为准备、优化到物理执行三个过程。首先由应用程序创建语句模板并发送到数据库管理系统（DMBS），DBMS 就可以先行对语句模板进行解析、编译和查询优化，并缓存这些信息而不执行它。查询优化，可以理解为优化 SQL 语句的具体执行策略。比如，如何从一张或多张海量数据表中尽快地找到所需记录。因为预处理的 SQL 语句具体的参数还没有指定，只是用占位符来替代。对于同一个 SQL 语句模板，如果能将预备以及查询策略的结果缓存，当再次执行相同模板而参数不同的 SQL 时，就可以省掉预备环节，重用查询策略，从而节省执行成本，提高效率。

【例 7 - 4】 查询用户 ID 范围为 10～20 的用户信息。

```java
public class App7_4 {
    public static void main(String[] args){
        String url = "jdbc:mysql://localhost:3306/mydatabase";  //数据库连接 URL
        String user = "root";                                   //数据库用户名
        String password = "password";                           //数据库密码

        try{
            Connection conn = DriverManager.getConnection(url,user,password);
            String query = "SELECT name FROM users WHERE id = ?";
            PreparedStatement pstmt = conn. prepareStatement(query);
            int[]userIds = {10,20};//假设查询的用户 ID 范围为 10 到 20
            for(int userId:userIds){
                pstmt.setInt(1,userId);
                ResultSet rs = pstmt. executeQuery();
                if(rs.next()){
                    String name = rs. getString("name");
                    System.out.println("User ID "+ userId + ":"+ name);
                }else{
                    System.out.println("User ID "+ userId + " not found. ");
                }
                rs.close();
            }
            pstmt.close();
            conn.close();
        }catch(SQLException e){
            e.printStackTrace();
        }
    }
}
```

说 明　要查询一个范围内（用户 ID 为 10～20）的用户信息，它们的查询 SQL 语句只有用户 ID（userId）不同，使用 PreparedStatement 接口效率会更高。

需要注意的是，使用 PreparedStatement 接口，还需要在连接数据库时，进行相关的参数设置。以 MySQL 数据库为例，需要进行以下设置：

（1）开启数据库服务器端预处理功能。

```
useServerPrepStmts = true
```

（2）开启预处理缓存功能。

```
cachePrepStmts = true
```

例如：

```
String DB_URL = "jdbc:mysql://localhost:3306/test?serverTimezone = UTC
                &useServerPrepStmts = true&cachePrepStmts = true"
```

> **提 示**
> • 不设置这两项参数并不会影响数据库的连接。但设置后效率更高。

PreparedStatement 接口还可以用于处理大数据对象，即 CLOB 和 BLOB 两种类型的字段。CLOB 常用来存储海量文字，BLOB 则可以存储二进制数据，如图片、视频等。它们可以存储的数据的最大长度可以达到几 TB（不同的数据库系统 CLOB 和 BLOB 的存储大小限制并不相同，如 Oracle 中 CLOB 和 BLOB 可以存储高达 128TB 的数据，MySQL 的 LONGBLOB 类型可以存储高达 4GB 的数据）。如果程序中要处理这样的大数据对象，推荐使用 PreparedStatement 来完成操作。处理 CLOB 和 BLOB 数据对象的相关示例参见扩展资源 12。

二维码7-11
扩展资源12

二维码7-12
扩展资源13

在实际的数据库应用程序设计中，数据库的操作结果常常需要通过表格 JTable 来呈现，更多使用 JTable 表格显示数据库访问结果的相关内容参见扩展资源 13。

7.2.5　事务控制

事务机制在数据库开发中扮演着至关重要的角色，是数据库领域的一个关键技术特性。JDBC 为使用 Java 进行数据库的事务处理提供了最基本的支持，本节将学习 Java 语言中支持简单事务处理的相关方法。

事务是一个操作序列，它包含了一组数据库操作命令，并且所有的命令作为一个整体一起向系统提交或撤销其操作请求，即这一组数据库操作要么全做，要么全不做，是一个不可分割的工作单位。

二维码7-13
视频讲解54

比如银行的转账操作。一个账户金额增加，另一个账户金额减少，这两个更新操作要么全做，要么全不做。当然，现实中的转账操作会更复杂，可能还涉及手续费的收取，账户积分的变化等。也就是说，一个简单的转账过程，是需要进行一系列的更新操作的。这些操作全做或者全不做，数据库都处于一致的状态。但是，如果只做一个操作或部分操作，数据库就处于不一致的状态。数据库事务正是用来保证这种情况下交易的平稳性和可预测性的技术。需要注意的是，事务和程序是两个概念。在关系数据库中，一个事务可以是一条 SQL 语句或一组 SQL 语句。一个应用程序可以包含多个事务。

为支持数据库的事务处理机制，在 JDBC 中也提供了关于数据库事务处理的相关功能。JDBC 事务控制的相关操作是在 Connection 接口中定义的。如果没有进行配置，在默认情况下 JDBC 连接采用自动事务处理模式：即自动提交更新模式，也就是每执行一条 SQL 语句，就要提交一次更新。然而，像银行转账这样的操作，会需要一次性提交多个更新操作，那么就需要将一组相关操作组合为一个要么全都做，要么全都不做的事务单元。

Java 语言的 Connection 接口提供了相关事务处理的方法。

（1）设置是否自动提交。方法原型为：

```
void setAutoCommit(boolean autoCommit)throws SQLException
```

setAutoCommit()方法用来配置是否自动提交事务，如果设置为 true 表示自动提交。在这种模式下，每执行一条 SQL 语句，就要提交一次更新。例如对于银行转账操作，希望所有更新一起提交，因此，就需要将参数设置为 false，表示手工提交。即"setAutoCommit(false)"也就是说，如果想要进行合理的事务控制，就需要通过该方法停用自动提交方式，改为手工提交方式。

（2）提交事务。方法原型为：

```
void commit()throws SQLException
```

通过 Connection 接口的 commit()方法来手工提交事务。

（3）回滚事务。方法原型为：

```
void rollback()throws SQLException
```

当操作提交失败，可以通过 rollback()方法回滚当前事务。回滚是指撤销已完成的操作，将数据恢复到上一次一致状态。

处理形式：

```
conn.setAutoCommit(false);          //停用自动提交更新模式
try{ ……                            //一系列 SQL 更新语句
    conn.commit();                  //手动提交更新
}catch(SQLException e){
    try{
        conn.rollback();            //回滚事务
```

```
    }catch(SQLException e1){
        e1.printStackTrace();
    }
    ......                                  //其他异常处理语句
}
```

在 Java 中，事务控制与异常处理是紧密联系在一起的。将需要组合的一组相关操作放在 try 块中，如果顺利执行，则在所有操作完成后提交事务；若执行时抛出了异常，则通过 catch 块捕获异常并回滚事务。因此，无论是否抛出异常，都使得数据库处于一致状态。

JDBC 为使用 Java 进行数据库的事务操作提供了最基本的支持。通过 JDBC 事务，可以将多个 SQL 语句放到同一个事务中，确保了需要的操作要么全部完成，要么全部不做，有效地防止了数据的不一致。

【例 7 - 5】　账户间转账示例。初始时，账户"001234567"余额为 10000，账户"002345678"余额为 0。

```
    ......
    Connection conn = dataSource. getConnection();
    Statement stmt = conn. createStatement();
    conn.setAutoCommit(false);
    try {
        String sql = "UPDATE account SET balance = balance - 5000
                            WHERE idAccount = '001234567'";
        stmt.execute(sql);
        sql = "UPDATE account SET balance = balance + 5000
                            WHERE idAccount = '002345678'";
        stmt.execute(sql);
        conn.commit();
        System.out.println("转账成功!");
    }catch(SQLException e){
        try{
            conn. rollback();
        }catch(SQLException e1){
            System.out.println("回滚事务失败!");
        }
        System.out.println("转账失败!");
    }
    ......
```

二维码7-14
示例代码1

本 章 配 套 资 源

二维码7-15
第7章思维
导图

二维码7-16
第7章示例
代码汇总

二维码7-17
第7章习题

二维码7-18
第7章扩展
资源汇总

第8章

多 线 程 编 程

在当今电商、支付、共享经济等领域，我国已经取得了举世瞩目的成就。这不仅为我国经济注入了强大的活力，还为全球消费者提供了更加便捷的服务。例如众所周知的"双十一"购物节，它不仅展现了我国电商行业的强大实力，还体现了我国互联网企业在高并发控制和大数据处理方面的领先优势。每一年，数以亿计的用户在同一时间涌入电商网站，"双十一"已经成为全球最大的购物狂欢节。这背后，离不开各种技术的支持，其中多线程编程技术是至关重要的一环。

多线程是指从软件上实现多个线程并发执行的技术，用来实现资源共享、提高程序的执行效率。Java语言对多线程提供了强大的支持，在本章中，将主要讨论多线程的基本概念和原理，Java中线程的创建、调度、同步控制及线程之间的通信等。

本章目标

- 了解线程的基本概念，线程的生命周期及状态。
- 理解线程的同步机制，掌握多线程的实现方式。
- 初步具备开发并发应用程序的能力，提升对复杂工程问题的认知能力和解决能力。

8.1 线程的基本概念

在日常生活中，每天的各项活动都充满了"线程"。比如，早上要煮一杯咖啡，在这个过程中实际执行了很多更小的任务。首先需要烧水，在等待水加热沸腾时，可以把咖啡豆倒入研磨机研磨。在研磨的过程中，可以从冰箱拿出奶油，准备好一个杯子，倒入奶油和白糖，用小勺慢慢搅拌均匀。当这些准备完毕，水也烧开了。将水倒入压榨机中，分离出咖啡渣。这时，手机来电，我们可以边接听电话，边将黑咖啡倒入准备好的甜奶油杯中。这样，一杯现磨的咖啡就准备好了。

二维码8-1
视频讲解55

在煮咖啡的过程中，完成了多项任务，每项任务都有特定的开始、结束和执行过程，而且有些任务是同时进行的。生活中的事务可以并行执行，在软件中就体现为多线程，也就是在一个应用程序中，有多个程序段同时执行。

8.1.1 程序、 进程、 多任务与线程

1. 程序（Program）

程序是指令、数据及其组织形式的描述，是存储在磁盘或其他存储设备中的含有指令

和数据的文件，是一段静态的代码。

2. 进程（Process）

进程是受操作系统管理的基本运行单元，是程序的一次动态执行过程，是系统进行资源分配和调度的基本单位，它对应了从代码加载、执行到执行完毕的整个过程，即进程的创建、运行到消亡的过程。从某种程度上说，进程是正在运行的程序的实例，是一个动态概念。

3. 多任务（MultiTask）

在一个计算机系统中可以同时运行多个程序，即有多个独立运行的任务，每个任务对应一个进程，例如，在编辑、打印文档的同时播放音乐。多任务操作系统（如 Windows 系统）可以最大限度地利用系统资源。

4. 线程（Thread）

线程是一个顺序控制流，也称为执行内容，它有开始、中间和结束部分，是由进程创建的比进程更小的执行单位，是指一个任务从头到尾的执行流，一个进程可以拥有多个线程。与进程不同，线程不能作为具体可执行的命令体存在。也就是说，最终用户不能直接执行线程，线程只能运行在进程中。线程可以理解为在进程中独立运行的子任务。同时执行一个以上的线程，称为多线程。多线程可以同步完成多项任务，提高资源使用效率，从而提高系统的效率。

程序、进程和线程之间的关系如图 8-1 所示。

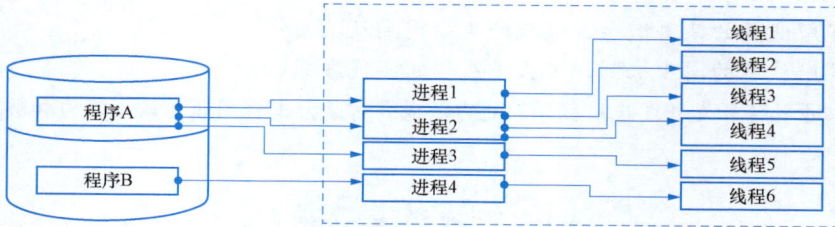

图 8-1　程序、进程和线程关系示意图

既然进程是系统进行资源分配和调度的基本单位。那么如何解决多个进程对有限系统资源的占用问题呢？在早期的操作系统"时间片轮换调度"机制中，系统将所有的就绪进程按先来先服务的原则，排成一个队列，每次调度时，把 CPU 等资源分配给队首进程，并令其执行一个时间片。当时间片用完时，停止该进程的执行，并将它送往就绪队列的末尾，然后，再把 CPU 资源分配给就绪队列中新的队首进程（见图 8-2）。处理器以时间片为单位交替地执行处理各个进程，由于一个时间片很短，对于一个进程来说，就好像是处理器在为自己单独服务一样；从用户的角度看，就好像多个进程在同时执行。这样的调度方式使得在一段时间间隔内，有多个进程并行执行，但实际上在任一时刻只会有一个进程在执行。线程的调度也类似。

多线程就是把操作系统中的这种并发执行的调度机制运用在一个程序中，把一个程序划分为若干个子任务，多个子任务并发执行，每一个任务就是一个线程。

图 8-3 展示了单线程程序和多线程程序在运行时的不同。

在 Java 语言中，可以在一个程序中并发启动多个线程，这些线程可以在多处理器系

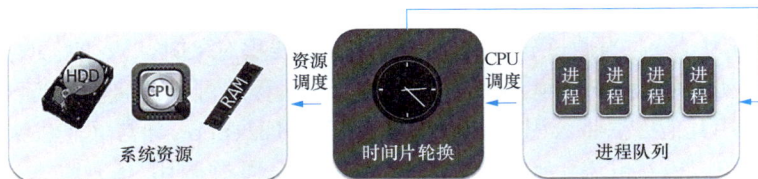

图 8-2 时间片轮换机制示意图

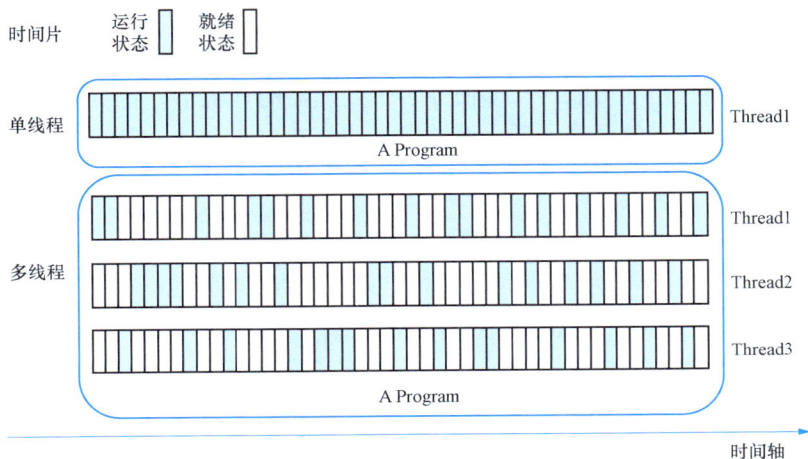

图 8-3 单线程程序与多线程程序运行比较

统上并行运行，以提高效率。当然这些线程也可以运行在单处理器系统中，此时多个线程共享 CPU 时间片，由操作系统负责调度及分配资源给它们。一般情况下，即使是在单处理器系统中，多线程程序的运行速度也比单线程程序更快。

8.1.2 线程的状态与生命周期

线程具有完整的生命周期，其中包括多种不同的状态。线程的状态表示线程当前的活动情况，并决定线程在这个状态下可以执行的操作。线程的状态涵盖了线程从新建到运行，最后到结束的整个生命周期。

在 Java 5 及以上版本中，线程的状态以枚举类型的形式定义在 java.lang.Thread 类中，包括"新建状态、就绪状态、阻塞状态、等待状态、定时等待状态、终止状态"6 个状态，代码如下。

```
public enum State{
    NEW,                //新建状态
    RUNNABLE,           //就绪状态
    BLOCKED,            //阻塞状态
    WAITING,            //等待状态
    TIMED_WAITING,      //定时等待状态
    TERMINATED;         //终止状态
}
```

线程各个状态的含义以及状态之间的转换关系如图 8-4 所示，详细介绍如下。

NEW（新建状态）：当通过 new 关键字创建一个线程对象时，该线程处于新建状态，也就是说它已经被初始化但还未开始执行。这一阶段的线程既可以被启动执行，也可以被直接终止，但尝试调用其他方法将会引发 IllegalThreadStateException 异常（非法状态异常）。

RUNNABLE（就绪状态）：线程在新建状态下，通过调用 start()方法可以启动它，为其分配运行所需的系统资源，使该线程处于就绪状态，此时它已经具备了执行的条件，一旦被调度并获得处理器资源时便进入运行中，开始执行线程代码。就绪状态就好比在起跑线上做好准备的运动员，随时可以起跑。

注意，就绪状态并不是正在运行中的状态，尤其是在单核处理器的计算机中，同时运行所有就绪状态的线程是不可能的。即便在多核处理器的环境下，也需要通过系统调度来确保这些线程公平地共享处理器资源。系统通过调度选中一个处于 RUNNABLE 状态的线程，使其占有 CPU 并进入运行中。

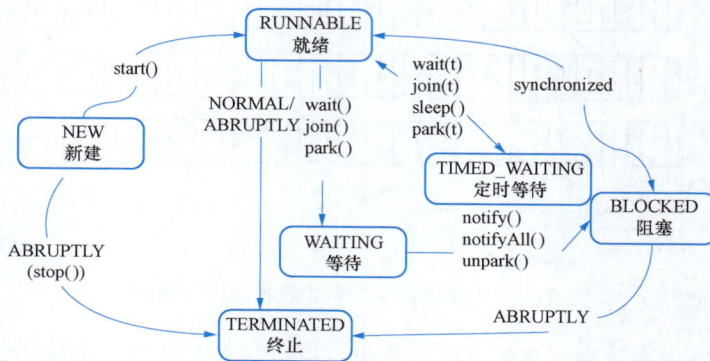

图 8-4　线程状态转换图

BLOCKED（阻塞状态）：是指线程不继续执行，而在等待，比如等待某种共享资源的就绪，阻塞原因解除后，会重新进入就绪状态。即一个正在运行的线程因某种原因不能继续运行时，就进入阻塞状态。

WAITING（等待状态）：在线程执行过程中，如果需要满足一定的条件时，线程就会进入"等待状态"，来等待"条件满足"。比如需要等待其他线程终止。进入该状态表示当前线程需要等待其他线程做出一些特定动作（通知或中断）。当线程调用了 wait()、join()或者 park()三个方法中的任意一个方法时，就进入等待状态，直到其他线程使条件满足。比如一个线程调用了某个对象的 wait()方法，该线程就进入等待状态，等待其他线程调用这个对象的 notify()或者 notifyAll()方法来唤醒该线程。又或者线程 A 调用了线程 B 的 join()方法，它就会一直等待线程 B 执行结束。

TIMED_WAITING（定时等待状态）：是指等待是有限定时间的。它与 WAITING 等待状态不同，超时后，即使条件未满足，线程也会自动唤醒，重新进入就绪状态。当前线程调用了 wait(long timeout)、join(long millis)、packNanos(long nanos)、packUntil(long deadline) 四个方法中的任意一个方法，就进入定时等待状态。

TERMINATED（终止状态）：表示当前线程已经执行完毕。线程的终止一般可通过两种方法实现：自然撤销或是被停止。自然撤销是指线程执行完 run()方法中的全部代码，从该方法中退出，进入 TERMINATED 状态。另一种情况是 run() 方法在运行过程中抛出了异常，而这个异常没有被程序捕获，导致这个线程异常终止，进入 TERMINATED 状态。此外，Java 还提供了用于终止线程的 stop() 方法，由于这个方法存在不安全性，在 JDK1.2 后被废弃。

8.1.3 多线程程序与单线程程序比较

每个 Java 应用程序都有一个默认的主线程（main()方法），若要实现多线程，必须在主线程中创建新的线程对象。Java 语言使用 Thread 类及其子类的对象来表示线程。Thread 对象中包含着一个特殊的方法—run()方法，需要将线程所需执行的任务代码放在该方法中，关于这些内容将在 8.2 节详细阐述。本小节通过两个程序的运行过程和运行结果的对比分析，讨论多线程程序和单线程程序的区别。

【例 8 - 1】 多线程程序示例。

分析 程序中的 Mythread 类是 Thread 类的子类，它的对象代表一个线程。创建 Mythread 类的对象 r 后，通过调用 start() 方法启动该线程，开始执行 run() 方法中的代码。此时就有两个线程对象（main 和 r）同时在运行了。

```
class Mythread extends Thread {          //通过继承 Thread 类来创建线程类 Mythread
    public void run(){                   //覆盖线程体 run()方法
        for(int i = 0; i<4; i ++ ){
            System.out.println("Mythread 线程:"+ i);
        }
    }
}
public class App8_1{
    public static void main(String args[]){
        Mythread r = new Mythread();     //创建线程对象 r
        r. start();                      //启动线程 r
        for(int i = 0; i<4; i ++ ){
            System.out.println("主线程:------"+ i);
        }
    }
}
```

程序可能的运行结果之一为：

```
主线程:------0
Mythread 线程:0
主线程:------1
Mythread 线程:1
Mythread 线程:2
Mythread 线程:3
主线程:------2
主线程:------3
```

说明 两个线程对象 main 和 r 在某时刻开始同时在执行，它们轮流占用 CPU 时间片，交替执行。多线程程序的运行结果一般不是唯一的，每次运行的结果都可能不同，这取决于操作系统的调度。

【例 8 - 2】 单线程程序示例。

分析 将［例 8 - 1］测试类中的 r.start() 改为 r.run()，由主线程来调用 run() 方法。

```
public class App8_2{
    public static void main(String args[]){
        Mythread r = new Mythread();
        r.run();                                    //调用 run()方法
        for(int i = 0; i<4; i ++ ){
            System.out.println("主线程：------"+ i);
        }
    }
}
```

程序运行结果为：

```
Mythread 线程:0
Mythread 线程:1
Mythread 线程:2
Mythread 线程:3
主线程：------0
主线程：------1
主线程：------2
主线程：------3
```

说明 修改之后的程序变成了普通的方法调用，由 main() 方法调用 run() 方法。首先执行 main() 方法，执行到 r.run(); 语句时，转而执行 run() 方法，必须等 run() 方法执行结束后，才可继续执行 main() 方法中剩余的代码。在该程序中虽然有两个方法（main()、run()）被调用执行，但它们必须按照调用顺序依次执行。这种情况下，程序是单线程程序，运行结果唯一。因此，通过 start() 方法启动线程与直接调用 run() 方法有本质的不同。

8.2 实现多线程的方式

Java 中提供了 Thread 类、Runnable 接口和 Callable 接口等类和接口用于实现多线程。在本节中，将学习如何使用这 3 种方式来创建多线程程序。

8.2.1 Runnable 接口和 Thread 类

二维码8-2
视频讲解56

JDK 1.0 版本提供了两种创建线程的方式，继承 Thread 类或实现 Runnable 接口。Thread 类和 Runnable 接口都定义在 java. lang 包中。

Runnable 接口中只定义了一个方法 run()，实现 Runnable 接口的类必须实现这个方法，并将线程要执行的具体操作代码写入其中，因此也将 run() 方法称为线程体（Thread

Body）。run()方法是线程执行的起点，线程启动后，由系统自动调度执行该方法，就像main()方法是应用程序的执行起点，由系统自动调用执行一样。

　　Thread 类通过实现 Runnable 接口，提供了多种构造方法和一系列用于线程控制的方法。不管采用哪种方式来实现线程，Thread 类都是不可或缺的。这是因为 Runnable 接口仅定义了 run()方法，缺少控制线程的相关方法，如启动线程的 start()方法等。Thread 类的部分构造方法及成员方法参见表 8 - 1，成员变量参见表 8 - 2。

表 8 - 1　　　　　　　　　　　　　Thread 类常用的构造方法和成员方法

方法原型	说明
public Thread()	创建一个空线程对象
public Thread(String name)	创建一个名为 name 的线程对象
public Thread(Runnable task)	为指定任务创建一个线程对象，参数 task 对象的 run()方法将被该线程对象调用，作为其执行代码
public Thread(Runnable task，String name)	功能同上，参数 task 对象的 run()方法将被该线程对象调用，作为其执行代码；参数 name 指定了线程名称
public void start()	启动线程，使该线程由新建状态转变为就绪状态
public void run()	线程应执行的代码放在该方法中
public static ThreadcurrentThread()	返回对当前正在执行的线程对象的引用

表 8 - 2　　　　　　　　　　　　　Thread 类的成员变量

成员名称	说明
static int MAX _ PRIORITY	线程的最高优先级
static int MIN _ PRIORITY	线程的最低优先级
static int NORM _ PRIORITY	线程的默认优先级

8.2.2　创建线程的方式

1. 继承 Thread 类创建线程

　　在这种方式中，用户需要定义 Thread 类的子类作为自己的线程类，并在该类中覆盖run()方法。run()方法是线程的主体，包含了线程启动后将要执行的代码。用户线程类的程序框架为：

```
class ThreadTest extends Thread {          //继承 Thread 类
    public void run(){                     //覆盖 run()方法
        …//线程要执行的代码
    }
}
```

　　定义了线程类之后，就可以创建线程类的对象并启动该线程对象。需要注意的是，启动线程是通过调用 start()方法，而不是调用 run()方法。创建并启动线程对象的代码为：

```
ThreadTest tt = new ThreadTest();      //创建一个线程对象
```

```
    tt. start();                              //启动线程
```

2. 实现 Runnable 接口创建线程

通过实现 Runnable 接口来创建线程时，需要自定义一个类，该类实现 Runnable 接口，并实现其中的 run() 方法。程序框架为：

```
class RunnableTest implements Runnable {   //实现 Runnable 接口
    public void run(){                      //实现 run() 方法
        …//线程要执行的代码
    }
}
```

同样，run()方法中定义了线程要执行的任务。需要说明的是，上面定义的 RunnableTest 类只有一个 run() 方法。该类的对象只是一个线程体对象，而不是线程对象，缺少线程控制的方法，如 start() 方法。因此，需要以这个线程体对象为参数来创建一个 Thread 对象，再调用 start() 方法启动线程。代码为：

```
RunnableTest rt = new RunnableTest();      //创建一个线程体对象 rt
Thread t = new Thread(rt);                 //以 rt 为参数创建线程对象 t
t. start();                                //启动线程 t
```

3. Thread 类与 Runnable 接口的联系

Java API 文档中关于 Thread 类的原型定义如下。

```
public class Thread extends Object implements Runnable
```

可以看出，Thread 类是 Runnable 接口的实现类（见图 8-5）。因此，Thread 类中覆盖了 run() 方法，此外，Thread 类中还定义了一些控制线程的常用方法。

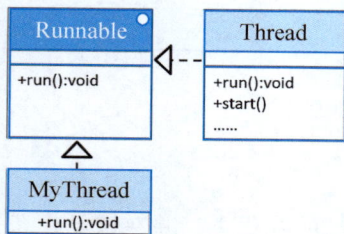

图 8-5 Thread 类与 Runnable 接口的联系

Thread 类构造方法之一：

public Thread（Runnable target）

它以 Runnable 接口的实现类为参数。API 文档中关于构造方法中的参数 target 的解释为：*target - the object whose run method is invoked when this thread is started*。也就是说启动该线程时，会调用 target 对象的 run()方法。这样就可以在自定义的 Runnable 接口的实现类中来编写线程体代码。比如自定义一个类实现 Runnable 接口，然后再通过 Thread 类中控制线程启动的方法——start()方法来启动线程。Thread 类在这里就类似一个中间代理对象，是一个连接桥梁。

创建线程的两种方式的比较：

（1）继承 Thread 类创建线程的方式更简单直接，但由于 Java 只支持单继承，因而存在局限性。

（2）实现 Runnable 接口来创建线程的方式尽管稍复杂，但可以避免多重继承的问题。此外，这种方式使得代码和数据资源相对独立，更适用于多个线程处理同一数据资源的情况。这是因为在实现 Runnable 接口创建线程时，可以通过 Thread 类的构造方法将同一个 Runnable 实例（线程体）传递给多个 Thread 对象，从而实现资源共享（参见

［例 8 - 6］）。

8.2.3　多线程程序示例

【例 8 - 3】　分别采用继承 Thread 类和实现 Runnable 接口的方式创建多线程程序，在控制台输出当前系统时间。

分析　MyThreadA 类通过继承 Thread 类的方法创建线程。MyThreadA 类中覆盖了超类的 run() 方法，在该方法内部创建日期类对象，并将该对象具体内容输出到控制台上。MyThreadB 类通过实现 Runnable 接口的方法创建线程，需要实现 Runnable 接口中的 run() 方法，功能同 MyThreadA 类中的 run() 方法。App8_3 类为测试类，创建线程对象并启动它。

```java
import java.util.Date;
class MyThreadA extends Thread {                    //继承 Thread 类
    private Date runtime;
    public void run(){
        System.out.println("ThreadA 开始 .");
        this. runtime = new Date();                 //创建 Date 类对象
        //将日期类对象的当前系统时间信息输出至控制台
        System.out.println("ThreadA:当前系统时间为 -- " + runtime. toString());
        System.out.println("ThreadA 结束 .");
    }
}
class MyThreadB implements Runnable {              //实现 Runnable 接口
    private Date runtime;
    public void run(){
        System.out.println("ThreadB 开始 .");
        this.runtime = new Date();
        System.out.println("ThreadB:当前系统时间为 -- " + runtime. toString());
        System.out.println("ThreadB 结束 .");
    }
}
public class App8_3{
    public static void main(String[] args){
        Thread threada = new MyThreadA();          //继承 Thread 类创建线程
        //用实现了 Runnable 接口的 ThreadB 类对象,创建线程 threadb
        Thread threadb = new Thread(new MyThreadB());
        threada.start();                           //启动线程 threada
        threadb.start();                           //启动线程 threadb
    }
}
```

程序可能的运行结果之一为：

ThreadA 开始 .

```
ThreadB 开始.
ThreadB：当前系统时间为 - - Tue Aug 16 10：40：25 CST 2024
ThreadB 结束.
ThreadA：当前系统时间为 - - Tue Aug 16 10：40：25 CST 2024
ThreadA 结束.
```

说明　在 main()方法中分别创建了线程对象 threada 和 threadb 后，通过各自的 start()方法启动两个线程对象。上述程序运行结果的执行过程是：threada 占有 CPU 时间片后，执行了输出语句"System. out. println("ThreadA 开始.");"在控制台输出"ThreadA 开始"，此时操作系统将 CPU 时间片分配给 threadb，threadb 得以执行，直至该对象线程体要执行的任务全部执行完毕，操作系统才重新将 CPU 时间片分配给 threada，继续执行直至结束。

　　为了使读者更清晰地了解多线程程序的创建方式、执行过程以及可能遇到的问题，本章以一个简易的售票系统为例来进行阐述，先从一个不完善的例子起步，逐步修正错误，最终实现基本的功能需求。

【例 8 - 4】　编程模拟演出售票系统。通过 3 个售票点发售某场演出的 50 张票，每个售票点用 1 个线程来表示。

分析　采用继承 Thread 类的方式来创建线程子类 BookTickets。用整数 1～50 表示50 张演出票，成员变量 tickets 表示演出票，初值为 50。在 run()方法中模拟售票操作，如果余票大于 0，就可以售出一张票，将进行售票的线程对象信息输出到控制台上，并且将票数减 1。

```java
class BookTickets extends Thread {
    private int tickets = 50;
    public void run(){
        while(tickets>0)
            System.out.println(Thread.currentThread().getName() + "sells ticket" +
                            tickets - - );
    }
}
public class App8_4{
    public static void main(String args[]){
        BookTickets t = new BookTickets();
        t.start();
        t.start();              //运行时会抛出 java. lang. IllegalThreadStateException 异常
        t.start();
    }
}
```

　　程序的部分运行结果为：

```
Exception in thread "main" java. lang. IllegalThreadStateException
at java.lang.Thread.start(Thread. java：705)
at App8_4.main(App8_4. java：6)
```

```
Thread-0sells ticket50
Thread-0sells ticket49
......
Thread-0sells ticket 2
Thread-0sells ticket 1
```

说明 程序中创建了 BookTickets 类的对象 t，然后 3 次调用了 start( )方法。第一次调用时，线程 t 转为就绪状态，第二次调用时就会抛出 java. lang. IllegalThreadStateException 异常（指示线程没有处于请求操作所要求的适当状态）。这是因为同一个线程，只能启动（调用 start( )方法）一次。无论调用多少遍 start( )方法，结果都只能启动 1 个线程。若要实现 3 个线程同时售票，就要创建 3 个线程对象。

【例 8-5】 售票线程示例。在［例 8-4］的基础上，修改测试类创建 3 个售票线程对象。

```java
public class App8_5{
    public static void main(String args[]){
        new BookTickets().start();
        new BookTickets().start();
        new BookTickets().start();
    }
}
```

程序某次运行的部分结果为：

```
Thread-0sells ticket 50
Thread-1sells ticket 50
Thread-2sells ticket 50
Thread-1sells ticket 49
Thread-0sells ticket 49
Thread-1sells ticket 48
Thread-2sells ticket 49
Thread-1sells ticket 47
Thread-1sells ticket 46
......
```

说明 可以看到每个票号都被打印了 3 遍，表明 3 个线程各自售出了 50 张票。这是因为 tickets 是 BookTickets 类的成员变量，该类的每个实例都独立拥有这个变量，导致每个线程处理的是自己独立的 50 张票（合计 3 个线程售出 150 张票）。然而，我们的目标是让 3 个线程共同售卖同一批票（共 50 张），这要求只能创建一个包含 50 张票的资源对象，由多个线程共同操作这一资源对象，并同时保证这些线程运行相同的代码逻辑。这可以通过实现 Runnable 接口的方法来实现，参见［例 8-6］。

【例 8-6】 售票线程示例。采用实现 Runnable 接口的方式创建售票线程。

```java
class BookTickets implements Runnable {
    private int tickets = 50;
    public void run(){
```

```
            while(tickets>0)
                System.out.println(Thread.currentThread().getName() + "sells ticket "
                            + tickets -- );
        }
    }
public class App8_6{
    public static void main(String args[]){
        BookTickets bt = new BookTickets();        //创建线程体对象
        new Thread(bt).start();                    //以线程体对象为参数创建线程对象
        new Thread(bt).start();
        new Thread(bt).start();
    }
}
```

程序某次运行的部分结果为：

```
Thread - 0sells ticket 50
Thread - 0sells ticket 49
Thread - 2sells ticket 48
......
Thread - 0sells ticket 3
Thread - 1sells ticket 2
Thread - 2sells ticket 1
```

说 明　在程序示例中，创建了一个 BookTickets 类的对象 bt（线程体对象），它包含了成员变量 tickets，值为 50。然后以 bt 为参数创建了 3 个线程对象，这 3 个线程对象调用同一个对象（bt）中的 run()方法，访问同一个对象中的 tickets 变量，有效解决了［例 8-5］中遇到的问题。

　　在实际应用场景中，如果要求必须创建多个线程来执行同一任务，而且这多个线程之间还将共享同一个资源（如上例中的演出票资源），可以使用实现 Runnable 接口的方式来创建多线程程序。

8.2.4　通过 Callable 接口创建线程

二维码8-3
视频讲解57

　　自 Java 5 起，Java 平台引入了一个高级并发编程 API，即 java. util. concurrent 包（简称 J. U. C 包），这个包是并发编程实践中的一个关键工具集。图 8-6 展示了 J. U. C 包的五大核心功能。其中 Callable 接口，以及通过 Callable 接口来创建线程涉及的几个类和接口 Future、RunnableFuture、FutureTask 都属于执行器框架——executor，该框架用于任务的执行和调度。J. U. C 包提供了高性能的、可扩展的框架，来保证开发并发程序的线程安全性，此包将开发者从手写此类代码的环境中解放出来，是并发编程特别是高并发编程中必不可少的工具包。

　　8.2.2 小节中介绍的 Runnable 接口中的 run()方法是不带返回值的，而在实际开发中经常需要获取线程执行的结果。此时，就可以通过 Callable 接口来实现。Callable 接口中

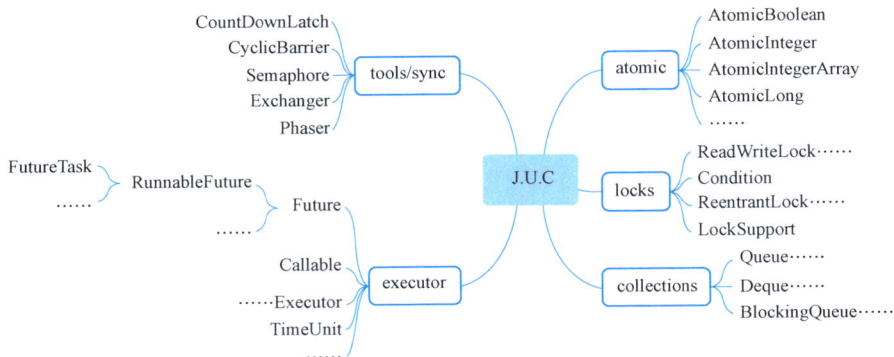

图 8-6 J.U.C 包核心功能

只包含一个方法——call()方法。call()方法与 Runnable 接口的 run()方法的作用相似，在方法中编写线程要执行的代码，即线程体所在。不同的是 call()方法支持返回值，可以通过 return 语句带回一个值。其方法原型如下：

```
V call()throws Exception
```

这里采用了 Java 的泛型技术，V 代表可以返回任何类型的对象。call()方法不仅可以获得执行结果，还增加了异常处理的能力。这样，就可以对该方法可能引发的异常进行捕获处理。

Callable 接口的原型：

```
public interface Callable<V>
```

V 为 call()方法所带回的返回值的结果类型。同 Runnable 接口中的 run()方法一样，call()方法也不能被直接调用。想获得该方法的返回值，需要通过 FutureTask 类。FutureTask 类中的 get()方法可以获取 call()方法的执行值。如果在获取时，任务并没有被执行完，当前线程就会被阻塞，直到任务执行完毕，然后才能获取结果。

那么 Callable 接口和 FutureTask 类它们该如何关联呢？可以通过 FutureTask 类的构造方法（参见表 8-3）。用户实现的 Callable 实例会被包装为 FutureTask 实例；用户无须关心任务的执行和调度过程，当用户需要线程的执行结果时，调用 FutureTask 的 get()方法就可以获取到结果了。

表 8-3　　　　　　　　　　　　　　　FutureTask 类相关方法

方法原型	说明
public FutureTask(Callable<V> callable)	创建对象，它将在运行时执行给定的 Callable 对象
public FutureTask(Runnable runnable，V result)	创建对象，将在运行时执行给定的 Runnable 对象，并在 get()方法成功完成时返回运行结果
public V get () throws InterruptedException, ExecutionException	等待必要的计算完成，然后检索其结果

FutureTask 类的原型为：

```
public Class FutureTask<V> extends Object implements RunnableFuture<V>
```

其中 V 为 FutureTask 中的 get()方法返回结果的类型。图 8 - 7 展示了 Callable 和 Fu-tureTask 类之间的关系。RunnableFuture 接口继承了 Future 和 Runnable 接口；Future-Task 类实现了 RunnableFuture 接口。

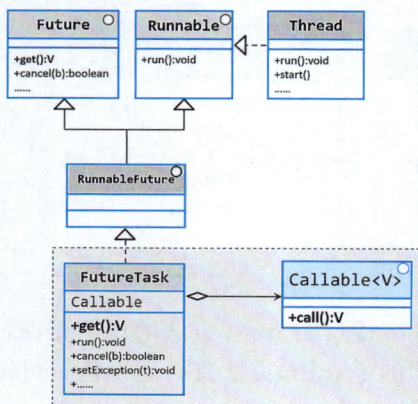

图 8 - 7　Callable 相关接口和类关系图

Callable 接口中的 call()方法可以带回线程的执行结果但不能被直接调用，要想获得这个执行结果，需要通过 FutureTask 类的 get()方法获取。FutureTask 类可以包装 Callable 对象，因为 FutureTask 类中有以 Callable 对象为参数的构造方法，再通过 get()方法就可以获取执行结果。get()方法是 Furure 接口中的方法，被 Future-Task 类继承实现。由于 FutureTask 类实现了 RunnableFuture 接口，而该接口又继承了 Run-nable 接口，因此可以使用创建的 FutureTask 对象实例，来作为 Thread 对象的参数，创建线程并启动线程。

接下来，通过一个示例来学习如何使用 Callable 接口来创建线程。假如有一项统计任务，需由多个线程同时统计以提高效率。比如，需要统计超市某日的销售总额，就可以同时启动多个线程统计不同类别的商品销售总额，等到所有线程统计结束后，再将所有线程的返回值进行累加，计算出总销售额。这时就需要获取每个线程的执行结果。［例 8 - 7］模拟了其中的一个统计线程。

【例 8 - 7】　Callable 接口创建线程示例

```java
import java.util.concurrent.
class MyThread implements Callable<String> {
    public String call() throws Exception {    //实现 call()方法
        String result = "";
        int sum = 0;
        for(int i = 0; i<10; i ++ ){
            sum += i;                           //模拟统计计算
        }
        result = "销售总额为:" + sum;
        return result;          //此处的计算结果需通过 FutureTask 类的 get()方法获得
    }
}
public class App8_7{
    public static void main(String[] args)throws InterruptedException,ExecutionException {
        MyThread mt = new MyThread();
        FutureTask<String> ft = new FutureTask<String>(mt);
        Thread thread = new Thread(ft);
        thread. start();
        System. out. println(ft. get());     //获取销售总额,并打印到控制台上
    }
}
```

```
    }
```

说明　［例 8-7］中定义了一个线程体类 MyThread，该类实现了 Callable 接口，且需要指定泛型类型（类型与 call() 方法的返回类型需保持一致）。假设最终需以字符串格式返回统计信息，故 call() 方法及其泛型类型均被指定为 String。call() 方法内部通过累加操作简单模拟统计计算过程，并最终通过 return 语句返回统计结果。在测试类中，首先实例化 MyThread 类对象 mt；然后创建一个 FutureTask 对象 ft，目的是获取 mt 中 call() 方法带回的计算值。创建 ft 对象时，也要指定泛型类型，它需要与 call() 方法返回值类型一致，也为 String 型。同时要把包装成实例对象的 mt 通过构造方法传递给新创建的 FutureTask 对象 ft。由于 FutureTask 间接实现了 Runnable 接口，因此可以使用已实例化的 ft 作为 Thread 对象的构造方法的参数，进而创建并启动线程。此时，通过调用 ft 的 get() 方法，便可获取 call() 方法返回的线程计算结果。本例中，限于篇幅，未包含异常处理逻辑，需要进一步完善，以应对无法正常获取线程计算结果时的情况。

使用 Callable 接口实现多线程的应用场景很多，比如并行计算。在大数据时代背景下，并行计算可以显著提升数据处理的效率。可以将一项大数据处理任务拆分成若干子任务，启动多个线程分别完成这些子任务。Callable 接口采用了异步处理的架构。异步处理允许程序在不阻塞当前线程的前提下继续执行其他操作，待结果返回时再对其处理，从而优化执行效率。在处理耗时较长的业务流程，如大规模查询、远程调用等场景时，采用异步处理方式能够支撑更高的并发量，对于 IO 密集型项目，这种方式尤为有效。

8.3　线程控制的基本方法

一个程序可以包含多个线程，这些线程被启动之后，一般由系统进行调度。如果要对线程的运行进行适当干预，让它们按照一定顺序或者有条件地去执行，这时可以使用线程控制的各种方法来实现。

8.3.1　线程的优先级

Java 语言给每个线程指定一个优先级，优先级从低到高共分 10 级，以整数 1～10 表示，1 级最低、10 级最高，默认优先级为 5 级。Thread 类有 3 个有关线程优先级的静态常量：MIN_PRIORITY（最低优先级），MAX_PRIORITY（最高优先级），NORM_PRIORITY（默认优先级）。可以通过 getPriority() 方法来获得线程的优先级，通过 setPriority() 方法来设定线程的优先级。优先级高的线程理论上可以获得比优先级低的线程更多的执行机会。

对于一个新建的线程，系统会遵循如下原则为其指定优先级：

（1）新建线程将继承创建它的父线程的优先级。其中父线程指的是创建该线程对象语句所在的线程。

（2）一般情况下，主线程（main 线程）具有默认优先级。

【例 8-8】　线程优先级示例。

```
class MyThreadA implements Runnable {
    public void run(){
```

```
        for( int i = 0; i<100; i ++ ){
            System.out.println("ThreadA 线程:"+ i);
        }
    }
}
class MyThreadB implements Runnable {
    public void run(){
        for( int i = 0; i<100; i ++ ){
            System.out.println("------ThreadB 线程:"+ i);
        }
    }
}
public class App8_8{
    public static void main(String[] args){
        Thread t1 = new Thread(new MyThreadA());
        Thread t2 = new Thread(new MyThreadB());
        t1.setPriority(Thread. NORM_PRIORITY + 4);         //设置 t1 的优先级
        t1.start();
        t2.start();
    }
}
```

说 明 程序中创建了两个线程对象 t1 和 t2，并对 t1 设置了较高的优先级，理论上，t1 相比于 t2 享有更多的执行机会。然而，线程的优先级与线程的实际调度顺序，即在处理器上运行的多个线程的执行序列，并不直接相同。各操作系统具有其特定的线程调度策略，使得高优先级的线程通常有更高的执行概率，但不是绝对的。优先级低的线程也有可能会先执行。正是由于这种不确定性，未提供本示例程序的运行结果。

Java 语言的 setPriority()方法提供了一种调整线程局部优先级的机制。编写程序时，不要假定高优先级的线程一定先于低优先级的线程执行，即不要依赖线程的优先级来设计对调度敏感的算法。

提 示

线程的优先级不应被视为控制线程调度顺序的绝对手段。依赖于线程优先级来实现特定的事务逻辑可能会导致不可预见的结果。这实际上是一种良好的保护方式，用户不会希望一些重要的线程被其他随机的用户线程通过设定优先级所抢占。

8.3.2 线程的基本控制

在多线程的开发中，如果需要进行线程的控制，比如让出资源、暂缓执行等，可以通过 Thread 类里提供的方法来操作，表 8-4 介绍了 Thread 类中线程控制的常用方法。

二维码8-4
视频讲解58

表 8-4　　　　　　　　　　　**Thread 类的线程控制常用方法**

方法原型	说明
public final void join()throws InterruptedException	暂停当前运行的线程，等待调用该方法的线程结束后再继续执行本线程
public static void sleep(long mills)throws InterruptedException	使线程休眠指定时间，mills 以毫秒为单位
public static void yield()	暂停当前线程，转为就绪状态，并允许同优先级以上的线程运行
public static Thread currentThread()	返回当前正在运行的线程对象
public final String getName()	返回线程的名称
public final boolean isAlive()	测试当前线程是否正在运行
public final int getPriority()	返回线程的优先级
public final int setPriority(int newPriority)	设置线程优先级（范围从 1~10）
public void int errupt()	中断当前线程
public boolean isInterrupted()	判断该线程是否被中断

1. 线程休眠

当一个线程完成了特定的操作并且需要暂停一段时间后再继续其任务时，可以通过调用 sleep()方法来使该线程休眠一段时间。在此期间，线程会转为 TIMED_WAITING 定时等待状态。休眠时间由 sleep()方法的参数决定，单位为毫秒。休眠时间结束后，线程将进入 RUNNABLE 就绪状态，等待系统调度。

sleep()方法是 Thread 类中的一个静态方法，因此，它可以直接通过类名来调用。sleep()方法可能抛出 InterruptedException 异常，必须处理，代码为：

```
try{
    Thread. sleep(1000);                //线程休眠 1 秒钟
}catch(InterruptedException e){
    ...
}
```

【例 8-9】 sleep()方法应用示例。

分析 本例通过 java. util 包中的 Calendar 类来显示系统时间，线程每休眠 1000 毫秒后再恢复运行，刷新显示系统时间。

```
import java.awt. * ;
import javax.swing. * ;
import java.util.Calendar;
public class App8_9{
    public static void main(String args[]){
        JFrame f = new JFrame("Watch");
        JLabel jl = new JLabel("",JLabel. CENTER);//创建标签并设置标签文本居中显示
        f. add(jl);
```

```
        f.setSize(180,70);
        f.setVisible(true);
        while(true){
            Calendar c = Calendar.getInstance(); //创建 Calendar 对象
            //获得当前系统时间后显示到标签上,时间的格式设置为"时:分:秒"
            jl.setText(c.get(Calendar.HOUR_OF_DAY) + ":"
                        + c.get(Calendar.MINUTE) + ":" + c.get(Calendar.SECOND));
            try {
                Thread.sleep(1000); //线程休眠 1 秒钟
            }catch(InterruptedException e){
                e.printStackTrace();
            }
        }
    }
}
```

说 明 程序运行结果如图 8-8 所示。程序运行时，可以看到每隔一秒钟标签的文本被重新设置，模仿时钟每秒跳动变化的效果。sleep()方法在这里的作用有两个，一是确定标签文本的刷新频率，二是在其休眠期间允许线程暂时释放 CPU 资源，从而使系统有机会去执行其他线程，优化资源利用。

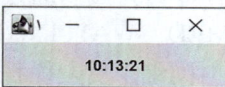

10:13:21

图 8-8 ［例 8-9］运行效果图

上例只是 sleep()方法的应用场景之一。此外，sleep()方法也常常用于测试程序的性能。通常，程序中启动的子线程往往会飞速地并行执行，这使得程序一些潜在的并发控制错误问题难以被察觉。为了更好地观察和分析这些问题，可以通过引入 sleep()方法来人为地减缓子线程的执行速度，这样做有助于详细测试并评估程序。

在［例 8-9］中，需要每隔 1 秒钟刷新一次显示的时间，与此类似，在实际的应用开发中，经常需要一些周期性的操作，例如每隔 10 分钟读取一次数据库中的数据等。对于这样的操作，方便高效的实现方式是使用 java.util.Timer 工具类。更多 Timer 类的相关内容参见扩展资源 14。

二维码8-5 扩展资源14

2. 线程强制执行

在多线程编程中，各个线程通常按照公平竞争的原则轮流抢占 CPU 资源，抢占到资源后，才能正常执行。如果有线程需要被优先处理，即需要强制性地抢占资源立即执行，此时就需要通过 join()方法去控制。

join()方法的作用是暂停当前线程的执行，等待指定的另一个线程执行完毕后，当前线程才会继续执行。带参数的 join()方法可以设置线程的强制占用时间，如果超过了这个时间就会释放资源。join()方法的 3 种调用格式如下：

（1）public final void join() throws InterruptedException：如果当前线程调用 t.join()，则当前线程暂停执行，以等待另一指定线程（线程 t）执行完毕后再继续执行。

（2）public final void join(long millis) throws InterruptedException：如果当前线程调用 t.join(m)，则当前线程将等待线程 t 结束，但最多等待 m 毫秒后将继续执行。

（3）public final void join（long millis，int nanos）throws InterruptedException ：当前线程需等待线程 t 结束，但最多等待 mills 毫秒加 nanos 纳秒后将继续执行。

【例 8 - 10】 join()方法应用示例。

```
class Runner implements Runnable{
    public void run(){
        for( int i = 0; i<4; i ++ )
            System.out.println("子线程:"+ i);
    }
}
public class App8_10{
    public static void main(String[] args){
        Runner r = new Runner();
        Thread t = new Thread(r);
        t. start();
        try {
            t. join();                    //主线程中断执行,直到线程 t 执行完毕
        }catch(InterruptedException e){
            e. printStackTrace();
        }
        for(int i =0; i<4; i ++ ){
            System. out. println("主线程:"+ i);
        }
    }
}
```

程序运行结果为：

```
子线程:0
子线程:1
子线程:2
子线程:3
主线程:0
主线程:1
主线程:2
主线程:3
```

说 明 主线程执行到 t.join(); 这条语句时暂停执行，等待线程 t 执行完毕后才恢复执行。因此运行结果中首先输出"子线程：0、子线程 1……"，再输出"主线程 0、主线程 1……"。程序运行结果唯一。

3. 线程中断

在多线程编程中，线程的中断是一种重要的协作机制，用于在运行中的线程间传达停止或改变操作的信号。由于一个线程无法直接中断自己，中断操作需要由其他线程发起。这种机制适用于那些涉及多个子任务协同完成一个复杂任务的情况。如果某个子任务因异

常需要取消或终止时，通过中断机制可以通知其他子任务相应地取消或停止执行，以确保任务的整体协调和资源的有效管理。

interrupt()方法常用在某种判断条件之后，也就是说满足了某个特定条件后，可以请求进行中断操作，其方法原型为：

```
public void interrupt()
```

与之相关的另一个方法是判断线程中断状态的方法——isInterrupted()方法，其方法原型为：

```
public boolean isInterrupted()
```

调用了 interrupt()方法，会把线程的中断标志（状态）设置为 true，在此时调用 isInterrupted()方法会返回 true，用于检查线程的中断状态。比如，可以使用 while(! Thread. currentThread(). isInterrupted()) 来判断中断标志，确定是否继续执行线程，以灵活响应中断请求。[例 8 - 11] 展示了如何在多线程应用中处理中断，以确保资源被正确清理并允许线程安全地终止。

【例 8 - 11】 线程中断示例。

```java
public class App8_11 {
    public static void main(String[] args)throws InterruptedException{
        Thread myThread = new Thread(()-> {
            while(! Thread. currentThread(). isInterrupted()){
                System.out.println("线程正在运行...");   //在这里,线程做一些工作
                try{
                    Thread.sleep(1000);                //线程休眠一段时间,模拟耗时的操作
                }catch(InterruptedException e){        //此时可清理资源,停止操作退出循环
                    System.out.println("线程被中断,准备退出...");
                    return;           //若无 return,中断异常会清除中断标志,可能使循环继续
                }
            }
        });
        myThread.start();                               //启动线程
        Thread.sleep(3000);                             //给线程一些时间来执行
        System.out.println("请求中断线程...");
        myThread.interrupt();                           //请求中断线程
        myThread.join();                                //等待线程结束
        System.out.println("线程已经停止。");
    }
}
```

说明 在 [例 8 - 11] 中，创建了一个线程，该线程在一个循环中运行，直到被中断。在每次循环迭代中，线程都会检查它自己是否被中断（使用 isInterrupted()方法），如果被中断，它将打印一条消息并退出循环。主线程通过调用 interrupt()方法来请求中断子线程，然后等待子线程结束。main()方法中调用了 sleep()和 join()方法，这两个方法都可

能抛出 InterruptedException 异常。为简化中断处理的代码以便于理解，示例中仅通过方法声明抛出 InterruptedException 异常，需要进一步完善。

> ## 🔔 提示
>
> - 线程中断（调用 interrupt() 方法）只是设置线程中断状态位，不会停止线程执行。
> - 通过中断机制可以检查线程是否被中断，线程可以忽略中断请求继续运行。

线程调用 isInterrupted() 方法可以检查自己是否被中断，但线程是否停止运行由线程本身决定，它可以忽略中断请求继续运行。

4. 线程终止

安全地终止线程是保持程序稳定性和数据一致性的关键。线程除正常运行结束外，还可以通过其他方法使其停止运行。使用 stop() 方法可以强行终止线程，但该方法容易造成数据信息的不一致。如果一个线程正在执行将资金从一个账户转移到另一个账户的操作，在执行完取款操作但未完成存款操作之前被 stop() 方法强制终止，就会造成账户数据的错误。当一个线程要终止另一个线程时，它无法知道何时调用 stop() 方法是安全的，所以这个方法已经被弃用了。

更好的方式是使用退出标志来终止线程，设置一个 boolean 类型的标志变量，通过改变这个标志变量的值（赋值为 true 或 false）来控制线程是否结束，如〔例 8 - 12〕所示。

【例 8 - 12】　线程终止示例。

```java
import java.util.Date;
class MyStopThread implements Runnable {
        private boolean flag = false;                        //设置标志变量
        public void run(){
                while(!flag){
                        System.out.println("系统时间为 - - " + new Date(). toString());
                                try{
                                        Thread. sleep(1000);                //线程休眠 1 秒钟
                                }catch(InterruptedException e){   e.printStackTrace();   }
                }
        }
        void stopRunning() {
                flag = true;                                //设置 flag 变量来终止线程
        }
}
public class App8_12 {
        public static void main(String[] args){
                MyStopThread r = new MyStopThread();
                Thread t = new Thread(r);
                t.start();                                //启动线程
                System.out.println("线程启动!");
```

```
        try{
            Thread.sleep(3000);                    //休眠 3 秒
        }catch(InterruptedException e){
            e.printStackTrace();
        }
        r.stopRunning();                           //终止线程
        System.out.println("线程结束!");
    }
}
```

程序运行结果为：

```
线程启动!
当前系统时间为--Tue Aug 16 11:13:16 CST 2024
当前系统时间为--Tue Aug 16 11:13:17 CST 2024
当前系统时间为--Tue Aug 16 11:13:18 CST 2024
线程结束!
```

说明 在 main()方法中启动线程 t 后，主线程与线程 t 共同竞争 CPU 的使用权，在主线程获得 CPU 的使用权后，调用 sleep()方法休眠 3 秒钟，因此线程 t 得以一直占用 CPU，每输出一次系统时间后，就调用 sleep()方法休眠 1 秒钟。3 秒钟以后，主线程恢复执行，调用 stopRunning()方法终止了线程 t 的执行。

通过设置标志变量来终止线程的方式明显优于使用 stop()方法。stop()方法会强制终止线程，包括正在执行的 run()方法。当一个线程终止时，它会立即释放它所持有的对象锁（对象锁的相关概念参见 8.4 节）。这种突然的终止，可能导致对象锁的不正常释放，进而引发数据不一致的风险。如果采用［例 8－12］中设置退出标志的方式，可以在 stopRunning()方法中进行资源释放及各种条件的检测后，再修改标志变量 flag，使线程能够安全平稳地结束。

8.4 线程的同步机制

二维码8-6
视频讲解59

线程同步是多线程编程中确保安全访问竞争资源的关键机制。多线程编程中，经常会碰到需要数据共享的情况，即当多个线程访问同一数据资源时，它们需要确保该资源在某一时刻只能被一个线程使用，否则，程序的运行结果将会是不可预料的。在多线程程序中，当多个线程并发执行时，虽然各个线程中语句的执行顺序是确定的，但线程之间的执行顺序却是不确定的。在有些情况下，这种不确定性会使共享资源的一致性遭到破坏。因此，当一个线程对共享资源进行操作时，应使之成为一个"原子操作"，即在操作完成前，不能被其他线程中断，以保障数据完整性。

8.4.1 同步的概念

在给出"同步"机制的具体示例前，先介绍几个与同步机制相关的重要概念。

并发：并发是指在同一时间段内有多个线程处于"就绪状态"，不过在任一个时间节点上只有一个线程在处理器上运行。并发强调的是多个任务看似同时进行，实际上是通过线程的快速切换，达到同时处理多个任务的效果。

同步：同步是指在多线程编程中，协调多个线程对共享资源的访问，以确保数据的一致性和操作的正确性，是一种线程间的协作机制。同步机制确保某一时刻只有一个线程可以访问或修改共享资源，从而避免并发操作导致的数据不一致或竞态条件（Race Condition）。常见的同步机制包括使用锁、信号量和屏障等。

异步：异步操作允许线程在发起一个操作后，不需要等待该操作完成即可继续执行下一步操作。当有消息返回时，系统会通知线程进行处理，这样可以提高执行的效率。现实世界本质上是异步的，每个对象同时在活动，互相通知对方感兴趣的消息，各自处理自己的消息。

临界资源：多个线程共享的资源或数据称为临界资源或同步资源。访问临界资源时，需要确保同一时间内只有一个线程可以操作该资源，以防止数据的不一致性或损坏。

临界区：访问临界资源的代码段称为临界区，也称临界代码区。为了防止多个线程同时进入临界区造成数据的不一致性，需要通过同步机制来保护临界区，确保任一时刻只有一个线程能执行临界区代码。

对象锁：对象锁是一种同步机制，通过锁定某个对象来实现同步。每个对象都有一个隐含的锁（也称为监视器锁），当一个线程获得对象锁后，其他线程必须等待该锁被释放后才能继续访问该对象的同步方法或同步语句块。对象锁通常通过 synchronized 关键字来实现。

互斥锁：互斥锁是一种用于保护共享资源的同步机制，确保同一时间只有一个线程能够访问资源。互斥锁提供了独占的访问控制，防止多个线程同时进入临界区，从而避免竞态条件。对象锁是一种互斥锁。互斥锁是一个更广泛的概念，而对象锁是 Java 中实现互斥锁的一种具体方式。

原子操作：是指不可分割的一段代码，不会被调度机制所打断的操作。原子操作可以是一个操作步骤，也可以是多个步骤组成的操作序列，原子操作保证了执行的完整性，其顺序不可以打乱，也不会出现部分执行的情况。原子操作是实现同步的一种方式，常用于管理对共享资源的安全访问。

【例 8 - 13】 银行账户存款示例，模拟多个终端向同一账户同时存款的功能。

分析 Bank 类为银行类，成员变量 balance 表示账户存款余额，成员方法 save() 进行存款操作。AccountOperation 类是存款线程类，App8_13 为测试类。本例未考虑同步控制。

```java
class Bank{
    private int balance =100;
    public int getBalance(){
        return balance;
    }
    public void save(int money){                    //save()方法会产生同步问题
        balance = balance + money;
        System.out.println(Thread. currentThread(). getName() + "存入" + money + "元,"
```

```
                          + "账户余额为:" + this. getBalance());
        }
    }
class AccountOperation implements Runnable {
        private Bank bank;
        public AccountOperation(Bank bank){
                this.bank = bank;
        }
        public void run(){
                for(int i = 0; i<10; i ++ ){bank. save(10);}
        }
    }
public class App8_13{
        public static void main(String[] args){
                Bank bank = new Bank();
                AccountOperation ao = new AccountOperation(bank);
                Thread thread0 = new Thread(ao);
                Thread thread1 = new Thread(ao);
                thread0.start();
                thread1.start();
        }
    }
```

程序的某次运行结果如图 8 - 9 和图 8 - 10 所示。

图 8 - 9   ［例 8 - 13］运行效果图   图 8 - 10   ［例 8 - 13］线程执行示意图

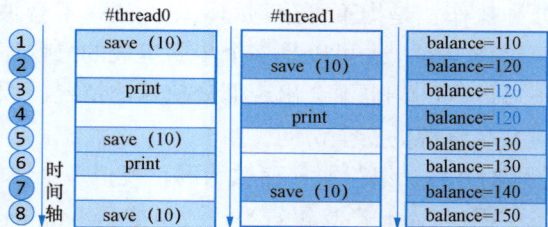

说 明 从图 8 - 9 所示的运行结果可以看出账户余额出现了异常（如前 4 行），这是因为［例 8 - 13］中除主线程外还启动了两个线程，这两个线程可能同时访问并修改同一个临界资源 balance，导致结果异常。简单分析一下这个运行结果（见图 8 - 10），假设 thread0 正在运行，调用了 save()方法，存入 10 元，并执行到 "balance＝balance＋money;" 这条语句，balance 被修改为 110 元。此时，thread0 线程退出了运行，thread1 开始运行，也存入 10 元，balance 被修改为 120 元。这时，thread0 恢复了运行，执行 thread0 线程中还未执行的最后一条输出语句，在控制台上打印输出当前的 balance 值为 120 元，此时 thread0 退出运行。然后，thread1 也继续执行尚未执行的输出语句，显示当前 balance 的值也为 120 元，导致结果异常。运行结果中的其他错误行的原因与上述情况类似。因此多个线程并发访问同一数据资源时需要进行同步处理。

例〔8-13〕出错的原因在于存款操作和打印输出不能分开执行。解决这一问题的关键是当一个线程对临界资源进行操作时，应使之成为"原子操作"，也就是说在未完成相关操作前，不允许其他线程中断它，否则就会破坏数据的一致性。

在例〔8-13〕前的多数线程示例程序中，线程都封装了其运行时所需的数据和方法。这种设计意味着线程在执行过程中不需要依赖外部数据或方法，因此，它们不必考虑其他线程的状态或行为。然而，当应用问题功能增强、关系复杂，存在多个线程之间共享某些数据时，若线程仍采用以往的方式执行，则会带来不安全性或者产生错误的结果。

8.4.2　同步的实现方式

在 Java 中，对共享资源的并发访问控制一般通过加锁机制来实现，以确保线程对这些资源操作的原子性和完整性。synchronized 关键字是实现这种加锁机制的手段之一，它为临界资源的操作提供了互斥访问的能力。当一个线程通过 synchronized 获得某个对象的锁时，其他线程必须等待该线程释放锁后，才能获得锁并访问对应的临界资源。这种机制确保了在多线程的环境中，任一时刻，只有一个线程能够访问共享资源，从而保障了数据的一致性和程序的正确性。

临界代码区可以是一个方法或是一个语句块，用 synchronized 关键字标识，表示必须互斥使用。这两种情况分别称为同步方法和同步语句块。换句话说，synchronized 关键字可应用在方法级别（粗粒度）或者是代码块级别（细粒度）。

1. 同步方法

给一个方法增加 synchronized 修饰符后，它就成为同步方法，其格式为：

```
public synchronized void aMethod(){
    ...
}
```

同步方法不能是抽象方法。

执行同步方法时，首先要获得当前对象的对象锁，然后执行方法体；如果无法获得对象锁，就进入等待状态。也就是说任意时刻只允许一个线程在执行同步方法。退出方法时，锁会被自动释放。同步方法提供了一种较为粗粒度的同步控制机制，因为它锁定的是整个方法体。

线程在执行同步方法时具有排他性。假如一个对象有多个被 synchronized 修饰的同步方法，当线程执行到一个对象的任意一个同步方法时，这个对象的所有同步方法都被锁定了。在此期间，其他线程不能访问这个对象的任何一个同步方法，直到这个线程执行完它所调用的那个同步方法并从中退出后，释放了该对象的同步锁，这时其他线程才可以访问这些同步方法。但是需要注意的是：在一个对象被某个线程锁定后，其他线程可以访问该对象的非同步（即未被 synchronized 修饰的）方法。此外，调用 Thread.sleep() 方法并不会影响到它所持有的锁，在这段休眠时间内，其他线程仍然无法访问被锁定的同步方法，即休眠期不会释放锁资源，其他线程无法访问临界资源。

2. 同步语句块

同步语句块提供了一种细粒度的控制方式，使得开发者可以针对特定代码段进行同步处理，而不是整个方法。这种机制通过锁定指定的对象而不局限于方法所在的对象（this对象），来对语句块中包含的代码进行同步。同步语句块在功能上与同步方法相似，但它提供了更灵活的同步控制能力。同步语句块的格式为：

```
synchronized(obj){
    …//临界代码段
}
```

其中，"对象 obj"是多个线程共享的对象，任意时刻只允许一个线程对"对象 obj"进行操作，它在此同步块中被加锁。

作为同步锁的对象没有特定的限制，任意一个对象都可以，但必须是对象，并确保涉及同步操作的所有线程都是通过锁定同一个对象来实现同步。当一个对象同时包含同步方法和同步语句块时，任一线程执行该对象的同步方法或进入同步语句块，该对象即被锁定，此时，其他线程无法访问这个对象的同步方法，也不能执行同步语句块。

为解决［例 8-13］中程序的问题，将 Bank 类的 save() 方法定义为同步方法，其余不变，代码为：

```
class Bank{
    private int balance = 100;
    public int getBalance(){
        return balance;
    }
    public void synchronized save(int money){      //同步方法
        balance = balance + money;
        System.out.println(Thread. currentThread ().getName() + "存入" + money + "元,"
                                    + "账户余额为:" + this.getBalance());
    }
}
```

将 save() 方法定义为同步方法以后，当一个线程执行 save() 方法、访问并修改 balance时，其他线程不能对其进行访问及修改，这样就防止了［例 8-13］中多个线程同时向账户 balance 中存钱时出现的异常情况。除了使用同步方法外，同步语句块也是保护临界资源的一种有效方式。通过将 save() 方法内部的关键操作用 synchronized 块包裹，可以实现与同步方法相同的效果。方式如下：

```
public void save(int money){
    synchronized(this) {              //同步语句块
        balance = balance + money;
        System.out.println(Thread. currentThread ().getName() + "存入" + money + "元,"
                                    + "账户余额为:" + this.getBalance());
    }
}
```

　　这样就锁定了访问 save() 方法的当前对象，其他线程无法在此时访问这个对象的同步语句块，从而避免了并发访问导致的问题。如果存款方法中还存在其他非关键操作（如显示开户行基本信息等），这些操作不涉及对共享资源 balance 的修改，则不必将其放在同步语句块之内。这样可以降低锁的粒度，提高程序的执行效率。修改程序后，问题得到了解决。

　　接下来，利用同步机制来进一步完善售票程序（见［例 8 - 6］）。

　　分析　虽然［例 8 - 6］解决了 3 个线程共同售卖 50 张票的问题，但在实际的售票环境下使用，仍然不能得到正确的结果。对［例 8 - 6］中的 BookTickets 类的 run() 方法进行修改，在卖票之前休眠 1 秒钟来模拟真实售票时在选定演出票与付款之间存在时间延迟的情况：

```
public void run(){
    while(tickets>0){
        try {
            Thread. sleep(1000);          //线程休眠 1 秒钟，以模拟真实情况
        }catch(Exception e){
            e.printStackTrace();
        }
        System. out. println(Thread. currentThread(). getName()
                                    + "sells ticket "+ tickets);
        tickets--;
    }
}
```

以下是某一次程序运行的部分结果：

```
Thread - 4sells ticket 1
Thread - 1sells ticket 0
Thread - 2sells ticket -1
Thread - 3sells ticket -2
```

　　说明　从程序运行结果可以看到演出票打印出负数，这显然是不合理的。这可能是因为售票时遇到需要耗时去支付或者沟通票务情况时，其他售票线程在此时修改了票务信息。问题的根源在于该例中多线程访问共享资源（即票务信息）时，缺乏必要的同步控制。假设线程 1 正在运行，首先判断"tickets>0"是否成立，此时 tickets 为 1，售票条件满足，但马上又因为一些原因线程 1 退出了运行。这时，线程 2 开始运行，售出最后的一张票，tickets 减为 0，线程 2 结束运行。线程 1 继续运行，因为刚才已经检查过售票条件，因此不再检查，直接售票，在屏幕上输出售卖 0 号票的信息。同理，也会出现售卖负数票的情况。为了解决这个问题，需要使用同步机制，对临界资源加锁，将操作临界资源的代码定义为同步方法或同步语句块，如［例 8 - 14］所示。

　　【例 8 - 14】　售票线程示例。

```
class BookTickets implements Runnable {
    private int tickets = 50;
```

```
        public void run(){
            while(true){
                try {
                    Thread.sleep(1000);              //线程休眠1秒钟,以模拟真实情况
                }catch(Exception e){
                    e.printStackTrace();
                }
                synchronized(this)                    //同步语句块
                {
                    if(tickets>0){
                        System.out.println(Thread. currentThread(). getName()
                                                      + "sells ticket "+ tickets);
                        tickets--;
                    }else
                        System.exit(0);
                }
            }
        }
    }
    public class App8_14 {
        public static void main(String args[]){
            BookTickets bt = new BookTickets();
            new Thread(bt).start();
            new Thread(bt).start();
            new Thread(bt).start();
        }
    }
```

说明 在多线程编程中，合理使用 synchronized 关键字对临界资源进行同步是确保线程安全的关键。然而，同步的方式和粒度对程序的性能和行为有着显著的影响。

（1）切勿对 run() 方法加锁。如果将 synchronized 加在 run() 方法前，使其成为同步方法，意味着只有等待一个线程全部执行完才会执行其他线程，这会导致只有一个线程售完所有演出票。这是因为将 run() 方法设为同步方法，会导致线程串行执行 run() 方法，那么任一时刻只能有一个线程执行 run()，其他线程被阻塞。如果将 synchronized 放在 while 循环前，是同步 while 循环这部分代码块，也会如此，原因同上。

（2）对原子操作加锁。在［例 8-6］的基础上，如果仅将 synchronized 放在输出和 ticket--; 语句前进行语句块的同步，还是会导致输出 -1,-2 这样的负数演出票的情况出现。此处将 while 的条件改为 true，通过 if 进行售票条件判断，将票数检查、输出和递减操作的代码块进行同步，能够保证正确售票，可以有效避免售出负数票、0 号票或重复售票等问题。同时，还能够避免只有一个线程售完所有票的情况，各个线程轮流售票，更符合实际场景的需要。

（3）私有化共享变量。临界代码中的共享变量（如 tickets）应设为私有成员变量，否

则，其他类的方法可以直接访问和操作该共享变量，这样 synchronized 的保护就失去意义。另一方面，还需确保所有访问和修改这些变量的操作都在同步代码块或同步方法内进行，这是避免数据不一致的关键步骤。如果还存在其他非同步方法可以访问或修改这些共享变量，那么 synchronized 提供的线程安全保障将会受到破坏。

（4）**需要考量同步的性能**。使用 synchronized 可以提高线程安全，但也会降低程序的执行效率。从提高并发度的角度来说，synchronized 的粒度越细越好，仅对真正需要互斥访问的最小代码段进行同步。

（5）**警惕死锁的发生**。死锁（deadlock）即多个线程因循环等待彼此持有的锁而陷入停滞的状态。死锁经常发生在多个线程共享资源时。解决死锁问题的方法有多种，如采用等待/通知机制（参见 8.5.1 小节）等。死锁机制的具体应用和原理在操作系统的调度策略中有具体介绍，本书不做深入探讨。

ReentrantLock 类是 Java 中用于实现同步的一个工具类，属于 java. util. concurrent. locks 包中的一部分。与 synchronized 关键字相比，ReentrantLock 类提供了更加灵活的锁定机制。它是一个可重入的互斥锁，意味着同一个线程可以多次获得同一个锁而不会发生死锁。更多详细介绍请参见扩展资源 15。

二维码8-7
扩展资源15

8.4.3　volatile 关键字

前面已经学过不少的类型修饰符，比如，用于访问控制的类型修饰符 public、private 等，本节将介绍一个与并发编程有关的类型修饰符 volatile。

二维码8-8
视频讲解60

在解释 volatile 关键字的作用之前，先来了解一下 Java 的内存模型。Java 内存模型（Java™ Memory Model）简称 JMM，是 JVM 规范中所定义的一种内存模型。不同的硬件生产商、不同的操作系统环境下，内存的访问控制是有一定差异的，这些差异带来的问题就是——当你的代码在某种系统环境下运行良好，并且线程安全，但是，换成别的系统环境时，就会出现一些问题。因而，无法保证代码在所有的系统环境中都能够安全运行。Java 内存模型旨在屏蔽各种硬件和操作系统之间的内存访问差异，确保 Java 程序在不同环境下都能达到一致的内存访问效果。简而言之，Java 内存模型定义了线程如何和内存交互，解决了由于平台差异可能导致的并发问题，使得开发者编写的代码能够在所有平台上安全运行。更详细的内容可以查看 Java 规范提案 JSR - 133 版的内容。

JSR - 133：Java™ Memory Model and Thread Specification

谈到内存模型，就不得不提及并发编程中 3 个重要的概念：原子性、有序性以及可见性。

要想并发程序能够正确地执行，保证线程安全，就必须要保证这 3 个特性。只要有一个性质没有得到保证，就可能会导致程序执行结果不正确。因此，为了保证共享内存的正确性，内存模型中定义了多线程程序读写操作的规范。在本小节中，将主要介绍其中的可见性。

可见性指的是一个线程对共享变量的修改可以及时被其他线程观察到。下面，通过图

8-11 内存模型示意图来说明什么是并发编程中的变量的可见性问题。线程的操作会涉及主内存以及线程的工作内存。所有的共享变量都存储在主内存中。每个线程还有一个自己的工作内存，存放了被线程使用的共享变量的副本。不同线程之间不能直接访问对方工作内存中的变量，线程间共享变量的值的传递，是由 JMM 来控制的，并通过主内存中转完成。当线程需要修改共享变量时，线程会在自己的工作内存中去修改共享变量的副本，然后再同步刷新到主内存中。需要注意的是，当主内存中的值被修改后，却不会主动通知其他线程，因此那些正在访问该共享变量的线程，并不知道这个值被修改了，这是多线程编程中经常会遇到的问题，这类问题就叫作可见性问题。

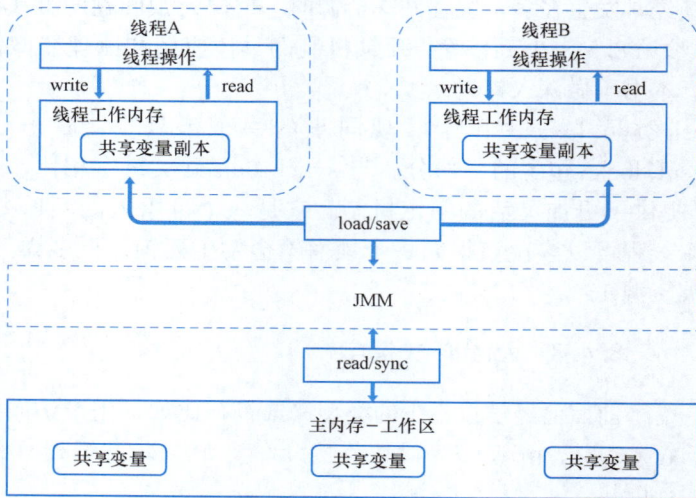

图 8-11　内存模型示意图

举个例子（见图 8-12），假设有两个并发执行的线程，它们会执行一些指令，使得共享变量的值发生改变。其中共享变量 a 初始化为 100，线程 A 和线程 B 都需要修改 a 这个共享变量，线程 A 会拷贝一份共享变量的当前值到自己的工作内存副本中；与此同时，线程 B 也做相同的操作。接着，线程 A 将 a 增加 50，变为 150，随后将计算结果同步刷新到主内存中。然后进行第二次相同的操作，线程 A 直接读取了自己工作内存中的变量副本的值 150，再次增加 50 后变为 200，然后再同步刷新回主内存中；在线程 A 进行第一次增加操作的同时，线程 B 对共享变量 a 进行了增加 20 的操作，由于其拷贝回来的变量副本的值为 100，在这个基础上增加 20 后变为了 120，然后线程 B 将该结果同步刷新回主内存中，结果导致最后主内存中变量 a 的值为 120，出现了错误。虽然线程 A 对共享变量的修改操作，最后都同步回了主内存中，但是线程 B 并未获得这些信息。这里，A 对共享变量的修改，对 B 不可见。

并发编程中，修改共享变量可能会出现变量修改值的不可见性。即，多个并发执行的线程修改共享变量时，会出现一个线程进行了修改，但其他线程却不能立即看到修改后的最新值，从而引发变量的可见性问题。

【例 8-15】　变量可见性问题示例。

分析　在本例中，通过一个布尔型的共享标志变量——flag，来作为结束子线程工

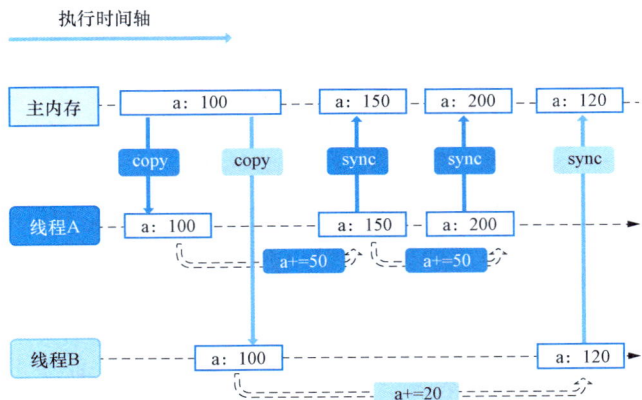

执行时间轴

图 8-12 变量可见性问题示例

作的控制开关。首先在子线程类中定义标志变量 flag，在线程体 run()方法中，通过循环来测试修改了标志变量的值后，能否正常结束。为了能更好地了解执行情况，在循环前后都增加了输出语句，提示工作的开始和结束。getFlag()方法用于返回变量 flag 的当前值。循环体内部，仅示意性地做简单的累加操作。

```java
class VisibilityThread extends Thread {
    private boolean flag = false;                //共享标志变量
    public void run(){
        int sum = 0;
        System. out. println("新线程开始工作");
        while(!getFlag()){
            sum ++ ;
        }
        System. out. println("新线程结束工作,sum = " + sum);
    }
    void stopWorking(){
        flag = true;
    }
    boolean getFlag(){
        return flag;
    }
}
public class App8_15{
    public static void main(String[] args)throws Exception {
        VisibilityThread v = new VisibilityThread();
        v.start();
        Thread.sleep(1000);                      //停顿 1 秒等待新启线程执行
        System.out.println("即将置 flag 值为 true,以结束线程工作");
        v.stopWorking();
        System.out.println("主线程获取 flag 的值为:"+ v. getFlag());
```

```
        System.out.println("主线程结束工作");
    }
}
```

说明 如果想停止这个线程的工作，理论上只要调用 stopWorking() 方法，将 flag 的值设为 true 即可。编写测试类，测试当多个线程并发执行时，修改共享标志变量 flag，能否实现预期的效果。在测试类中，创建一个线程对象并启动它，休眠 1 秒以便能够确保新线程顺利地启动执行，然后通过调用 stopWorking() 方法，结束它的工作，再通过 get-Flag() 方法，来查看当前的 flag 值是什么。

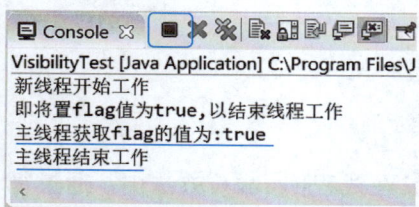

图 8-13　[例 8-15] 运行结果图

[例 8-15] 程序运行结果如图 8-13 所示。运行结果显示主线程顺利地结束了工作，即 stop-Working() 方法已经被执行过了，并且主线程也获取到了 flag 的值为 true。但是，子线程中的 "System.out.println("新线程结束工作，sum = " + sum);" 这条语句却并未输出。这意味着该线程其实并未结束，还在执行，也就是说循环一直在执行，永远不会终止了。其原因在于，主线程对 flag 的修改，对另一线程 v 并不可见。

解决的方式之一就是加 volatile 修饰符。volatile 类型修饰符提供了一种轻量级的同步机制，确保使用 volatile 声明的变量对所有线程都是可见的，即一个线程对 volatile 变量的修改，对其他线程是立即可见的。同时，对 volatile 变量的读写操作都会直接作用于主内存，而不是工作内存的副本上。这样，就有效地解决了可见性问题。将 [例 8-15] 中的 flag 变量修改如下：

```
private volatile boolean flag;
```

volatile 是 Java 中的关键字，是一种类型修饰符。标记为 volatile 的变量，意味着它的更改始终对其他线程可见。这是因为，线程在每次访问 volatile 变量时，都会去主内存中读取最新值，而不是使用一个缓存的值。因此，一个线程修改了某个标记为 volatile 的变量的值，这个更新后的值对其他线程来说是立即可见的。

在 [例 8-15] 的程序中，将 flag 变量前增加 volatile 修饰符，再次运行程序，程序就能够正常结束了（见图 8-14），刚才未能输出的那条语句也能够输出了。

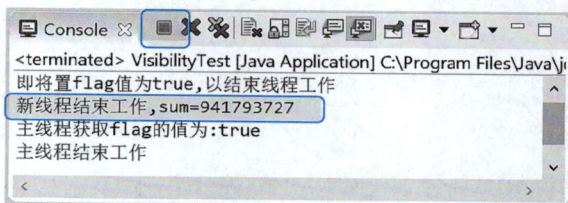

图 8-14　修改 [例 8-15] 后的运行结果图

volatile 修饰符适用于某个属性变量被多个线程共享，而且需要在修改这个共享属性时，其他线程能够立即得到修改后的值。比如，[例 8-15] 中用于终止操作的状态标识 flag，就可以使用 volatile 修饰符。volatile 可以保证变量的可见性。

需要说明的是 volatile 关键字是无法替代 synchronized 关键字的。这是因为，volatile 仅能用于变量级别，而 synchronized 可作用于方法、代码块。此外，volatile 并不能保证操作的原子性，而通过 synchronized 进行正确的同步后，是可以保证原子性的。相较于 synchronized，volatile 更加轻量级，系统开销较小。

8.5 线程之间的通信

很多情况下线程之间需要协同配合来完成复杂任务，这就需要在线程间建立沟通渠道，通过线程间的"对话"来解决同步问题。例如，当某个线程进入 synchronized 同步语句块后，临界资源的当前状态并不满足要求，需要等待其他线程将临界资源改变为它所需要的状态后才能继续执行。但此时它已经持有了该对象的锁，其他线程就无法再对临界资源进行操作，使得线程间处于僵持状态。如果该线程能够主动放弃对象的锁，并通知其他线程可以运行，就能够解决这个问题，这就要用到线程间的通信机制。

二维码8-9
视频讲解61

8.5.1 等待/通知机制

等待/通知机制在现实生活中很常见。例如在商品买卖的过程中，销售商需要"等待"生产商生产好商品后才能"通知"消费者前来购买。同样，如果生产的产品已经满仓，销售商也需要"等待"消费者消费了商品后才能"通知"生产商重新生产产品。在代码层面上，如果通过循环语句来轮询检测一个条件是否成立，若轮询时间间隔过小，会浪费 CPU 的资源；若轮询间隔过大，则有可能会取不到想要的数据。因此，需要有一种机制来减少对 CPU 资源的浪费，而且还可以实现在多个线程之间通信，这就是 wait（等待）/notify（通知/唤醒）机制，即条件不成立时进入"等待"状态，条件成立后重新被"通知"执行相关操作。

Java 中的等待/通知机制可以通过 java.lang.Object 类中定义的几个常用方法 wait()、notify() 和 notifyAll() 方法实现，这些方法为线程间的通信提供了有效手段。各方法原型见表 8-5，这些方法只能在 synchronized 修饰的方法或语句块内被调用。

表 8-5　　　　　　　　　　　　　　　线程通信的主要方法

Object 类中方法原型	说明
public final void wait() throws InterruptedException	使调用 wait() 方法的线程变为等待状态，主动释放对象的互斥锁，并进入该互斥锁的等待队列，直至其他线程调用 notify() 或 notifyAll() 方法
public final void wait(long mills) throws InterruptedException	超时等待 mills 毫秒，如果没有唤醒通知，超时返回
public final void wait(long mills, int nanos) throws InterruptedException	超时等待 mills 毫秒 nanos 纳秒，若无通知，超时返回
public void notify()	唤醒一个等待该对象互斥锁的线程
public void notifyAll()	唤醒正在等待该对象互斥锁的所有线程

1. wait()方法

wait()方法的作用是使当前线程等待（某个条件），直到其他线程调用同一个对象上的 notify()或 notifyAll()方法。使用 wait()方法的步骤为：①获取对象锁；②如果临界资源状态不满足特定条件，那么调用对象的 wait()方法；③当条件满足时，则执行对应的逻辑。

执行 wait()方法时，对象锁被自动释放，当前线程进入等待状态。需要注意的是，wait()方法必须在一个同步方法或同步语句块中被调用，并且该同步方法或同步语句块获得了临界资源对象的锁，否则，会抛出 IllegalMonitorStateException 异常。

wait()方法和 sleep()方法都能使线程进入等待状态，但是 wait()在放弃 CPU 时间片的同时交出了临界资源的控制权，而 sleep()方法却一直占用着临界资源。从 wait()方法返回的前提是重新获得了调用对象的锁。下面是使用 wait()方法的典型模式：

```
synchronized(obj){
    while(<临界资源状态不满足>){
        obj.wait();        //释放锁，需要被唤醒
                           //执行适当的操作
    }
}
```

说 明

（1）通常需要循环调用 wait()方法。因为在多线程环境中，临界资源对象的状态随时可能改变。当一个线程被唤醒后，并不一定立即恢复运行，还须等到这个线程获得了对象锁及 CPU 资源后才能继续运行，但此时可能对象的状态已经发生了变化，因此被唤醒后需要再次测试等待的条件是否成立。

（2）调用临界资源对象 obj 的 wait()方法（或者 notify()方法、notifyAll()方法）之前，必须获得 obj 对象锁，即必须写在 synchronized(obj){…} 代码段内，只能在一个同步方法或同步语句块中被调用。

2. notify()方法

notify()方法的作用是唤醒一个等待队列中的线程。如果有多个线程阻塞在等待队列中，JVM 将会随机唤醒其中一个线程。如果 notify()方法的调用次数小于等待中的线程的数量，会出现部分线程无法被唤醒的情况。需要注意的是，与 wait()方法不同，当一个线程调用 notify()方法时，调用线程不会立即释放它持有的对象锁，而是会继续执行完同步方法或同步代码块中的所有代码，然后才释放对象锁。如果 notify()方法的调用次数小于等待中的线程数量，会出现部分线程无法被唤醒的情况。

3. notifyAll()方法

notifyAll()方法的作用是唤醒同步队列中的所有线程。这意味着所有因调用 wait()方法而处于等待状态的线程都将被唤醒。被唤醒的线程需要重新获得对象锁，并等待系统调度。

提 示

wait()方法、notify()方法、notifyAll()方法只能在 synchronized 修饰的方法或语句块内被调用。

综上所述，wait/notify 机制是 Java 中实现线程间通信的基本方式，有效解决了资源共享和线程协作的问题。当临界资源的状态不满足当前线程运行的要求时，可以调用 wait()方法进行等待，暂时释放临界资源对象的锁，并将当前线程置于对象锁的等待队列中，为其他线程让行。其他线程在获得对象锁后执行相应的操作，然后通过调用 notify()或 notifyAll()方法唤醒等待队列中的线程。被唤醒的线程在从等待队列中移出时，仍需重新尝试获取对象锁，只有在成功获得对象锁后，才能恢复运行。

8.5.2　生产者/消费者问题

生产者/消费者问题是多线程同步的经典案例。该问题描述了两个共享固定大小缓冲区的线程——即所谓的"生产者"和"消费者"在实际运行时遇到的问题。生产者生成一定量的数据放到缓冲区中，然后重复此过程。与此同时，消费者在缓冲区中不断消耗这些数据。这个问题的关键就是要保证生产者不会在缓冲区满时加入数据，消费者也不会在缓冲区空时消耗数据。

【例 8 - 16】　生产者/消费者问题示例。

分析　Bread 类为生产者生产的产品"面包"类。GoodsStack 类为生产者和消费者共同参与生产消费的场所，类似于商店。生产者生产出的产品运往商店，消费者从商店购买产品。GoodsStack 类的 arrbd 数组，用来存放生产的"面包"。生产者通过 produce()方法将生产的"面包"放入 arrbd 数组。消费者通过 consume()方法来"消费"一个"面包"。Producer 类为生产者，生产者往往不止一家，所以使用多线程。Consumer 类为消费者，同样以多线程来模拟多个消费者的情况。App8_16 类为测试类，用以启动多个生产者和消费者线程。

```
class Bread{
    int id;
    Bread(int id){                                 //构造方法
        this.id = id;
    }
}
class GoodsStack {
    int index = 0;
    Bread[]arrbd = new Bread[3];
    public synchronized void produce(Bread bd){    //生产面包的方法
        while(index == arrbd.length){              //判断数组是否已满
            try {
                this.wait();                       //满时等待,不再生产面包,并释放对象锁
            }catch(InterruptedException e){
                e.printStackTrace();
            }
        }
        this.notify();                             //唤醒等待消费的线程
        arrbd[index] = bd;                         //将 bd 存入数组
```

```
            index ++ ;                                            //数组元素个数加1
            System.out.println("生产者" + Thread.currentThread(). getName() + "新生产了面包。"
                        + "当前面包数为:" + this. index);
        }
        public synchronized Bread consume(){                      //消费面包的方法
            while(index ==0){                                     //判断数组是否为空
                try {
                    this.wait();                                  //空时等待,不再消费面包
                }catch(InterruptedException e){
                    e.printStackTrace();
                }
            }
            this. notify();                                       //  唤醒等待生产的线程
            index--;
            System.out.println("消费者" + Thread. currentThread(). getName() + "消费了面包。"
                        + "当前面包数为:" + this. index);
            return arrbd[index];                                  //取出元素
        }
    }
class Producer implements Runnable{
    GoodsStack gs=null;
    Producer(GoodsStack gs){
        this. gs=gs;
    }
    public void run(){
        for(int i=0; i<6; i ++ ){
            Bread bd=new Bread(i);                                //创建 Bread 对象
            gs.produce(bd);        //将 Bread 对象 bd 放入临界资源 GoodsStack 对象 gs 中
            try {
                Thread.sleep((int)(Math. random() * 200));        //随机休眠一段时间
            }catch(InterruptedException e){
                e.printStackTrace();
            }
        }
    }
}
class Consumer implements Runnable{
    GoodsStack gs=null;
    Consumer(GoodsStack gs){
        this.gs=gs;
    }
    public void run(){
        for( int i=0; i<12; i ++ ){
```

```
            Bread bd = gs.consume();          //从临界资源 GoodsStack 对象 gs 中取出元素
            try {
                Thread.sleep((int)(Math.random() * 1000));     //随机休眠一段时间
            }catch(InterruptedException e){
                e.printStackTrace();
            }
        }
    }
}
public class App8_16{
    public static void main(String[] args){
        GoodsStack gs = new GoodsStack();
        Producer p = new Producer(gs);
        Consumer c = new Consumer(gs);
        new Thread(p).start();                  //启动生产者线程 1
        new Thread(p).start();                  //启动生产者线程 2
        new Thread(c).start();                  //启动消费者线程
    }
}
```

程序可能的运行结果之一为：

```
生产者 Thread - 0 新生产了面包。当前面包数为:1
消费者 Thread - 2 消费了面包。当前面包数为:0
生产者 Thread - 1 新生产了面包。当前面包数为:1
生产者 Thread - 0 新生产了面包。当前面包数为:2
……
生产者 Thread - 1 新生产了面包。当前面包数为:3
消费者 Thread - 2 消费了面包。当前面包数为:2
消费者 Thread - 2 消费了面包。当前面包数为:1
消费者 Thread - 2 消费了面包。当前面包数为:0
```

说　明

（1）［例 8 - 16］中生产者通过 produce()方法生产面包之前，需要测试 arrbd 数组是否已经放满（index＝＝arrbd. length）。如果已满，则需要调用 wait()方法，等待消费者消费过后再去生产。因为不能确切知道消费者什么时间去消费，故使用循环结构来测试等待条件"while(index＝＝arrbd. length)"是否改变，如果没有则一直等待。只有被唤醒后才能恢复执行下去，此时一定是有消费者进行了消费行为，数组不再充满，因此可以再次生产面包了。消费者通过 consume()方法，从 arrbd 数组中取走"面包"。同样，在从数组中取"面包"之前，需要测试 arrbd 数组是否为空（index＝＝0）。如果为空，同样需要调用 wait()方法，等待生产者生产出"面包"之后再去消费。

（2）Producer 类的 run()方法中，假设每个生产者可以生产 i 个"面包"，每生产出一个面包（Bread bd=new Bread(i);），就将面包放入商店同时反馈最新的面包总数（gs. produce(bd);）。

为保证 produce() 方法中"放入面包"和"反馈面包总数"这两个操作不被别的线程打扰，出现不同步的情况，使用 synchronized 同步方法的方式。

（3）Consumer 类为消费者，基本原理与生产者类似。

（4）在此例中一共启动了两个生产者线程和一个消费者线程。假设每个生产者最多可生产 6 个面包，当生产的"面包"全部消费完毕后程序终止运行，所以在消费者的 run() 方法中，循环次数设为 12 次。这样可以启动数个消费者线程及其两倍的生产者线程来模拟运行。

使用 Java 中的 BlockingQueue 实现生产者 - 消费者模式是并发编程的一个经典例子。此模式有助于解决生产者和消费者速度不匹配的问题，通过一个共享队列来平衡工作负载。更多详细讲解请参见扩展资源 16。

二维码8-10
扩展资源16

（5）如果将 produce() 方法中的"**while**(index ＝＝arrbd. length)"换为"**if**(index＝＝arrbd. length)"，将会产生数组越界异常。当启动较多线程时更易暴露这个问题。例如，启动 200 个生产线程和 100 个消费线程，代码为：

```
for( int i = 0;i<100;i ++ ){
    new Thread(p).start();
    new Thread(p).start();
    new Thread(c).start();
}
```

问题的原因是：如果当两个线程因为数组已满调用 wait() 方法，进入了等待队列，释放了对数组的锁。如果这时有一个消费者线程获得"锁"，并消费了一个"面包"，然后用 notifyAll() 方法唤醒了等待队列中的两个生产者线程。在唤醒线程时，这两个生产者线程并不一定马上就能执行，像其他线程一样，它们还需要等待 CPU 来调度，需要与其他线程竞争所需要获得的锁。假设其中一个生产者线程获得了锁，开始恢复执行，因为之前已经使用"if(index ＝＝ arrbd. length)"进行了条件测试，所以不再执行这条语句。因此，当第一个生产者线程执行 wait() 之后的代码开始生产面包，即将数组元素个数加 1，执行结束后，另外一个生产者线程，也开始生产面包，因为同样不再重新判断条件，就会出现数组溢出问题。

如果使用 notify() 方法来唤醒线程仍然会有问题。比如线程在等待期间（执行 wait() 方法）被异常打断，即产生了 InterruptedException 异常，顺着异常处理逻辑有可能跳过唤醒条件的判断，使得消费者线程被错误地唤醒。因此，在线程被唤醒前需要持续检查条件是否被满足，典型的应用形式就是采用循环结构。

若去掉任何一个"this. notify();"语句，如去掉 produce() 方法中的"this. notify();"这条语句，都将会发生死锁情况。这是因为，当生产者线程生产满后，却没有唤醒消费者线程去消费，生产者线程因为缓冲区已满所以需要等待，而此时消费者线程也在一直等待生产者线程的唤醒通知，从而造成死锁。因此，wait() 方法和 notify() 方法或 notifyAll() 方法必须是成对出现的。

本 章 配 套 资 源

二维码8-11
第8章思维
导图

二维码8-12
第8章示例
代码汇总

二维码8-13
第8章习题

二维码8-14
第8章扩展
资源汇总

第9章

网 络 编 程

在信息化时代，网络技术已经深入到学习、工作和生活的方方面面。线上教育、远程办公、电子商务等网络应用更是得到了广泛的应用。随着中国 5G 网络技术的快速发展，网络编程技术将在更多的领域发挥更大的作用，为生产和生活带来更多的便利。

网络应用是 Java 语言成功的重要领域之一。Java 提供了丰富的网络编程类库，使开发者能够方便地完成网络应用程序的开发。本章将首先介绍网络编程的基本概念，然后深入讲解如何编写连接网络服务的 Java 程序，特别是基于 TCP 和 UDP 的网络通信程序设计。

本章目标

- 了解网络通信的基本概念。
- 掌握基于 TCP/UDP 协议的网络应用程序开发的基本方法和过程。
- 初步具备开发网络应用程序的能力，提升对工程问题进行分析与程序设计的能力。

9.1 网 络 通 信 基 础

二维码9-1
视频讲解62

9.1.1 基本概念

网络编程中有两个主要的问题：一个是定位问题，也就是说，如何准确定位到网络上的一台或多台主机；在找到目标主机之后，又该如何确定将数据包送往众多同时运行的进程中的哪个进程？比如，是传给 QQ 或是微信。另一个是传输问题，找到主机、确定进程后又该如何进行数据的传输呢？要想解决这两个问题，顺利地实现网络通信，就需要先了解下面这些概念。

1. IP 地址

如果想辨识、定位并连接到网络中的一台计算机，就需要有一种机制能够独一无二地标识出网络中的每台计算机，计算机的标识就是 IP 地址。IP 地址是一种在 Internet 上给主机编址的方式，也称为网际协议地址。简单来说，在网络中寻找某一台计算机需要依靠它的 IP 地址。常见的 IP 地址，分为 IPv4 与 IPv6 两大类，也即互联网通信协议第四版和第六版。IPv4 规定 IP 地址长度为 32 位，即有 $2^{32}-1$ 个 IP 地址，随着互联网的迅速发展，IPv4 定义的有限地址空间将被耗尽。IPv6 规定 IP 地址长度为 128 位，极大地扩展了可用的地址空间。为简单起见，以 32 位 IP 地址为例，IP 地址由 4 个 0～255 之间的数字组成，如 192.168.0.8。在 Java 语言中通过 InetAddress 类表示 IP 地址，用于实现主机名和 IP 地址的转换。有关 InetAddress 类的使用将在 9.1.3 小节中进行介绍。

实际上，IP 地址还以另外一种形式存在着，就是域名。由于 IP 地址不容易记忆，而且无法知道使用该 IP 地址的组织的名称和性质等，通常会使用域名（Domain Name）来代替。域名又称网域，是由一串用点来分隔的名字组成，用来标识 Internet 上某一台计算机或计算机组的名称，例如 www.baidu.com。在网络中传输数据时，都是以 IP 地址作为地址标识，所以在传输数据之前需要将域名转换为 IP 地址，这个过程叫作域名解析。凡注册定义的域名都可以有效地转换成 IP 地址。

网络上的计算机可以根据主机名来识别，主机名就是计算机的名字，由域名服务器（Domain Name Server，简称 DNS）映射到 IP 地址。对于本地计算机（也就是用户自己正在使用的这台计算机），有两种方法标识它——用 IP 地址标识：127.0.0.1；用主机名标识：localhost。以上两者是等价的。那么什么时候会用到这个特殊的 IP 地址呢？由于多种潜在的原因，可能会存在没有客户机、服务器以及网络来测试用户自己编好的程序的情况。比如只是在一个课堂环境中进行练习，或者编写出的是一个并不十分可靠的网络应用程序，暂时还不能部署到网络上去。因此，IP 的设计者建立这样一个特殊的地址——localhost 或者说 127.0.0.1——来满足非网络环境中的测试要求。

2. 端口（port）

一台计算机上可能同时运行多个网络应用程序，虽然 IP 地址能确保数据被送达到指定的计算机，但却无法直接指定这些数据应传递给哪个具体的网络应用程序。为此，引入了"端口"这一概念，以允许一台计算机同时运行多个网络应用程序。端口可以理解为计算机内独一无二的场所。如果将 IP 地址比作一个大楼的地址，那么端口就好比是大楼内某个具体的房间号。端口用一个 16 位的数字来表示，范围是 0～65 535。其中，0～1023 号端口被保留给系统预定义的服务使用（例如，HTTP 服务通常使用 80 号端口）。因此，通常需选择 1024 以上的端口号以避免冲突。

IP 地址和端口的联系，可以类比为银行的客服电话＋分机号：IP 地址用于标识一台主机，而端口则用于标识主机上运行的一个特定服务。比如，运行在远程计算机上的服务器软件（见图 9-1），在等待那些希望与端口"5523"连接的网络请求。当服务器端的操作系统接收到一个来自客户端的请求，请求与"5523"端口连接，它便唤醒监听进程，为两者建立连接，提供服务。

图 9-1　网络端口示意图

值得注意的是，端口并非物理实体，而是一种软件上的抽象概念。在同一个计算机中每个程序对应唯一的端口，这样一台计算机上就可以通过端口来区分发送给每个程序的数据了。也就是说，多个网络应用程序可以同时运行而不互相干扰。结合 IP 地址和端口号，在进行网络通信时，就可以通过 IP 地址查找到这台计算机，然后通过端口找到计算机上的一个程序。这样就可以进行网络数据的交换了。可以说网络间通信其实是在网络应用程序端口之间进行的。

3. 协议

有了 IP 地址和端口后，是不是就可以让网络中的两台计算机连接到一起，并且开始相互"交谈"或者"沟通"了呢？实际上，还需要确定通信双方所共同遵守的协议，才能保障沟通的顺畅。网络通信协议是指在网络中进行通信的计算机间所需要遵循的各种规则的集合。这就好比想要在道路上驾驶汽车，就要遵循交通规则一样。在计算机网络中对等实体之间进行连接和通信时所必须遵循的规则集合就称为协议。接入网络的计算机都遵守同样的协议。

网络协议是一个网络通信模型，以及一整个网络传输协议家族，它常被统称为 TCP/IP 协议族。网络协议对在网络上传输的数据的编码格式、时序、通信环境等做了统一的规定，通信双方必须同时遵守才能完成信息的交换。网络通信协议普遍采用分层结构，Internet 的网络通信协议是一种 4 层协议模型，即 TCP/IP 参考模型，分为应用层、传输层、网络层和链路层四层。在 TCP/IP 参考模型中网络层主要负责网络主机的定位，通过 IP 地址可以唯一地确定 Internet 上的一台主机。传输层提供面向连接的可靠传输（TCP）或面向无连接的非可靠传输（UDP）协议，这是网络编程的核心所在。Java 语言通过其提供的丰富的网络编程类库简化了开发人员在编写网络应用程序时的工作。开发人员只需利用 Java 提供的相关 API，无须深入了解各层协议的实现细节。这使得所编写的应用程序能够独立于底层平台运行。本章网络编程的学习，主要基于传输层的两个协议 TCP 协议和 UDP 协议。

4. TCP

TCP 是 Transmission Control Protocol 的简称，是传输层的常用协议。TCP 协议是一种面向连接的保证可靠传输的协议。通过 TCP 协议传输，得到的是一个顺序的、无差错的数据流。Java 语言中与 TCP 协议相关的类有 Socket、ServerSocket 等。

5. UDP

UDP 是 User Datagram Protocol 的简称，也是传输层的常用协议，它与 TCP 协议的主要区别在于 UDP 是一种无连接的协议。UDP 协议允许从一台计算机发送独立的数据包，这些数据包被称为数据报。每个数据报都是独立的单位，包含完整的源地址和目的地址信息。在传输过程中，数据报可以通过网络上的任何可用路径传输到目的地，但其到达目的地的时间、路径以及内容的正确性都无法得到保证。UDP 的这种特性使其在不要求高可靠性的数据传输场景中能够提高传输速度，特别适用于对实时性要求较高的应用，如视频流或在线游戏。同时，UDP 也是一些特定应用的必选协议，例如网络连接测试命令 ping，它通过发送数据报并统计它们在两个主机之间的丢失率和乱序情况来评估网络连接的状态。Java 语言中与 UDP 协议相关类有 DatagramPacket、DatagramSocket、Multicast-Socket 等。

6. URL

URL（Uniform Resource Locator）即统一资源定位符，代表了 Internet 上某一资源的具体地址。简单地说，URL 就是 Web 地址，俗称"网址"。URL 由协议名和资源名组成，其形式为：

```
protocol://resourceName
```

协议名（protocol）指明获取资源所使用的传输协议，如 http、ftp、gopher、file 等。

资源名（resourceName）是资源的完整地址，包括主机名、端口号、文件名或文件内部的一个引用，其形式为：

```
Hostname:port/filename#reference
```

Hostname 是指存放资源的合法的主机域名或 IP 地址。port 指端口号，为可选项，省略时使用默认端口，各种传输协议都有默认的端口号，如 http 协议的默认端口为 80。filename#reference 为文件目录和特殊参数的可选项。

对于一个 URL 来说可能并不需要包含资源名中的所有部分。如：https://www.oracle.com/java/

Java 语言提供了使用 URL 访问网络资源的 URL 类，使得用户不需要考虑 URL 中标识的各种协议的处理过程，就可以直接获得 URL 资源信息。

9.1.2 Java 语言网络通信的支持机制

作为一门成功的网络编程语言，Java 为用户提供了十分完善的网络功能。它可以获取网络上的各种资源、与服务器建立连接和通信、传递本地数据等。Java 语言的网络功能主要分为三类：

（1）URL。URL 类用于表示一个统一资源定位符（URL），它指向网络上的一个资源。利用该类提供的方法，可以直接访问互联网资源，如网页、文件、图像等，或者将本地数据传送到网络的另一端。

（2）Socket。Socket 是一种基于 TCP/IP 协议的网络通信方式，广泛用于客户端与服务器之间的信息交换。这种方式类似于电话通话，通过建立稳定的连接来进行数据传输。

（3）DataGram。Datagram 是一种面向非连接的、以数据报方式工作的通信方式，适用于网络状况不稳定下的数据传输和访问。这类似于发送短信，不保证每条消息的到达。

Java 的网络功能主要通过 java.net 包提供支持，该包中含有丰富的类和接口（见表 9-1），覆盖网络通信的底层实现。这允许开发者直接使用这些工具，专注于网络应用的开发，而无需深入底层的通信细节。

表 9-1 java.net 包中主要的类

面向的层		类名
面向 IP 层的类		InetAddress
面向应用层的类		URL、URLConnection
面向传输层的类	TCP 协议相关类	Socket、ServerSocket
	UDP 协议相关类	DatagramPacket、DatagramSocket、MulticastSocket

9.1.3 InetAddress 类的使用

InetAddress 类用来获取计算机的主机名和 IP 地址。具体来说，InetAddress 类用来区分计算机网络中的不同节点，即不同的计算机，并对其寻址。InetAddress 类包含了 IP 地址、主机名等信息。InetAddress 类没有构造方法，无法直接实例化，只能通过该类中的若干静态方法来获得实例。表 9-2 给出了 InetAddress 类的常用方法。

表 9-2   **InetAddress 类的常用方法**

方法原型	说明
public static InetAddress getByName(String host)throws UnknownHost Exception	返回指定主机的 IP 地址对象
public static InetAddress getLocalHost()throws UnknownHostException	返回本地主机的 IP 地址对象
public String getHostName()	返回此 InetAddress 对象的主机名称

可以使用静态方法 getByName()以主机名或 IP 地址为参数创建一个 InetAddress 的实例。如：

```
InetAddress address = InetAddress.getByName("www.sina.com.cn");
```

此外，程序可以通过主机名"localhost"或者 IP 地址"127.0.0.1"来引用本地计算机，两者等价。

【例 9-1】 利用 InetAddress 类获取计算机的主机名和 IP 地址。

```
import java.net.*;                                    //导入 java.net 包
public class App9_1{
    public static void main(String[] args){
        try{
            InetAddress add1 = InetAddress.getLocalHost();    //获得本地主机的 IP 地址
            System.out.println("当前本地主机:"+ add1);
            //通过 DNS 域名解析,获得相应服务器的主机地址
            InetAddress add2 = InetAddress.getByName("www.oracle.com");
            System.out.println("ORACLE 官网的主机:"+ add2);
            //根据字符串形式的 IP 地址获得相应的主机地址
            InetAddress add3 = InetAddress.getByName("23.200.153.99");
            System.out.println("IP 地址为 23.200.153.99 的主机:"+ add3);
        }catch(UnknownHostException uhe){
            uhe.printStackTrace();
        }
    }
}
```

程序运行结果为：

```
当前本地主机:VSYN4V2P9K0AGXH/192.168.1.12
ORACLE 官网的主机:www.oracle.com/23.200.153.99
```

IP 地址为 23.200.153.99 的主机:/23.200.153.99

9.1.4　URL 类的使用

为了表示 URL 地址，java. net 包中定义了 URL 类，用 URL 对象来表示 URL 地址。使用 URL 类可以方便地访问网络资源。URL 类的常用构造方法见表 9-3。

表 9-3　　　　　　　　　　　URL 类的常用构造方法

方法原型	说明
public URL(String spec) throws MalformedURLException	以指定字符串创建一个 URL 对象
public URL(URL context,String spec) throws MalformedURLException	通过解析指定上下文中的给定规范来创建 URL
public URL(String protocol,String host,int port,String file) throws MalformedURLException	从指定的协议、主机、端口号和文件创建一个 URL 对象
public URL(String protocol,String host,String file) throws MalformedURLException	从指定的协议名称、主机名和文件名创建 URL。使用指定协议的默认端口

其中，参数 spec 是由协议名、主机名、端口号、文件名组成的字符串；参数 context 是已建立的 URL 对象；protocol 是协议名；host 是主机名；file 是文件名；port 是端口号。URL 类的构造方法都抛出 MalformedURLException 异常，用于处理创建 URL 对象时可能抛出的异常。例如找不到指定协议，或者无法解析字符串等。

一个 URL 对象中包括各种属性，属性不能被改变，但可以通过表 9-4 中的方法获取。

一个 URL 对象对应一个网址，生成 URL 对象后就可以调用 URL 对象的 openStream() 方法读取网址中的信息，该方法获取的是一个 InputSream 输入流对象。通过 read() 方法只能从这个输入流中逐字节读取数据，也就是从 URL 网址中逐字节读取信息。

表 9-4　　　　　　　　　　　URL 类的常用方法

方法原型	说明
public int getPort()	获取 URL 的端口号
public int getDefaultPort()	获取与当前 URL 关联的协议的默认端口号
public String getProtocol()	获取 URL 的协议名称
public String getHost()	获取 URL 的主机名
public String getFile()	获取 URL 的文件名
public final InputStream openStream() throws IOException	打开与当前 URL 的连接，并返回用于从该连接读取的输入流 InputStream 对象
public final Object getContent() throws IOException	获取 URL 的内容

【例 9-2】　使用 URL 类访问网上资源，读出网址 https://www.oracle.com/java/的主页内容。

分析　在测试类 App9_2 中的 display() 方法中创建一个 URL 对象 url，指向 Java 主页；通过调用 url. openStresm() 方法，生成该 URL 对象的一个字节输入流；通过 Input-

StreamReader 以及 BufferedReader 生成一个缓冲字符流；调用 BufferedReader 对象的 readLine()方法读取 Java 主页的 HTML 内容。

```java
import java.net. * ;
import java.io. * ;
public class App9_2{
    public static void main(String args[]){
        String urlname = "https://www.oracle.com/java/";
        new App9_2().display(urlname);
    }
    public void display(Stringurlname){
        InputStreamReader in = null;
        BufferedReader br = null;
        try {
            URL url = new URL(urlname);              //根据 URL 建立数据输入流
            in = new InputStreamReader(url. openStream());
            br = new BufferedReader(in);
            String aline;
            while((aline = br. readLine())!=null)      //从流中读取一行数据
                System.out.println(aline);
        }catch(MalformedURLException murle){
            System.out.println(murle);
        }catch(IOException ioe){
            System.out.println(ioe);
        }finally {
            try {
                br.close();
            }catch(IOException e){
                e.printStackTrace();
            }
        }
    }
}
```

说 明　程序运行后，在控制台上输出 Java 主页的 HTML 文件。

9.2　TCP 编程

二维码9-2
视频讲解63

　　网络编程需要确定使用哪种数据传输协议，因为协议不同，传输的方式不同。传输层有两个重要的通信协议——TCP 协议 和 UDP 协议。在本节中，将介绍基于 TCP 协议的网络编程。

　　Socket 是 TCP/IP 协议中的传输层接口，是建立在稳定连接基础上的、以流形式传输数据的通信方式。它是客户端/服务器模式应用程序的常用实现手段。Socket 代表一个进行数据传输的网络通信端点，一个 Socket 由一个 IP

地址和一个端口号共同标识。基于 TCP 协议的网络通信稳定可靠，适用于需要保证数据完整性和顺序的应用场景。

9.2.1　Socket 通信过程

Socket（通常也称作"套接字"）的英文原意是"插座"，意为它如同插座一样方便地帮助计算机接入互联网进行通信。针对一个特定的连接，每台计算机上都有一个 Socket 对象，可以想象成连接的两端有一条虚拟的"线缆"，线缆的每一端都插入到一个"插座"里。Socket 是一种软件层面的抽象，用于表达两台计算机间的连接的"终端"，即通信链的端点，它通过 IP 地址和端口号来定义。

当网络中的两台计算机进行通信时，实际上是两台计算机中两个应用程序之间的通信。通信开始前，一端发起连接请求，另一端等待此连接。一旦接收端接受了连接请求，两台计算机便成功建立了连接，并通过此连接交换数据。这种通信模式被称为客户端/服务器（Client/Server，C/S）模式，其中请求方是客户端，接收方是服务器。网络程序设计通常涉及一个服务器与一个或多个客户端之间的交互，客户端发送请求，服务器响应这些请求。一旦连接建立起来，客户端和服务器就可以通过"套接字"进行通信。

建立连接时，一个完整的连接地址包括 IP 地址和端口号。两个程序在进行连接之前要约定好端口号。服务器端分配端口号并等待连接请求，而客户端则向这个指定的端口发送连接请求，服务器接受请求，连接便成功建立。

Java 语言中基于连接的通信，采用 I/O 流模式；而面向无连接的通信，则通过数据报方式来进行。Socket 连接可以是流连接，也可以是数据报连接，这取决于创建 Socket 对象时所使用的构造方法。本节只介绍常用的流连接方式，优点是能够保证所有数据准确、有序的发送到对方。Socket 是两个进程间通信链的端点，每个 Socket 均包含输入流和输出流。通过输出流，一个进程可以通过网络连接向其他进程发送数据；同样，通过输入流可以读取传输来的数据。需要说明的是，Socket 通信本质上是进程之间的通信。无论是在客户端和服务器端之间，还是在同一台计算机上的不同进程之间，Socket 都用于在两个进程之间建立通信链路。

由图 9-2 可知，Socket 通信需由服务器端首先声明一个 ServerSocket 对象并且指定端口号，然后调用 ServerSocket 对象的 accept()方法等待接收客户端的连接请求。accept()方法在没有请求到达时处于阻塞状态，一旦接收到连接请求，立即建立连接并返回一个 Socket 对象。通过这个 Socket 对象的 InputStream 对象读取客户端发送的数据，并通过 OutputStream 对象将数据发送给客户端。客户端需要首先创建一个 Socket 对象，指定服务器端的 IP 地址和端口号，向服务器端发起连接请求。连接建立后，客户端可以通过自己的 InputStream 对象读取服务器发送的数据，同时通过 OutputStream 对象发送数据到服务器。

9.2.2　Socket 类与 ServerSocket 类

在 java.net 包下有两个类：Socket 和 ServerSocket，它们继承自 java.lang.Object 类。Socket 类用于客户端，ServerSocket 类用于服务器端。在连接成功时，应用程序两端都会生成相应的 Socket 对象，操作这个对象，便可完成所需的"会话"（指客户端与服务器之

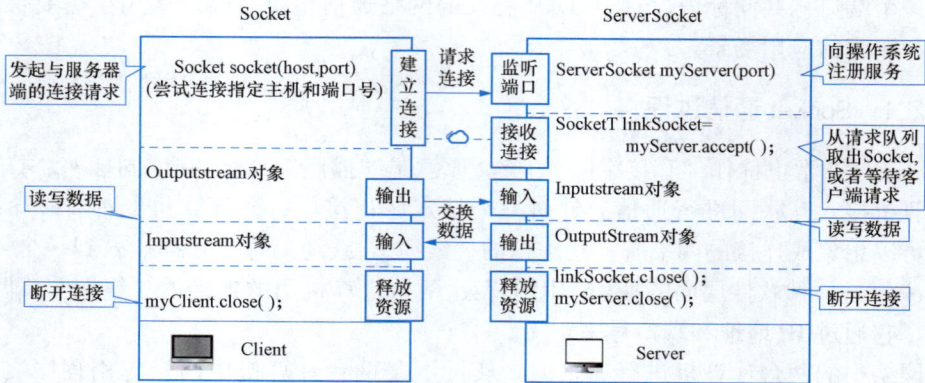

图 9-2　TCP 网络通信模式图

间的不中断的请求响应序列）。对于一个网络连接来说，套接字是平等的，并没有差别，不因为在服务器端或在客户端而产生不同级别。换句话说，一旦通信建立，则客户端和服务器端完全一样，没有本质区别。表 9-5～表 9-8 给出了 Socket 类和 ServerSocket 类的常用方法。

表 9-5　　　　　　　　　　　　　　**Socket 类的常用构造方法**

方法原型	说明
public Socket(String host, int port) throws UnknownHostException, IOException	在客户端以指定的服务器主机名及端口号创建 Socket 对象，并向服务器发送连接请求
public Socket(InetAddress address, int port) throws UnknownHostException, IOException	同上，服务器由 InetAddress 对象指定

表 9-6　　　　　　　　　　　　　　**Socket 类的常用方法**

方法原型	说明
public InetAddress getInetAddress()	返回与当前套接字连接的远程主机的 InetAddress 对象，如未连接，则返回 null
public int getPort()	返回此套接字连接到的远程端口
public InetAddress getLocalAddress()	返回与当前套接字绑定的本地主机的 InetAddress 对象
public int getLocalPort()	返回此套接字绑定到的本地端口
public InputStream getInputStream() throws IOException	获得当前套接字的输入流对象
public OutputStream getOutStream() throws IOException	获得当前套接字的输出流对象
public void close() throws IOException	关闭 Socket 连接

表 9 - 7   **ServerSocket 类的构造方法**

方法原型	说明
public ServerSocket(int port)throws IOException	创建绑定到 port 端口的服务器套接字
public ServerSocket(int port,int backlog) throws IOException	同上，backlog 为可同时连接的客户端的最大连接数

表 9 - 8   **ServerSocket 类的常用方法**

方法原型	说明
public Socket accept()throws IOException	监听客户端的连接请求，并与之连接
public InetAddress getInetAddress()	返回此服务器套接字的本地地址
public int getLocalPort()	返回此套接字在其上侦听的端口
public void close()throws IOException	关闭服务器端的连接

表 9 - 9 中列出了 Socket 网络编程中常涉及的一些异常类型。表中的 4 种异常类型都继承自 IOException 类。其中，SocketException 异常的出错原因分为以下几种：

1. java. net. SocketException：Connection refused：connect

此类异常通常发生在客户端尝试建立新的 Socket 连接（使用 new Socket(IP,port)）时。可能的原因包括：目标 IP 不可达（即无法从当前计算机找到通往指定 IP 的路由），或者目标 IP 虽然存在，但端口没有监听服务（即该计算机在指定的端口号上没有任何程序在监听连接请求）。解决此问题的步骤包括：检查 IP 和端口号是否正确输入，使用 ping 命令测试与服务器的连通性，确认服务器端是否已启动并监听了指定端口。

2. java. net. SocketException：Socket is closed

此类异常在客户端和服务器端均可能发生。异常的原因是一方主动关闭了连接后（调用了 Socket 的 close()方法），另一方还在对网络连接进行读、写操作。

3. java. net. SocketException：(Connection reset 或 Connect reset by peer：Socket write error)

此类异常可能是网络连接被对方重置或复位连接引起，在客户端和服务器端均有可能发生。原因有两个，一是，如果一端的 Socket 被关闭（或主动关闭，或因异常退出而引起的关闭），而另一端仍发送数据，发送的第一个数据包就会引发该异常（Connect reset by peer）。另一个原因是一端退出，但退出时并未关闭该连接，另一端如果继续从连接中读数据，则抛出该异常（Connection reset）。

4. java. net. SocketException：Broken pipe

此类异常在客户端和服务器均有可能发生。在抛出 SocketExcepton：Connect reset by peer：Socket write error 异常后，如果再继续写数据则抛出该异常。解决这一问题的策略是，在程序退出前确保关闭所有网络连接，并适当检测对方的连接关闭操作，一旦检测到对方关闭连接，立即停止写操作并关闭本地连接。

表 9 - 9   Socket 网络编程中的常见异常类型

异常类	说明
SocketException	服务器连接失败，具体分为下面几种情况：Connection refused：connect/Socket is closed/Connection reset 或 Connect reset by peer：Socket write error/Broken pipe
UnkownHostException	主机名称或 IP 错误，即找不到指定主机
ConnectException	服务器拒绝连接、服务器没有启动、超出队列数。当服务器没有运行时会抛出该异常
SocketTimeoutException	连接超时
BindException	Socket 对象无法与指定的本地 IP 地址或端口绑定。如果企图在已经使用的端口上创建服务器套接字，就会导致 java. net. BindException

Socket 异常可以进行捕获处理，并建议给出相应提示语句：

```
try{
......
}catch(UnknownHostException e){
    e.printStackTrace();
    System.err.println("找不到指定服务器!");
}catch(ConnectException e){
    e.printStackTrace();
    System.err.println("服务器连接失败!");
}catch(SocketTimeoutException e){
    e.printStackTrace();
    System.out.println("连接超时!");
}catch(BindException e){
    e.printStackTrace();
    System.out.println("端口使用中....");
    System.out.println("请关掉相关程序并重新运行服务器!");
    System.exit(0);
}catch(SocketException e){
    e.printStackTrace();
    System.out.println("连接失败! 请检查连接是否已关闭。");
}
```

实际编程中，常常需要判断 Socket 的实时连接状态，从而进行一些相关的处理。表 9 -10 给出了 Socket 的几种常用状态。

表 9 - 10   Socket 的状态

状态	说明
isClosed()	连接是否已关闭，若关闭，返回 true；否则返回 false
isConnected()	如果处于成功连接状态，返回 true；否则返回 false
isBound()	如果 Socket 已经与本地一个端口绑定，返回 true；否则返回 false

要检查一个 Socket 是否仍然处于连接状态，可以使用以下代码行进行有效判断：

```
boolean isConnection = socket.isConnected()&&!socket.isClosed();
```

通过结合 isConnected() 和 isClosed() 方法，确保 Socket 不仅曾经建立过连接，而且当前没有被关闭，从而可靠地反映 Socket 的当前连接状态。

9.2.3　简单的 Client/Server 程序

在网络通信中，通常将首次主动发起通信的程序称为客户端（Client）程序，简称客户端，而在初次通信中等待连接的程序被称作服务器端（Server）程序，简称服务器。

1. 服务器端网络编程步骤

（1）创建服务器套接字并绑定端口。服务器端需要创建一个 ServerSocket 对象来监听特定的端口上的客户端请求。服务器端属于被动等待连接，所以服务器端启动以后不需要发起连接，只需监听本地计算机开放给客户端的端口即可。端口号可以选择任意一个当前没有被使用的端口（范围 1024～65535）。其格式为：

```
ServerSocket myServer = new ServerSocket(port);
```

（2）监听连接请求。调用 ServerSocket 对象的 accept() 方法监听并接收来自客户端的连接请求。这个方法会阻塞，直到一个连接建立，然后返回一个新的 Socket 对象，用于与客户端的通信。例如：

```
Socket linkSocket = myServer.accept();
```

当服务器端接收到客户端的请求，用 accept() 方法返回的 Socket 建立起连接，这个连接包含了客户端的信息，如客户端 IP 地址等，服务器端和客户端也通过该连接进行数据交换。

（3）交换数据。在服务器端与客户端之间建立好连接后，获取输入流和输出流对象，然后通过 I/O 流来传递数据。例如：

```
InputStream sSocketIs = linkSocket.getInputStream();
OutputStream sSocketOs = linkSocket.getOutputStream();
```

（4）关闭连接。一旦交互完成，服务器应该关闭当前连接的 Socket，释放相关资源。对于短连接来说，每次通信后立即关闭连接；对于长连接，则根据具体协议决定何时关闭。

调用 ServerSocket 对象的 close() 方法结束监听服务。例如：

```
myServer.close();
```

同时，需要关闭打开的 I/O 流，进行资源释放。

```
sSocketIs.close();
sSocketOs.close();
```

2. 客户端网络编程步骤

（1）建立网络连接。创建 Socket 对象，向服务器端的监听服务发送连接请求，其格式为：

257

```
Socket myClient = new Socket(host,port);
如:Socket myClient = new Socket("localhost",8000);
```

在建立网络连接时需要指定连接到的服务器的 IP 地址和端口号，建立连接以后，会形成一条虚拟的连接，后续的操作就可以通过该连接实现数据交换了。

（2）交换数据。建立连接后，可以获取输入流对象和输出流对象，然后通过 I/O 流来传递数据。例如：

```
OutputStream socketOs = myClient.getOutputStream();
InputStream socketIs = myClient.getInputStream();
```

交换数据按照请求响应模型进行，由客户端发送一个请求数据到服务器，服务器反馈一个响应数据给客户端，如客户端不发送请求则服务器端就不响应。根据需要，可以多次交换数据。

（3）关闭连接。在数据交换完成以后，需要使用 close() 方法来关闭网络连接，释放程序占用的端口、内存、I/O 流等资源，例如：

```
socketOs.close();
socketIs.close();
myClient.close();
```

注意：有关网络的类都存放在 java.net 包中。当编写 Java 网络程序时，应该将该包导入。另外，在使用 ServerSocket 或 Socket 创建对象及调用一些常用方法时，可能会抛出 IOException、UnknownHostException 等异常，详见表 9-5～表 9-9，需要进行处理。

【例 9-3】 实现字符界面下的简单的 Client/Server 程序，服务器端与客户端仅会话一次。

分析 此例实现的是一个字符界面下的 Client/Server 程序。ServerDemo 是服务器类，接收到客户端的连接后，将连接客户端的 IP 地址和端口号等相应信息发送回（输出到）客户端。ClientDemo 为客户端类，连接成功后，通过输入流接收服务器端发送来的信息，输出显示到控制台上。

服务器端程序为：

```
import java.net.*;
import java.io.*;
public class ServerDemo {
    public static void main(String args[]){
        try {
            //在服务器端的端口 1234 上创建监听服务
            ServerSocket ss = new ServerSocket(1234);
            while(true){
                Socket s = ss.accept();        //监听并接受客户端的连接请求
                //通过 I/O 流来传递数据
                OutputStream os = s.getOutputStream();
                DataOutputStream dos = new DataOutputStream(os);
                dos.writeUTF( "Hello," + s.getInetAddress()
```

```
                                        + "port♯" + s. getPort() + "  bye - bye!");
            dos.close();                    //关闭输出流
            ss.close();                     //关闭连接
        }
    }catch(IOException e){
        e.printStackTrace();
        System.err.println("程序运行错误!");
    }
    }
}
```

客户端程序为：

```
import java.net. * ;
import java.io. * ;
public class ClientDemo {
    public static void main(String args[]){
        try {
            //与指定 IP 及端口的服务器建立网络连接
            Socket s = new Socket("127.0.0.1",1234);
            //通过 I/O 流来传递数据
            InputStream is = s.getInputStream();
            DataInputStream dis = new DataInputStream(is);
            System.out.println(dis.readUTF());
            dis.close();                    //关闭输入流
            s.close();                      //关闭连接
        }catch(ConnectException connExc){
            connExc.printStackTrace();
            System.err.println("服务器连接失败!");
        }catch(IOException e){
            e.printStackTrace();
            System.err.println("程序运行错误!");
        }
    }
}
```

客户端程序运行结果为：

```
Hello,/127.0.0.1port♯53222 bye - bye!
```

9.2.4　图形用户界面下的 Client/Server 程序

在实际应用中，常接触到的是图形用户界面下的 Client/Server 程序，如网络聊天软件。将上一节中的［例 9 - 3］改为图形用户界面下的单客户端的 Client/Server 会话程序。

【例 9 - 4】　实现图形界面下的单客户端的 Client/Server 会话程序，服务器端与客户端可会话多次。

分析 网络通信的程序需要编写两个程序，即服务器端程序和客户端程序。Chat-Server 是服务器类，ChatClient 是客户端类。两个类都实现了交换数据的输入/输出功能。由于客户端和服务器端的聊天界面基本相同，只有框架的标题不同，所以统一创建了一个界面类 SocketGUI，界面效果如图 9 - 3 所示，文本框组件对象 tf 用于输入发送给对方的数据，文本区组件对象 ta 用于显示两者之间会话的数据。在服务器端和客户端程序中，需要创建界面对象，同时还要创建输入/输出流对象（in/out），并循环读取查看对方是否有消息发来。当用户在服务器端或客户端的文本框中输入内容后，按"回车"键，将触发 ActionEvent 事件，通过服务器端和客户端各自的输出流对象 out 将会话信息输出给对方。为了简化操作，这里并未提供关闭服务的功能。

界面类程序为：

```java
import java.awt. * ;
import java.awt.event. * ;
import javax.swing. * ;
class SocketGUI {
    private JFrame frame;
    private JPanel p;
    private JScrollPane sp;
    private JLabel label;
    private JTextField tf;
    private JTextArea ta;
    public JTextField getTf(){
        return tf;
    }
    public void setTf(JTextField tf){
        this.tf = tf;
    }
    public JTextArea getTa(){
        return ta;
    }
    public void setTa(JTextArea ta){
        this.ta = ta;
    }
    public SocketGUI(String s){
        frame = new JFrame(s);
        label = new JLabel("发送内容");
        tf = new JTextField(15);            //创建文本行,用来输入会话内容
        ta = new JTextArea(30,20);          //创建文本区,用来显示会话内容
        sp = new JScrollPane(ta);           //将文本区组件添加到滚动面板
        p = new JPanel();
        frame.add(sp);
        frame.add(p,BorderLayout. SOUTH);
        p.add(label);
```

```
            p.add(tf);
            frame.setSize(300,250);
            frame.setVisible(true);
            frame.setDefaultCloseOperation(JFrame. EXIT_ON_CLOSE);
    }
}
```

服务器端程序为:

```
import java.io. * ;
import java.awt.event. * ;
import java.net. * ;
public class ChatServer implements ActionListener {
    ServerSocket server;
    Socket client;
    InputStream in;
    OutputStream out;
    SocketGUI sg;
    public ChatServer(){
        sg = new SocketGUI("服务器端");              //创建服务器端界面
        sg.getTf().addActionListener(this);          //注册事件监听器
        try {
            server = new ServerSocket(8000);          //在端口 8000 上创建监听服务
            client = server.accept();                 //监听并接收客户端的连接请求
            //将连接的客户端信息追加到文本区的会话中
            sg.getTa().append("已连接的客户端:"+ client.getInetAddress(). getHostName()
                    + "\n\n");
            in = client.getInputStream();             //连接客户端的输入流
            out = client.getOutputStream();           //设置输出流
        }catch(IOException ioe){
            System.err.println(ioe);
        }
        while(true)                                   //接收客户端传来的内容
        {
            try {
                byte[] buf = new byte[256];
                in. read(buf);                        //读取客户端发送的内容
                String str = new String(buf);
                sg.getTa().append("客户端:"+ str);    //追加显示到文本区中
                sg.getTa().append("\n");
            }catch(IOException e){
                System.err.println(e);
            }
        }
```

```
            }
        public void actionPerformed(final ActionEvent e){
            try {
                String str = sg.getTf().getText();
                byte[] buf = str.getBytes();
                sg.getTf().setText(null);
                out.write(buf);                          //将内容写到输出流,送往服务器
                sg.getTa().append("服务器:"+ str);
                sg. getTa().append("\n");                //同时将内容添加到文本区中
            }catch(IOException ioe){
                System.err.println(ioe);
            }
        }
        public static void main(final String args[]){
            new ChatServer();
        }
}
```

客户端程序为：

```
import java.io. * ;
import java.awt.event. * ;
import java.net. * ;
public class ChatClient implements ActionListener {
    Socket client;
    InputStream in;
    OutputStream out;
    SocketGUI sg;
    public ChatClient(){
        sg = new SocketGUI("客户端");                    //创建客户端界面
        sg.getTf().addActionListener(this);             //注册事件监听器
        try {
            client = new Socket(InetAddress. getLocalHost(),8000);
            sg.getTa().append("已连接到服务器:"+ client. getInetAddress(). getHostName()
                    + "\n\n");
                in = client.getInputStream();
                out = client.getOutputStream();
            }catch(IOException e){
                System.err.println(e);
            }
        while(true)                                      //接收服务器端的发送内容
        {
            try {
                byte[] buf = new byte[256];
```

262

```
                    in. read(buf);                    //读取服务器端发送的内容
                    String str = new String(buf);
                    sg.getTa().append("服务器:"+ str);
                    sg.getTa().append("\n");          //追加显示到文本区中
                }catch(IOException e){
                    System.err.println(e);
                }
            }
        }
    public void actionPerformed(final ActionEvent e){
        try {
            String str = sg.getTf().getText();
            byte[] buf = str.getBytes();
            sg.getTf().setText(null);
            out.write(buf);
            sg.getTa().append("客户端:"+ str);
            sg.getTa().append("\n");
        }catch(IOException ioe){
            System.err.println(ioe);
        }
    }
    public static void main(final String args[]){
        new ChatClient();
    }
}
```

程序运行结果如图 9-3 所示。

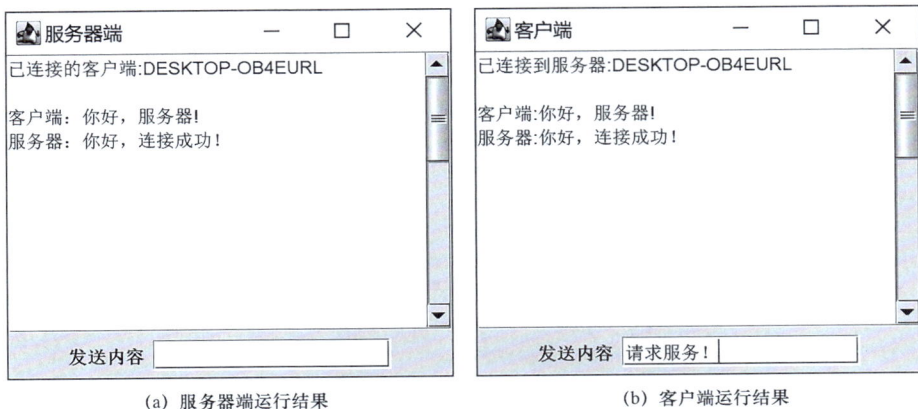

(a) 服务器端运行结果　　　　　　　(b) 客户端运行结果

图 9-3　[例 9-4] 运行结果图

说明　先启动服务器程序，然后启动客户端程序。在客户端窗口的文本区中输入要发送的内容，然后按"回车"键后发送给服务器。在服务器端窗口的文本框中输入回应内容，再发送给客户端。这个过程可以不断重复，直到两个程序中有一个结束。

此例虽然已经可以在客户端和服务器端之间进行通信，但是服务器端只能响应一个客户端的连接请求，进行一对一的服务。对于大部分网络应用程序来说，常常需要同时处理多个客户端的访问需求。

9.2.5　支持多客户的 Client/Server 程序

在实际应用中，多个客户端同时连接到一个服务器端的情况是非常常见的。比如网络聊天群，它的服务器端程序持续运行，多个客户端都可以连接到它。这种情况可以使用多线程技术来处理。在服务器端编程中，当获得连接时，需要开启专门的线程处理该连接，每个连接都由独立的线程来管理。

本小节将首先以一个字符界面下的支持多客户、单次会话的 Client/Server 程序为例，介绍如何利用多线程技术实现同一服务器端程序接收多个客户端程序会话信息的情形。然后通过一个图形用户界面下的网络聊天群程序，来说明服务器端程序怎样进一步将多个客户端发送来的信息转发给聊天群中所有成员。

【例 9 - 5】　字符界面的支持多客户、单次会话的 Client/Server 程序。

分析　本例除了服务器类（Sever 类）和客户端类（Client 类）外，还包括一个为每个客户端提供服务的线程类 Handler 类。

当一个新的客户端连接建立之后，要进行流对象的创建以及数据交换，这些功能由 Handler 类对象来实现。Handler 类通过构造方法将客户端连接对象传递进来。此外，Handler 类还需要实现 Runnable 接口，实现为客户端服务的线程体 run() 方法。在 run() 方法中创建获取客户端数据的输入流对象 dis，并将连接对象的 IP 地址和端口号、客户端发来的会话信息打印输出到控制台上。

```java
import java.net.*;
import java.io.*;
class Handler implements Runnable{
    private Socket socket;
    public Handler(Socket socket){
        this.socket = socket;
    }
    public void run(){
        try {
            System.out.println("新连接:"
                            + socket. getInetAddress() + ":"+ socket. getPort());
            DataInputStream dis = new DataInputStream(socket.getInputStream());
            System.out.println(dis.readUTF());
        }catch(Exception e){
            e.printStackTrace();
        }
    }
}
```

Server 类是服务器类，服务器端每接收到一个客户端的连接，就创建一个专门线程并启动它来为客户端提供服务。因为需要为多个客户端提供服务，所以将 accept()方法置于循环中，不断检测是否有客户端发送了连接请求。一旦有客户端的连接，就以该连接对象为参数创建一个线程体 Handler 对象，进而创建线程对象来管理该连接的后续操作。

```java
import java.net. * ;
import java.io.IOException;
public class Server{
    public static void main(String[] args)throws Exception{
        new Server().service();
    }
    public void service()throwsIOException {
        ServerSocket ss = new ServerSocket(2345);
        while(true){
            Socket s = ss. accept();                          //主线程获取客户端连接
            System.out.println("一个客户端已连接!");
            Thread workThread = new Thread(new Handler(s));   //创建线程
            workThread.start();
        }
    }
}
```

Client 类为客户端类，用以连接服务器端，创建输出流对象 os，向服务器端发送一句会话信息"你好，服务器!"。

```java
import java.net. * ;
import java.io. * ;
public class Client{
    public static void main(String[] args)throws Exception{
        Socket s = new Socket("127.0.0.1",2345);
        OutputStream os = s.getOutputStream();
        DataOutputStream dos = new DataOutputStream(os);
        Thread.sleep(2000);
        dos.writeUTF("你好,服务器!");
        dos.flush();
        dos.close();
        s.close();
    }
}
```

程序运行结果为：

一个客户端已连接!
新连接:/127.0.0.1:60040
你好,服务器!
一个客户端已连接!
新连接:/127.0.0.1:60041

你好,服务器!
一个客户端已连接!
新连接:/127.0.0.1:60042
你好,服务器!

说 明 通过在服务器端启动多线程来监听客户端的连接请求,就可以实现多个客户端的同时连接。从运行结果可以看到服务器端同时接收到 3 个客户端发送来的会话数据。

每当一个新的连接建立,就同时创建一个新的线程来处理服务器和新客户端之间的通信,这样就可以有多个连接同时运行。为了方便说明,本例中并未进行异常处理,请读者进一步完善。

如果服务器端需要将收到的会话数据同时转发给其他各个客户端,则还需保存每一个客户端的连接。图形用户界面下的支持多客户接收转发的 Client/Server 会话程序见扩展资源 17。

二维码9-3
扩展资源17

9.3　UDP 编程

基于 TCP 的网络程序采用了可靠连接模式,在进行数据交互的操作过程中,可以保证数据发送和接收的稳定性。但是,可靠连接会带来一定的性能损耗。因此,网络编程模型中还提供了另外一种开发模式,即基于 UDP 协议的网络编程。

二维码9-4
视频讲解64

如果说 TCP 通信类似于打电话的过程,那么 UDP 通信类似于发短信,采用广播形式。UDP 在传输数据前不建立连接,也无须等待对方的应答。它从一台计算机发送独立的数据包,在网络上以任何可能的路径传往目的地。这个数据包又称为数据报,每个数据报都是一个独立信息,这些数据报能否到达目的地,到达目的地的时间以及内容的正确性,都是不能被保证的。对于那些不需要高可靠性的数据的传输,它可以提高传输速度。正因为 UDP 不属于连接型的协议,因此其具有资源消耗小,处理速度快的优点。通常音频、视频和一些普通数据在传送时用 UDP 协议的较多,比如网络视频会议系统,它的工作效率较 TCP 方式高。

使用 UDP 协议传输数据时,即使因为网络条件不佳丢失了某个数据包,应用程序或服务仍将继续接收和处理随后到达的数据包,并不会重新传输丢失的数据包。比如在视频通话时,有时会出现马赛克、卡顿、跳帧等现象,就是数据丢失了。在很多软件的数据传输中,通常会同时使用 TCP 和 UDP 协议。对于那些需要可靠传输的关键数据,一般采用 TCP 协议,以确保数据的准确送达。而那些对实时性要求较高、可以容忍一定丢失的数据,则倾向于使用 UDP 协议,以优化用户体验。

9.3.1　DatagramSocket 类与 DatagramPacket 类

在 Java 中,用于 UDP 编程的两个常用的类为 DatagramSocket 和 DatagramPacket。DatagramSocket 类是用于发送或接收数据报的套接字。DatagramPacket 类用来表示一个数据报包,又称数据包。表 9-11 、表 9-12 列出了 DatagramSocket 类和 Datagram-Packet 类的常用方法。

数据报套接字（DatagramSocket）是数据包传递服务的发送点或接收点,即发送端和接收端都需要它。DatagramSocket 的构造方法可以构造一个数据报套接字，并将其绑定到本地主机上的指定端口。send() 方法用于发送数据包，receive() 方法用于接收数据包。需要注意的是，receive() 方法是阻塞式方法，如果没有收到数据包会一直阻塞，等待接收。因此，常常需要通过 setSoTimeout() 方法来设置一个接收超时时间。比如"setSoTimeout (10000);"是表示如果 10 秒都没有收到数据的话，就超时过期。这会引发 SocketTimeoutException 异常，但 DatagramSocket 仍然有效，可以重新使用它。使用完毕后，需要调用 close() 方法来关闭数据报套接字。

表 9-11　　　　　　　　　　　　　　　　**DatagramSocket 类的常用方法**

方法原型	说明
public DatagramSocket(int port) throws SocketException	构造一个数据报套接字并将其绑定到本地主机上的指定端口
public void send(DatagramPacket p) throws IOException	从本套接字发送数据报包。DatagramPacket 包括要发送的数据、数据长度、远程主机的 IP 地址和端口号信息
public void receive(DatagramPacket p) throws IOException	从本套接字接收数据报包。当方法返回时，DatagramPacket 的缓冲区将被接收到的数据填充
public void setSoTimeout(int timeout) throws SocketException	设置为非零超时，若超时则引发 SocketTimeoutException 异常，但 DatagramSocket 仍然有效

表 9-12　　　　　　　　　　　　　　　　**DatagramPacket 类的常用方法**

方法原型	说明
public DatagramPacket(byte[] buf, int length, InetAddress address, int port)	构造一个包含要发送的数据、数据长度、目标主机地址和端口号的数据报包
public DatagramPacket(byte[] buf, int length)	构造一个用于接收数据的、具有指定缓冲区及其长度的数据报包
public void setData(byte[] buf, int offset, int length)	设置此数据包的数据缓冲区。包括数据包的数据、偏移量和长度
public void setData(byte[] buf)	设置此数据包的数据缓冲区。偏移量为 0，长度为 buf 的长度
public byte[] getData()	返回用于接收或发送数据的缓冲区中的数据

通过 DatagramPacket 类的构造方法，可以构造指定的用于发送或接收的数据包。如果想重复使用数据包对象来发送新的内容就可以用 setData() 方法来设置要发送的新内容；通过 getData() 方法可以返回用于接收或发送的内容。

9.3.2　基于 UDP 协议的网络程序编程

基于 UDP 协议的网络程序需要分别编写发送端和接收端的程序，如图 9-4 所示。

发送和接收两端都需要创建数据报套接字对象用于通信，接收端需要指定服务端口，并与发送端中指定的端口信息一致。接收端也需要创建一个数据包对象，用于存放发送端发来的数据包。然后两端分别调用 send() 方法和 receive() 方法来发送和接收数据，通信完

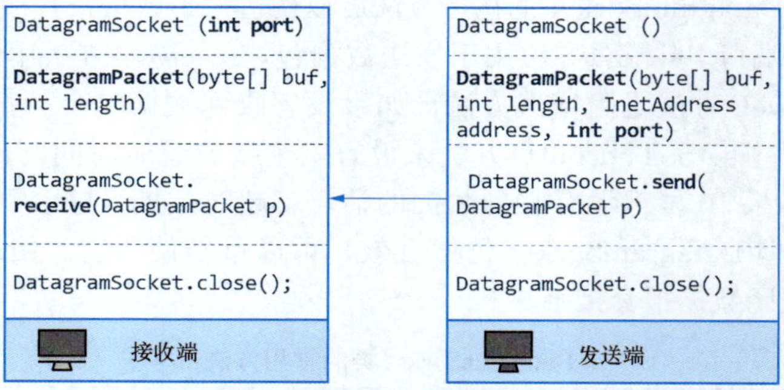

图 9-4 UDP 网络通信模式图

毕后双方都需要释放资源。

1. 发送端网络编程步骤

发送端，也就是发送数据包的那一端。需要先创建一个发送端套接字，然后创建要发送的数据包，并指定要发往的目的地，接着通过数据报套接字来发送该数据包，发送完毕后释放相关资源。

具体到代码上，

（1）创建 DatagramSocket 对象，端口号为空。

```
DatagramSocket sendSocket = new DatagramSocket();
```

（2）创建 DatagramPacket 对象，指定要发送的数据、数据长度、目的地的 IP 地址和端口号。

```
InetAddress IP = InetAddress.getLocalHost();
byte[]buf = "要发送的信息".getBytes();
DatagramPacket packet = new DatagramPacket(buf,buf.length,IP,8888);
```

比如示例中的数据发往本机，端口号为 8888。

（3）使用 DatagramSocket 的 send()方法，发送封装好的 DatagramPacket 对象。

```
sendSocket.send(packet);
```

（4）调用 close()方法关闭数据包套接字。

```
sendSocket.close();
```

2. 接收端网络编程步骤

相应的，在接收端需要首先设置接收端监听端口，然后需要准备字节数组，并用它创建 DatagramPacket 对象，用于接收数据包，接下来通过 DatagramSocket 对象来接收发送端发来的数据，存放在准备好的数据包对象中，通信完毕后释放相应资源。

具体到代码上，

（1）创建 DatagramSocket 对象。

```
DatagramSocket receiveSocket = new DatagramSocket(8888);
```

前面在发送端设置了发往 8888 端口，在接收端就需要以该端口创建数据报套接字对象。

（2）定义一个字节数组，把它作为构建数据包对象的参数。

```
byte data = new byte[1024];

DatagramPacket packet = new DatagramPacket(data,data. length);
```

（3）调用接收端数据报套接字对象的 receive()方法，接收发送端发来的数据，存放在构建好的数据包对象中。

```
receiveSocket.receive(packet);
```

（4）调用数据报套接字的 close()方法释放资源。

```
receiveSocket.close();
```

【例 9 - 6】　编程实现从发送端发送一条信息给接收端。

发送端代码如下。

```
import java.io.IOException;
import java.net. * ;
public class UDPSender {
    public static void main(String[] args){
        try {
            DatagramSocket sendSocket = new DatagramSocket();
            InetAddress IP = InetAddress.getLocalHost();
            byte[] buf = "要发送的信息".getBytes();
            DatagramPacket p = new DatagramPacket(buf,buf. length,IP,8888);
            sendSocket.send(p);
            sendSocket.close();
        }catch(UnknownHostException e){
            e.printStackTrace();
        }catch(SocketException e){
            e.printStackTrace();
        }catch(IOException e){
            e.printStackTrace();
        }
    }
}
```

接收端代码如下。

```
import java.io.IOException;
import java.net. * ;
public class UDPReceiver {
    public static void main(String[] args){
        DatagramSocket receiveSocket = null;
        try {
            receiveSocket = new DatagramSocket(8888);
            byte[] buf = new byte[1024];
```

```
        DatagramPacket p = new DatagramPacket(buf,buf.length);
        receiveSocket.setSoTimeout(5000);                    //设置超时时间
        receiveSocket.receive(p);
        System.out.println(new String(buf,0,p.getLength()));
        receiveSocket.close();
    }catch(SocketTimeoutException ste){
        System.out.println("＃＃＃ Timed out after 5 seconds");
    }catch(SocketException e){
        e.printStackTrace();
    }catch(IOException e){
        e.printStackTrace();
    }
    }
}
```

说 明　为了使接收端不会因为接收不到发送端发来的数据，而被 receive()方法阻
塞，需要在调用 receive()方法前设置超时时间。在本例中设置为 5 秒，如果超时就会抛出
异常，本例中只输出了提示语句"＃＃＃ Timed out after 5 seconds"。设置好超时时间
后，就可以调用 receive()方法来接收数据包了。最后还需要关闭释放资源。

　　[例 9-7] 为一个基于 UDP 协议的文件上传示例。假设现在需要通过客户端程序将学
生的照片文件 student01.jpg 上传到服务器的指定路径下。

【例 9-7】　通过客户端程序将学生的照片文件 student01.jpg 上传到服务器。
　　发送端代码如下。

```
import java.io.*;
import java.net.*;
public class UDPUploadSender {
    public static void main(String[] args)throws IOException {
        DatagramSocket socket = new DatagramSocket();
        FileInputStream fis = new FileInputStream(new File("student01.jpg"));
        byte[] buf = new byte[1024];
        int len = fis.read(buf);
        DatagramPacket packet = new DatagramPacket(buf,len,
                                        InetAddress.getLocalHost(),6666);
        do {
            packet.setData(buf);
            socket.send(packet);
        }while(fis.read(buf)!=-1);
        String string = "上传完毕 ";
        packet.setData(string.getBytes(),0,string.getBytes().length);
        socket.send(packet);
        socket.close();
        fis.close();
    }
}
```

说 明 在这个例子中，受限于篇幅，没有进行异常的捕获，请读者自行完善。文件上传的关键是在发送端需要将输入流设置连接在要上传的文件上，在接收端将输出流设置连接到要存储的磁盘路径即可。在发送端，首先创建数据报套接字，用于发送数据包。然后创建一个文件输入流对象，并关联到要上传的图片文件上。定义一个用于缓存的数组 buf，并先读取一个缓存大小的数据包，存入数组中，然后定义数据包对象，以指定的数据、数据长度、目的地址和端口来创建实例。接下来，循环读取下一个数据包，直至文件读取完毕。这需要先通过 setData() 方法重新设置要发送的新内容，然后通过数据报套接字对象的 send() 方法，将数据包发送出去。这个程序中除了发送照片文件外，还发送了一个"上传完毕"的字符串信息。因此，"上传完毕"的信息，也需要先通过 setData() 方法来重新设置发送内容，然后再次通过 send() 方法发送。最后关闭并释放资源。

接收端代码如下。

```
import java.io. * ;
import java.net. * ;
import java.util.Random;
public class UDPUploadReceiver {
    public static void main(String[] args)throws IOException {
        String filename = new Random(). nextInt(999999) + ". jpg";
        DatagramSocket socket = new DatagramSocket(6666);
        FileOutputStream fos = new FileOutputStream(new File( "C:\\upload"
                                            + File. separator + filename));
        byte[] buf = new byte[1024];
        DatagramPacket packet = new DatagramPacket(buf,buf.length);
        while(true){
            socket. receive(packet);
            String string = new String(packet. getData(),0,packet.getLength());
            if("上传完毕 ". equals(string)){
                break;
            }
            fos.write(packet. getData(),0,packet. getLength());
            fos.flush();
        }
        System.out.println("文件接收成功!");
        socket.close();
        fos.close();
    }
}
```

说 明 在接收端，为了方便，设置了一个随机编号用来给文件命名，以防止文件同名。然后定义数据报套接字，并指定服务端口为 6666。创建文件输出流对象，关联到指定的文件。比如本例中，接收到的文件会被存放在 C 盘的 upload 文件夹下。然后，同样需要创建字节数组以及 DatagramPacket 对象，用于接收数据包。接下来，就可以循环读取发送端发来的数据包了。通过 receive() 方法来接收数据包，并通过 getData() 方法检测当

271

前的数据包是否为"上传完毕"的标记字符串，如果为 true 就终止循环，否则就将当前数据包中的内容写到指定文件中去。最后关闭并释放资源。受限于篇幅，本例未做异常处理，请读者进一步完善。

本 章 配 套 资 源

二维码9-5
第9章思维
导图

二维码9-6
第9章示例
代码汇总

二维码9-7
第9章习题

二维码9-8
第9章扩展
资源汇总

参　考　文　献

［1］Bruce Eckel. Java 编程思想［M］. 陈吴鹏，译. 北京：机械工业出版社，2007.

［2］Joshua Bloch. Effective Java 中文版［M］.3 版. 俞黎敏，译. 北京：机械工业出版社，2019.

［3］李兴华. Java 开发实战经典［M］.2 版. 北京：清华大学出版社，2020.

［4］C. Thomas Wu. 面向对象程序设计教程（Java 版）［M］. 马素霞，等，译. 北京：机械工业出版社，2007.

［5］Cas S. Horstmann. Java 核心技术 • 卷Ⅰ：基础知识［M］. 林琪，苏钰涵，等，译. 北京：机械工业出版社，2020.

［6］Cas S. Horstmann. Java 核心技术 • 卷Ⅱ：高级特性［M］. 陈吴鹏，译. 北京：机械工业出版社，2020.

［7］杨冠宝. 阿里巴巴 Java 开发手册［M］. 北京：电子工业出版社，2018.

［8］王珊，萨师煊. 数据库系统概论［M］.5 版. 北京：高等教育出版社，2014.